弹道导弹星光-惯性复合制导技术

张洪波 赵 依 吴 杰 著

科学出版社

北 京

内 容 简 介

星光-惯性复合制导是一种以惯性制导技术为主、辅以星光测量校准的复合制导方式，已在国外潜射弹道导弹中得到成功应用，结果表明其能有效提高导弹命中精度。本书系统深入介绍了星光-惯性复合制导技术的基本原理、实现方法和应用效果。全书共6章，主要内容包括绪论、星光-惯性复合制导技术基础、平台星光-惯性复合制导技术、平台星光-惯性复合制导精度影响因素分析、捷联星光-惯性复合制导技术、考虑星光信息的平台惯性导航工具误差辨识方法等。

本书可供国防工业中从事导弹总体设计、导航与制导、飞行试验、装备应用等工作的研究人员和工程设计人员参考使用，也可作为高等院校和科研院所中航空航天、电子信息、自动化等专业的高年级本科生及研究生的参考书。

图书在版编目(CIP)数据

弹道导弹星光-惯性复合制导技术 / 张洪波，赵依，吴杰著. —北京：科学出版社，2021.7

ISBN 978-7-03-067878-2

Ⅰ. ①弹…　Ⅱ. ①张…　②赵…　③吴…　Ⅲ. ①弹道导弹-惯性导航-复合制导　Ⅳ. ①TJ761.3

中国版本图书馆 CIP 数据核字（2020）第 268892 号

责任编辑：张　震　张　庆 / 责任校对：樊雅琼

责任印制：吴兆东 / 封面设计：无极书装

科 学 出 版 社 出版

北京东黄城根北街 16 号

邮政编码：100717

http://www.sciencep.com

北京中石油彩色印刷有限责任公司印刷

科学出版社发行　各地新华书店经销

*

2021 年 7 月第　一　版　开本：720 × 1000　1/16

2022 年 1 月第二次印刷　印张：14 1/4　插页：1

字数：300 000

定价：108.00 元

（如有印装质量问题，我社负责调换）

前　言

弹道导弹是一种依靠火箭发动机推力加速飞行，从而能将携带的有效载荷远距离投送的武器。自20世纪40年代诞生以来，因具有投送距离远、命中精度高、突防能力强等特点，弹道导弹已成为远距离精确打击和战略威慑的重要手段。命中精度是弹道导弹设计、研制与使用中的核心技术指标之一，高精度的导航与制导系统是确保导弹在远距离飞行后仍能准确命中目标的关键。

导航系统通过测量某些信息以确定导弹的运动状态参数，如位置、速度、姿态等；制导系统则依据导航确定的运动状态控制导弹的质心运动，使其按一定的规律飞向目标。为提高生存能力和作战响应速度，弹道导弹大都依靠弹载的惯性设备进行导航和制导，称为惯性导航和惯性制导。但惯性导航存在一个很大的不足，其导航误差随着射程和飞行时间的增加会不断增大，且导航精度与发射时的位置、方位等因素有关。星光-惯性导航是一种以惯性导航技术为主、辅以星光测量校准的复合导航方式，具有实现原理简单、不依赖人工信标、成本较低等优点，因此在潜射弹道导弹、陆基机动弹道导弹中得到成功应用。美国的三叉戟Ⅱ、俄罗斯的SS-N-23等导弹都采用了星光-惯性复合制导技术，命中精度得到有效提高。

作者团队在星光-惯性复合制导技术方面的研究已超过15年，先后开展了平台星光-惯性复合制导技术、捷联星光-惯性复合制导技术、复合制导体制下的惯性导航工具误差辨识、扰动引力对复合制导精度的影响等方面的研究。本书是上述研究成果的总结，力图对星光-惯性复合制导技术进行系统性阐述。本书由张洪波拟定提纲。本书第1、2章由张洪波撰写，第3～5章由张洪波、赵依合作撰写，第6章由吴杰撰写。全书由张洪波统稿和审校。

星光-惯性复合制导技术涉及的误差种类多，且各种误差因素在导弹运动过程中交联耦合在一起，对制导精度产生综合性影响。由于严重的非线性原因，很难从理论上对制导方案的关键因素进行分析，只能借助数值仿真的手段。作者在研究中发现，最佳导航星方位、制导精度等结论与仿真条件设定相关，因此本书中的仿真结论不一定具有普适性，但相关方法在不同仿真条件下都是适用的，在此提请读者注意。

本书初稿得到了国防科技大学陈克俊教授和中国航天科技集团有限公司张婕研究员、张耐民研究员、杨业研究员的审阅，他们提出了很多宝贵意见。

国防科技大学的汤国建教授、郑伟教授、王鹏副教授以及研究生叶兵、万雨君、马宝林、高春伟、张超超、李鹏飞、王子鉴等参与了部分研究工作。在此对以上人员一并表示感谢。

由于作者水平有限，书中难免有不足之处，敬请读者批评指正。

作　者

2021年3月

目　录

第1章 绪　　论

1.1　弹道导弹及其导航制导技术

1.1.1　弹道导弹的飞行特点

弹道导弹是一个复杂的系统，主要由以下几部分组成：弹头、弹体结构、动力系统、控制系统、初始对准系统等[1, 2]。用于飞行试验的导弹还会安装遥测系统、外测系统及其他安全控制系统。各系统各司其职，形成一个大的综合系统，确保导弹能够完成预定任务。

（1）根据弹道导弹在飞行过程中的受力情况，可对飞行过程分段，分别研究其运动规律。根据火箭发动机是否工作，可将全程弹道分为两段：主动段和被动段[3]。

主动段：导弹从点火发射到主发动机关机这一阶段称为主动段（boost phase）。因为在该段发动机一直处于工作状态，也称为动力飞行段或助推段。该段除发动机外，控制系统也一直处于工作状态。作用在弹体上的力主要有发动机推力、空气动力、控制力和地球引力。当导弹主发动机产生的推力大于重力后，导弹从发射台垂直起飞，保持垂直状态飞行数秒后，在控制系统作用下开始“转弯”，并朝向目标飞行。随着时间的增加，导弹的飞行速度、高度不断增大。当主发动机关机时，导弹到达主动段的终点，称为关机点。对远程导弹而言，关机点一般位于大气层外。

被动段：从导弹主发动机关机后推力为零开始，到导弹落地这一阶段称为被动段。在被动段开始，弹头与弹体已经分离，因此被动段弹道就是弹头的弹道。如果在弹头上不安装动力装置或控制装置，则弹头依靠在主动段终点处获得的能量做惯性飞行。在被动段一般不对弹头进行控制，作用在弹头上的力可以精确计算得到，因此被动段弹道能够较为精确地获得。只要主动段终点的导弹运动状态足够精确，可以认为导弹的命中精度是有保证的，因此对导弹的制导控制系统而言，关机点的运动状态是非常重要的待控制量。

（2）根据所受空气动力的大小，被动段又可以分为自由段（coast phase）和再入段（reentry phase）[3]。自由段的高度较高，空气十分稀薄，导弹的飞行时间也不长，因此可以忽略空气动力的影响。再入段要经过稠密大气层，所以必须考虑空气动力的作用。实际上，大气密度是随高度连续变化的，为简化问题研究，往往人为地选择某一高度作为是否考虑气动力的边界，这一高度常取 80km 左右，这也是自由段与再入段的分界高度。

自由段：从主发动机关机到再次进入稠密大气层之间这一段，导弹在飞行过程中仅受地球引力作用，因此可以将自由段弹道近似看作椭圆曲线的一部分。对远程弹道导弹而言，大部分时间都在大气层外飞行，自由段弹道的射程和飞行时间占全程弹道的 80%～90%。

再入段：该段从导弹重新进入稠密大气层内开始，直至弹头落地。弹头在该段受到气动力和重力的共同作用。弹头一般以很高的速度进入大气层，因此所受空气动力比较大，导致空气动力的制动作用远大于重力的影响，从而引起弹头严重的气动加热，同时速度迅速降低，这与自由段的飞行特性完全不同。

远程弹道导弹的主发动机推力很大，因此关机的后效误差较大，会导致较大的关机点状态误差（简称关机点误差）。对固体弹道导弹而言，固体火箭发动机的推力、比冲、总冲等误差较大，会导致更大的关机点误差。为提高命中精度，现代弹道导弹在主发动机关机后，一般还会用推力较小的液体火箭发动机对主发动机的关机点误差进行修正，这一阶段通常称为末修段。星光-惯性复合制导中的星光测量一般安排在主动段与末修段之间进行，如图 1-1 所示。

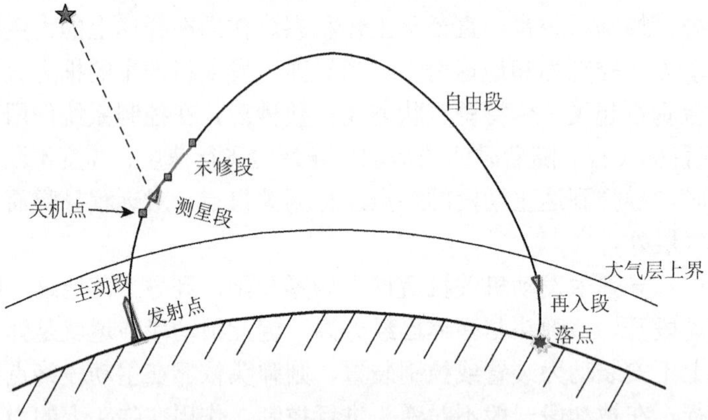

图 1-1　弹道导弹飞行阶段划分

1.1.2　弹道导弹的发展历程

弹道导弹起源于第二次世界大战中德国的 V-2 导弹（图 1-2）。V-2 是德国在 1942 年研制的第一种弹道导弹，推进系统采用酒精和液氧作为燃料，弹头与弹体不分离，起飞质量约为 13t，最大射程约为 300km。

图1-2 第二次世界大战中的V-2导弹

资料来源：网易网，2021

https://www.163.com/dy/article/GCDCIGD70543B5JG.html

第二次世界大战结束后，德国的弹道导弹技术、研究设施及人员流入美国和苏联，两国以此为基础，分别研究了多种型号的弹道导弹。苏联解体后，俄罗斯沿用了其弹道导弹技术，至今美国及俄罗斯仍是世界上弹道导弹技术最先进的国家。以体现大国国际地位的战略弹道导弹为例，从导弹的技术性能来看，其发展大致经历了四个时期[2]。

第一个时期为 1945～1954 年，是美国和苏联发展地地战略导弹的技术准备期。苏联在这段时期正在研制第一个洲际弹道导弹 SS-6，并已在发展洲际弹道导弹上处于领先地位；美国从 1954 年起加速了洲际弹道导弹的发展。

第二个时期为1955～1961年，在此阶段美国和苏联拥有了第一代洲际弹道导弹，解决了无洲际弹道导弹的问题。代表型号有：美国的宇宙神 D 型和 E 型、大力神 I 型、潜射弹道导弹北极星 A1，苏联的 SS-6、SS-7。这个阶段的洲际弹道导弹具有以下特点：采用液体推进剂；导弹比较笨重，在百吨以上；命中精度低，圆概率误差（circular error probable，CEP）一般在 2km 左右；武器系统生存能力低。这个时期的发射方式经历了“地面发射—井下贮存井口发射—地下井发射”的演化。

第三个时期为 1962～1969 年，在此期间美国和苏联展开了洲际弹道导弹的数量竞赛，在较短时间内达到了势均力敌的程度。在追求数量的同时，导弹性能也有了很大提高。代表型号有：美国的第二代洲际弹道导弹民兵Ⅰ、大力神Ⅱ，第三代洲际弹道导弹民兵Ⅱ，潜射弹道导弹北极星 A2 和 A3；苏联的第二代洲际弹道导弹 SS-8，第三代洲际弹道导弹 SS-9、SS-11、SS-13，潜射弹道导弹 SS-N-5、

SS-N-6 等。这一阶段弹道导弹的主要特点：发展重点逐步转移到固体战略弹道导弹上；导弹的 CEP 达到 1km 左右；开始采用集束式多弹头，提高突防能力；发射方式采用地下井热发射，提高了武器系统的生存能力。

第四个时期为 1970 年至今。在这一时期，美国和苏联/俄罗斯从数量上的竞争开始向质量上的竞争发展，都各自发展了两代洲际弹道导弹。代表型号有：美国的第四代洲际弹道导弹民兵Ⅲ（图 1-3），第五代洲际弹道导弹 MX，潜射弹道导弹有海神 C3、三叉戟Ⅰ和Ⅱ；苏联/俄罗斯的第四代洲际弹道导弹有 SS-16、SS-17、SS-18、SS-19，第五代洲际弹道导弹有 SS-24、SS-25、SS-27（图 1-4），潜射弹道导弹有 SS-N-8、SS-N-18、SS-N-20、SS-N-23 等。第四代洲际弹道导弹的主要特点是：装备了分导式多弹头；命中精度有了很大提高，CEP 在 500m 以内；加固地下井的抗压能力大大增强。第五代洲际弹道导弹的主要特点是：机动发射；命中精度高，CEP 达到 100m 左右；突防能力显著提高；导弹在可靠性、操作性等方面有了质的发展。

图 1-3　美国的民兵Ⅲ型导弹

资料来源：北京时间网，2016
https://item.btime.com/36flvah8ahj97a9o9afkr5aqm21

图 1-4　俄罗斯的 SS-27 导弹（白杨-M）

资料来源：新浪网，2018
http://k.sina.com.cn/article_6402049761_17d9786e1001002mju.html?from=mil

我国的弹道导弹从20世纪50年代末期开始发展，经历了从液体到固体、从固定发射到机动发射的历程。1960年11月，我国第一枚近程弹道导弹发射成功。1964年6月，中近程弹道导弹发射成功。1966年10月，我国成功进行了导弹与核弹头结合的发射试验。1970年1月，中远程弹道导弹发射成功。1980年5月，我国向太平洋南部海域发射洲际弹道导弹取得圆满成功。

1982年10月，潜射弹道导弹的首次飞行试验取得成功，标志着我国战略导弹实现了从陆上固定发射到水下机动发射的跨越。1985年5月，我国首次用机动发射装备成功发射了地地固体战略导弹。1999年8月，我国成功进行了新型远程地地战略弹道导弹发射试验。这些成就表明，我国的弹道导弹发展水平不断提高，与世界一流水平的差距不断缩小。

1.1.3 弹道导弹制导技术

制导（guidance）是控制导弹的质心运动，使其按一定的规律飞向目标。制导系统一般和导航（navigation）、控制（control）系统一起工作，合称为“导航、制导与控制系统”（GNC系统）。导弹飞行过程中，导航系统不断测定导弹与目标或预定轨迹的相对位置关系，制导系统根据导航信息按照一定规律计算出制导指令并传递给控制系统，控制系统生成控制指令，通过执行机构动作来控制导弹飞行。

按照构成制导系统的各个制导设备的组织形式以及工作机制，可以将制导分为自主制导与遥控制导[4]。自主制导是指导弹完全依靠弹载设备生成制导指令，遥控制导则要依靠设在导弹外的制导站来控制导弹飞行。为提高生存能力和作战响应速度，现役弹道导弹全部采用自主制导的方式。主动段采用以惯性导航为主的制导方式，常称为惯性制导。为提高命中精度，有些中近程弹道导弹在再入段采用了寻的末制导。下面主要介绍主动段制导方法，包括摄动制导和显式制导两大类。

摄动制导方法是在预先设定的标准轨迹附近展开运动方程式，对方程线性化并应用相关控制理论求制导指令的方法。若导弹的实际运动轨迹与标准轨迹偏离不大，这种方法的制导精度能够满足要求。由于其制导方程简单、计算量小，对弹载计算机的计算能力要求低，因此被广泛应用于早期的弹道导弹和运载火箭制导中。摄动制导也因硬件设备的限制，经历了三个时期[5]：外干扰补偿制导、隐式摄动制导和显式摄动制导。但是，摄动制导存在严重的不足：只能在标准轨迹附近飞行，当实际轨迹因干扰、故障等原因偏离标准轨迹较远时，制导精度就会下降；射前诸元准备时间较长，导致其适应能力较差。

为克服摄动制导的不足，人们开发了以最优制导为代表的显式制导方法，又称闭路制导方法。与摄动制导不同，显式制导是基于导弹当前的飞行状态和运动方程组实时计算出与所要求终端条件的偏差，通过迭代确定当前的需要速度并生成制导指令。当终端偏差满足制导任务要求时，发出指令关闭发动机。对远程弹道导弹而言，其飞行任务在于能准确命中地面的目标，即要求弹道通过落点。显式制导方法在运载火箭上也有成功的应用，例如，土星V号采用的迭代制导，航天飞机采用的动力显式制导[6]。

随着对导弹制导精度和适应性的要求越来越高，新的制导算法也在研究之中。人们期待新的制导算法具有实时轨迹生成的能力，从而使其能在导弹发生故障或者目标发生改变的情况下依然能够完成预期任务。该类型的制导算法已经在 Space X 公司研制的猎鹰 9 号运载火箭一子级回收着陆段的制导中得到了应用[7-9]，制导精度非常高。

1.1.4 弹道导弹导航技术

导航是指通过测量某些信息以确定导弹的运动状态参数，如位置、速度、姿态等，导航系统是完成上述任务的设备及其算法。导航技术可分为自主和非自主两类。自主导航是指导弹完全依靠所载的设备，自主地完成导航任务，和外界不发生任何的光、电联系。非自主导航则要依赖导弹以外的信息，如地面站、导航卫星等。非自主导航易受外界的影响，运行安全性差，不宜用于导弹这样具有军事用途的飞行器。

由于惯性导航具有自主性强、精度高、不依赖外部信标、不易受外部干扰等突出优点，迄今为止，国内外的弹道导弹普遍采用以惯性导航为主的导航方式。世界上最早的弹道导弹 V-2 的射程控制就采用惯性导航体制，横向偏差控制则采用无线电横偏校正系统。在 V-2 的设计中，研究人员提出了两类惯性导航系统：位置捷联系统和三轴陀螺稳定平台系统[10]。这两类导航系统一直沿用至今。

惯性导航具有突出的军事价值，在随后的导弹型号中得以迅速发展和广泛应用。20 世纪 50～60 年代，美国的民兵Ⅰ、民兵Ⅱ、宇宙神 D、大力神Ⅰ、大力神Ⅱ、北极星 A1、北极星 A2、北极星 A3 等导弹均采用平台式惯性导航系统，而苏联的 SS-6、SS-7、SS-9 等导弹则采用位置捷联惯性导航系统，导弹命中精度为千米级[11]。20 世纪 70 年代以后，民兵Ⅲ、三叉戟Ⅱ、SS-18、SS-25、SS-27 等导弹采用了器件水平更高的平台式惯性导航系统，并辅以末助推修正、工具误差补偿、引力异常补偿等技术，命中精度显著提高，达到百米级[12, 13]。

惯性导航系统最大的不足在于误差是不断累积的。随着射程和飞行时间的增加，其误差也不断增大，且与发射时的位置、方位等因素有关。对陆基机动发射或水下发射的弹道导弹而言，由于导弹飞行时间长，单纯依靠惯性导航的误差较大，难以满足命中精度的要求。因此，要对惯性导航误差进行修正，其方法是采用复合导航以弥补单纯惯性导航的不足。复合导航主要有以下几种：①惯性-卫星导航[14]；②惯性-星光导航[15, 16]；③惯性-图像匹配导航[17]；④惯性-地磁匹配导航[18]等。其中，惯性-星光导航是以惯性导航技术为主、辅以星光测量校准的一种导航方式，由于其实现原理简单、不依赖任何人工信标、成本较低，所以在潜射导弹、陆基机动发射导弹中得到成功的应用。

1.2 惯性导航技术

1.2.1 惯性导航原理

惯性导航是一种不需要任何外部信标的自主式导航技术，是现代科学技术发展到一定阶段的产物[19]。惯性导航的工作原理建立在牛顿力学定律的基础上，它测量载体在惯性参考系的视加速度并相对于时间积分，将结果转换到导航坐标系中后，就获得载体在导航坐标系中的位置、速度、姿态等运动信息。

由于惯性导航不需要与外界进行信息传递，故可以在全天候条件、全球范围、任何介质环境内进行自主导航，具有良好的自主性、隐蔽性。惯性导航技术已经在航空航天航海、汽车工业、铁路交通、医疗电子设备、机器人技术等领域得到了广泛应用，在国防工业、国民经济各个领域中都发挥着重大作用。

1.2.2 惯性导航基本器件

惯性导航器件又称惯性敏感器，是指利用惯性原理测量运动物体的位置或姿态变化的设备，最常见的惯性器件是陀螺仪和加速度计[20, 21]。

1. 陀螺仪

陀螺仪（gyroscope）是一种利用惯性原理来测量载体相对于惯性坐标系的角速度或角位置增量的仪表装置。陀螺仪有两个基本特性——定轴性和进动性。陀螺仪被广泛地用于航空、航天和航海领域。

按照功能，陀螺仪可以分为位置陀螺仪、速率陀螺仪、积分陀螺仪。按照陀螺仪自转轴相对于其底座的转动自由度数目可以将陀螺仪分为单自由度陀螺仪、二自由度陀螺仪。按照产生陀螺效应的原理，可以将陀螺仪分为转子陀螺仪、光学陀螺仪、粒子陀螺仪等[21]。图 1-5 是转子陀螺仪和光学陀螺仪的结构示意图。

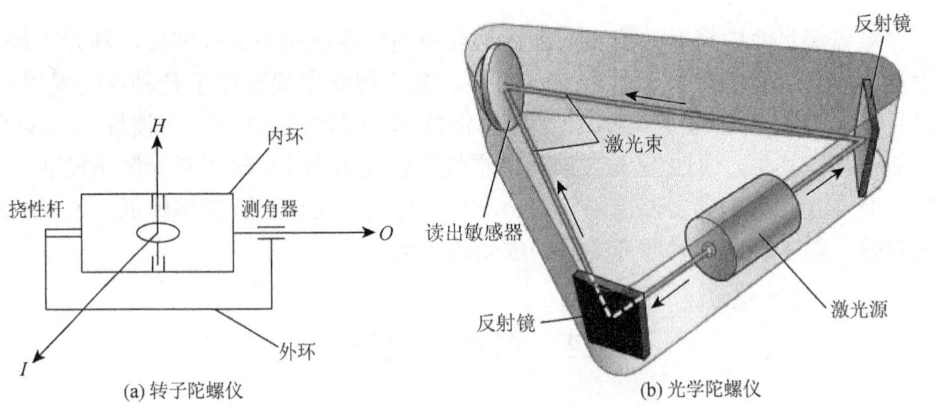

图 1-5　转子陀螺仪和光学陀螺仪的结构示意图

资料来源：搜狐网，2020
https://www.sohu.com/a/406236805_120530806?_trans_=000014_bdss_dkwcdz12zn

转子陀螺仪是在航空航天领域得到广泛应用的一类陀螺仪，它由陀螺转子、内环、外环、信号传感器、力矩器和基座等组成，核心部件是一个以极高角速度绕旋转轴旋转的转子。转子通常采用电机驱动，以提供产生陀螺效应所需要的角动量。根据对陀螺转子支撑方式的不同，转子陀螺仪又分为滚珠轴承陀螺仪、气浮陀螺仪、液浮陀螺仪、弹性支撑陀螺仪、磁悬浮支撑陀螺仪、静电支撑陀螺仪等[22]。

光学陀螺仪是近年来发展非常迅速的一类陀螺仪，它的基本原理是光在光路中的传播规律和萨克奈克相移效应[23]，它包括激光陀螺仪和光纤陀螺仪两大类。激光陀螺仪主要由环形激光器、偏频组件、程长控制组件、信号读出系统、逻辑电路等组成，其中环形激光器是激光陀螺仪的核心部件，由它形成的正反向行波激光振荡是激光陀螺仪测量输入转速的基础。光纤陀螺仪是一种由单模光纤做通路的萨克奈克干涉仪，由光源、光检测器、偏振器、传感光纤线圈、调制器、外围电路等组成。

2. 加速度计

加速度计（accelerometer）是用于测量载体视加速度的机械装置，由敏感质量块、支承部件、电位计、弹簧、阻尼器和壳体等组成[22, 24]。根据牛顿惯性定律，当壳体随载体沿加速度计敏感轴方向做加速运动时，敏感质量块将会保持其运动状态不变，因此与壳体之间产生相对运动，弹簧被挤压变形，产生的力使得质量块随壳体一起加速。当弹力与惯性力相平衡时，质量块与壳体之间无相对运动，这时弹簧的弹力就体现了壳体加速度的大小，如图 1-6 所示。

根据组成结构和工作原理的不同，加速度计又分为液浮摆式加速度计、陀螺积分加速度计、挠性加速度计、硅微加速度计等[20]。

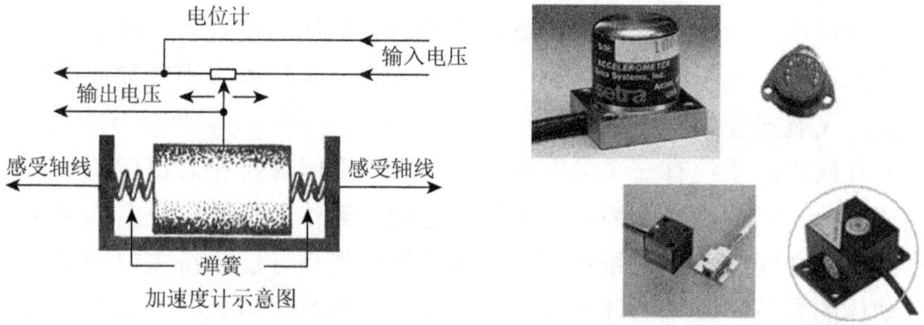

图 1-6 加速度计结构与常见加速度计

1.2.3 平台式惯性导航系统

平台式惯性导航系统（gimbal inertial navigation system，GINS）主要由稳定平台、加速度计、平台稳定控制回路、陀螺、导航计算机、控制显示器等部分组成，图 1-7 是其原理示意图。惯性测量元件安装在稳定平台上，加速度计将测得的信息传送给导航计算机，从而计算出载体的位置、速度等导航信息以及陀螺的力矩施加信息；陀螺根据力矩信息，利用稳定回路控制稳定平台跟踪导航坐标系在惯性空间内的角速度；通过平台的框架角位置传感器可以测量得到载体的姿态信息[24, 25]。

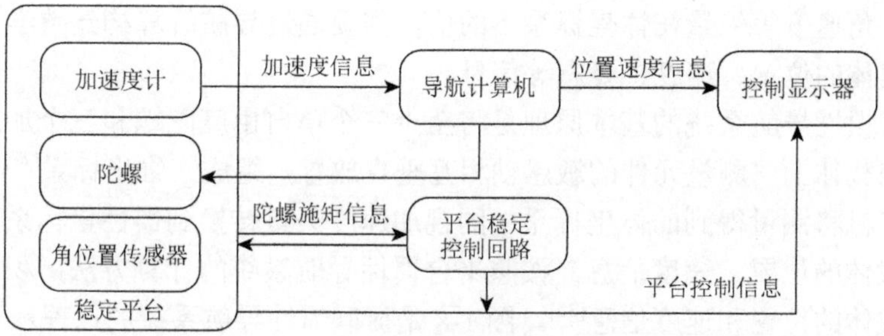

图 1-7 平台式惯性导航系统原理示意图

平台式惯性导航系统通过对导航坐标系的直接模拟[24]，降低了导航解算的计算量；同时，平台式惯性导航系统的稳定平台能够隔离载体的角运动，给惯性测量元件提供较好的工作环境，提高系统的精度。但因其结构复杂，平台式惯性导航系统也存在体积大、研发生产成本高等问题。

根据平台式惯性导航系统所跟踪导航坐标系的不同，可以将其分为以下三类[22, 26]。

（1）半解析式：又称当地水平惯性导航系统，三轴稳定平台的台面始终与当地水平面相平行，陀螺和加速度计均安装在稳定平台上。系统的测量值为载体相对惯性空间沿水平面的分量，在计算载体相对于地球的位置和速度之前，必须先消除由地球自转、飞行速度等引起的干扰加速度。半解析式平台惯性导航系统多用于飞机、飞航式导弹等飞行器。

（2）几何式：系统有一个装有陀螺、与惯性空间保持相对稳定的平台和一个装有加速度计、对地理坐标系进行跟踪的平台，载体的经纬度可借助陀螺平台和加速度计平台之间的几何关系得到。几何式平台惯性导航系统主要用于船舶、潜艇等运动体的导航，系统的计算量小、精度高，并且可以长时间工作，其不足是平台的结构较为复杂。

（3）解析式：陀螺和加速度计安装在一个相对于惯性空间稳定的平台上，加速度计的测量值包含重力分量这一干扰加速度，因此在进行导航计算前必须先消除重力加速度的影响。此外，因为相对于惯性空间进行导航计算，需要通过转换才能得到相对于地球的运动参数。解析式平台惯性导航系统主要用于运载火箭、弹道导弹、卫星等航天器的导航，平台结构相对简单，但计算量较大。

1.2.4 捷联惯性导航系统

捷联惯性导航系统（strapdown inertial navigation system，SINS）是在平台式惯性导航系统的基础上发展而来的，最大的区别是没有机械式的稳定平台。陀螺、加速度计直接固联在载体上，因此测量得到的是载体相对于惯性坐标系运动的视加速度、角速度等矢量在体坐标系下的值，需要通过导航解算构建数学导航坐标系以及载体的位置、速度、姿态等信息。

捷联惯性导航系统的基本原理是将至少三个单自由度陀螺和三个加速度计直接固联在载体上，测量元件的敏感轴相互垂直放置，组成三维坐标系[27, 28]。通过导航计算机将测量得到的体坐标系中的视加速度矢量转换到惯性坐标系，结合初始时刻载体的位置、速度信息，按照平台惯性导航系统的计算方法，积分得到当前时刻载体的位置和速度信息[25]。图 1-8 是捷联惯性导航系统的原理示意图。

20 世纪 60 年代，随着计算机技术的发展，捷联惯性导航系统逐渐获得应用。1969 年，捷联惯性导航系统作为“阿波罗-13”登月飞船的应急备份装置，在服务舱发生爆炸后成功地将飞船导引到返回轨道，这成为捷联惯性导航系统应用的一个重要里程碑[27]。

尽管捷联惯性导航系统依然存在导航误差随时间积累的缺点，但由于省去了稳定平台，系统的尺寸和重量大为减小；捷联惯性导航系统还易于采取冗余技术，以提高系统的可靠性和容错能力，故在运载火箭、战术导弹和飞机上得到了广泛应用。随着激光陀螺、光纤陀螺等固态惯性器件的出现以及弹载计算机技术的快速发展，捷联惯性导航系统的优势更加突出，未来的应用会越来越广泛[29]。

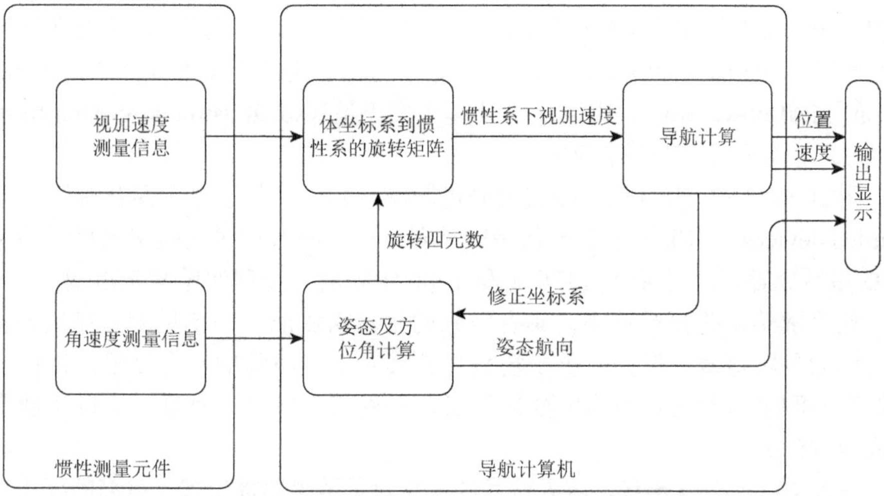

图 1-8 捷联惯性导航系统的原理示意图

图 1-9 是俄罗斯“联盟号”飞船使用的捷联惯性导航系统 IMU-500t 的实物图。

1.3 星光导航技术

1.3.1 星敏感器

图 1-9 俄罗斯“联盟号”飞船使用的捷联惯性导航系统 IMU-500t 的实物图

资料来源：搜狐网，2017
https://www.sohu.com/a/154321659_612677

星敏感器是星光导航中应用最广泛的测量敏感器，它通过测量单颗或多颗恒星，给出方位参考矢量，从而确定载体相对于惯性坐标系的姿态。恒星在惯性空间中的方位精确已知，且随时间变化很小，因此利用星敏感器确定飞行器姿态的精度非常高，可以达到角秒级甚至更高精度。相比于太阳敏感器、地球敏感器、惯性陀螺仪等器件，星敏感器可以单独测量三轴姿态，且姿态确定误差不会随时间累积，因此在高精度、长航时的导航中获得广泛应用。

航天技术的发展推动了星敏感器技术的进步，星敏感器发展历程可以分为四个阶段：早期星敏感器、第一代星敏感器、第二代星敏感器和有源像素传感器（active pixel sensor，APS）星敏感器[30]。

早期星敏感器的研究始于 20 世纪 50 年代[31, 32]，这个时期星敏感器的结构比较简单，采用重量、尺寸均较大的析像管作为光电转换器件，视场较小，导航星库和星表也比较简单，经精确校准后定姿精度可达 30″。早期星敏感器在国际紫外探测器（international ultraviolet explorer，IUE）、高能天文观测台（high energy astronomical observatory，HEAO）、小型天文卫星（small astronomy satellites-C，SAS-C）等航天器上得到了应用。

到 20 世纪 70 年代，美国等航天先进国家开始研究基于电荷耦合器件（charge coupled devices，CCD）的第一代星敏感器。美国喷气推进实验室最早开始研究 CCD 星敏感器，并分别于 1976 年和 1980 年完成了原理实验与精度提高实验。这一代星敏感器的视场较小，具有较强的暗星探测能力，单星测量精度较高，故又称为星跟踪器。但是，小视场角导致其对恒星跟踪的能力有限，往往需要其他姿态测量器件提供粗略的姿态信息以辅助其完成星光测量，所以不能自主完成导航任务。

进入 20 世纪 90 年代，航天技术的发展对星敏感器提出越来越高的要求，人们开始研制第二代星敏感器（图 1-10）。与第一代相比，第二代星敏感器的视场大、更新速率快、能够实时输出姿态角信息，解决了航天器的“太空迷失”问题。第二代星敏感器一般携带全天球导航星库，具备全天区自主识别能力，从而使星光-惯性组合导航系统成为主流的复合导航系统之一[33]。

到 20 世纪 90 年代，美国喷气推进实验室研制出了基于有源像素传感器的星敏感器样品 Stacker[34-36]，随后研制出新一代微型有源像素传感器星敏感器（micro APS based star tracker，MAST）[37]。APS 星敏感器（图 1-11）不仅具有自主性强、精度高等特性，还解决了 CCD 传感器抗辐射能力差、体积大、功耗大等缺点。

图 1-10　第二代星敏感器[33]

图 1-11　APS 星敏感器

资料来源：万方数据网，2016
https://d.wanfangdata.com.cn/periodical/zggxyyygxwz201601002

我国星敏感器技术的研究始于 20 世纪 80 年代。中国科学院长春光学精密机械与物理研究所于 1985 年开始研制 XG-1 星敏感器，中国航天科工集团第四研究院十七所对其进行了地面仿真试验[38]。2002 年，中国科学院国家天文台将轻小型 CCD 星敏感器用于空间太阳望远镜[39]。总体看来，尽管我国星敏感器技术已经取得了很大进步，第二代星敏感器技术已经相对成熟，但在动态性能、数据更新率、可靠性、寿命、功耗等指标方面与国外高端产品仍有一定差距。

表 1-1、表 1-2 分别列出了国外典型 CCD 星敏感器、APS 星敏感器的技术指标[40]。

表 1-1　国外典型 CCD 星敏感器的技术指标

制造商	名称	重量/kg	功耗/W	精度/(″)	更新频率/Hz	视场	星等/Mv
Germany Jena-Optronik	ASTRO5	1.5	5	5，40	2～10	14.9°×14.9°	6.0
	ASTRO10	3.1	<14.5	2，15	8	17.6°×13.5°	6.0
	ASTRO15	4.5	<15	1，10	4	13.3°×13.3°	6.5
France Sodern	SED26	3.1	7.5	3，15	1～10	17°×17°	—
	SED36	3.7	8.4	1，6	8	—	—
Denmark DTU	ASC	1.0	7.8	1，8	4	22°×16°	—
	μASC	0.425	1.9	1，8	20	—	—
USA Ball	CT-601	7.8	8～12	3	10	8°×8°	6.0
USA Hdos	HD1003	3.7	10	2，40	10	8°×8°	6.5
USA Lockheed Martin	AST-301	7.1	18	0.18，5.1	2	5°×5°	—
Italy Galileo	A-STR	3.0	13.5	9，95	10	16.4°×16.4°	5.5
Denmark Terma	HE-5AS	3.0	7	1，5	4	22°×22°	6.2

表 1-2　国外典型的 APS 星敏感器的技术指标

制造商	名称	重量/kg	功耗/W	精度/(″)	更新频率/Hz	视场	星等/Mv
Germany Jena-Optronik	ASTRO APS	1.8	6	2，15	10	20°	5.8
France Sodern	HYDRA	2.2	12	1.4，9.8	30	—	—
JPL	MAST	0.042	0.069	7.5	50	20°×20°	5.4
Italy Galileo	AA-STR	1.425	4～7	12，100	10	20°	5.4
ESA	ASCoSS	0.31	2.4	30	10	20°×20°	5.0
AeroAstro	MST	0.3	2	70	1	30°	4
—	StarCam SG100	3.2	8	2.2	100	11°	10
Space Micro Inc.	MDE1300	1.85	8	1～10	10	3°×4.5°×4.5°	—

1.3.2 星光定姿导航原理

星光定姿导航在航天领域特别是空间飞行器领域获得了广泛应用，现在卫星的高精度姿态确定一般都是通过星光定姿导航实现的。利用星光矢量进行姿态确定的问题可归结为 Wahaba 问题[40-42]，其算法分为确定性算法和估计算法两大类。

确定性算法主要通过观测某时刻两个或两个以上不共线的星光矢量进行定姿，该方法计算量小、无须先验信息，但其精度受星敏感器观测噪声的影响较大。常用的确定性算法有最小二乘法、三轴姿态确定（three-axis attitude determination，TRIAD）算法、奇异值分解（singular value decomposition，SVD）算法、四元数估计（quaternion estimation，QUEST）算法、快速最优姿态矩阵（fast optimal attitude matrix，FOAM）算法、最优四元数估计（estimator of the optimal quaternion，ESOQ）算法、最优四元数估计 2（second estimator of the optimal quaternion，ESOQ2）算法等，其中应用最为广泛的是 TRIAD 算法和 QUEST 算法[43]。TRIAD 算法计算简单、计算速度快，适合仅能获得两个观测矢量的姿态确定问题，但 TRIAD 姿态矩阵取决于两个观测矢量的顺序，因为在双矢量定姿建立正交基的过程中，第一个矢量被作为基准，第二个矢量中的部分信息遭到耗损而遗失了，因此姿态矩阵的解对于两个矢量具有不对称性[44]。Bar-itzhack 证明了由 TRIAD 算法得到的姿态矩阵不是最优的，并提出了一种改进的 TRIAD 算法。该算法运用两次 TRIAD 运算，得到两个姿态矩阵，然后利用测量器件的统计特性对姿态矩阵做加权平均处理，得到一个更为精确的姿态矩阵估值[45]。QUEST 算法源于对 Wahaba 问题的解答，将矩阵特征值求解问题转化为四阶方程的求根问题，给出了最小二乘意义下的最优四元数的估计值。然而经典的 QUEST 方法不适用于大视场星敏感器，Cheng 等[46]针对大视场星敏感器的实际噪声分布提出了一种新方法，并用仿真试验证明了其有效性。

估计算法需要建立飞行器姿态运动的状态方程和观测方程，然后利用最优估计理论估计飞行器的姿态，该类算法能够从一定程度上消除星敏感器的测量噪声，从而提高姿态估计精度。常用的估计算法有卡尔曼滤波（Kalman filtering）、扩展卡尔曼滤波（extended Kalman filtering）、自适应卡尔曼滤波（adaptive Kalman filtering）、预测卡尔曼滤波（predictive Kalman filtering）、递归四元数估计（recursive quaternion estimation）、扩展四元数估计（extended quaternion estimation）、无迹卡尔曼滤波（unscented Kalman filtering）、粒子滤波（particle filtering）等[47]。

1.3.3 星光定位导航原理

利用恒星作为参照物，还可以获得飞行器的位置、速度等运动信息。星光定位导航具有以下特点[48]：导航误差不随时间积累，精度较高；被动式测量、自主式导航；抗干扰能力强，可靠性好；能够同时提供飞行器的位置和姿态信息。

星光定位导航技术主要是利用天体敏感器测得某天体的方位信息，再结合恒星星历数据获取飞行器的位置和速度，其原理如图 1-12 所示。根据天体方位信息获取手段的不同，星光导航技术又分为直接测量地平的星光导航技术和基于星光折射间接测量地平的星光导航技术[49]。

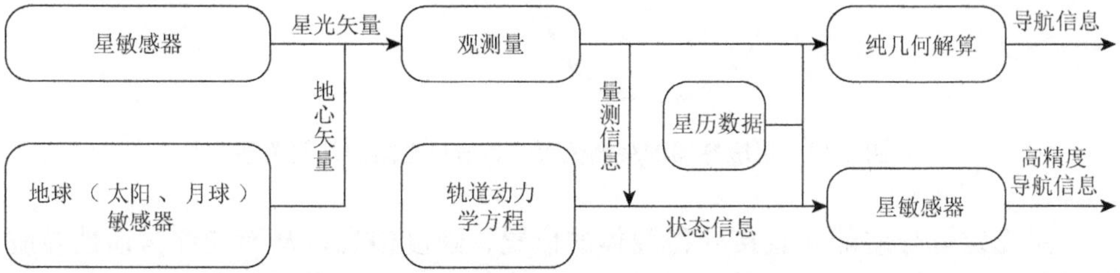

图 1-12 近地星光定位导航原理图

1. 直接测量地平的星光导航技术

直接测量地平的一种方案是直接利用由红外地平仪、星敏感器和惯性测量单元获得的星光方向与地平方向之间的夹角作为观测量，这种方案的优点是成本较低、技术成熟、可靠性高，但受地平仪精度限制，导航精度不高。

另一种方案是以空间六分仪测得的恒星与地球边缘、恒星与月球的明亮边缘之间夹角作为测量量，利用最小二乘法或卡尔曼滤波对测量数据进行实时处理，获得飞行器的导航信息。此方案的精度很高，缺点是仪器结构复杂、成本高且研制周期长。美国 20 世纪 70 年代研制的空间六分仪自主导航和姿态基准系统就采用了这种方案。

2. 基于星光折射间接测量地平的星光导航技术

该技术是 20 世纪 80 年代初开始发展的一种低成本飞行器星光导航方案，它利用高精度星敏感器测量折射角和折射后的星光方向矢量，而后利用星光折射模型计算出恒星的折射高度和视高度，视高度与星敏感器的观测位置存在一定的几何关系，从而能够由观测量解算出飞行器的位置。星敏感器的观测位置与折射星之间的几何关系如图 1-13 所示。这种技术所需设备结构简单、成本低廉，且能达到较高的导航精度，具有广阔的应用前景。美国于 20 世纪 80 年代初开始研究，1989 年进行空间试验，20 世纪 90 年代投入使用的多任务姿态确定和自主导航系统使用了该技术。

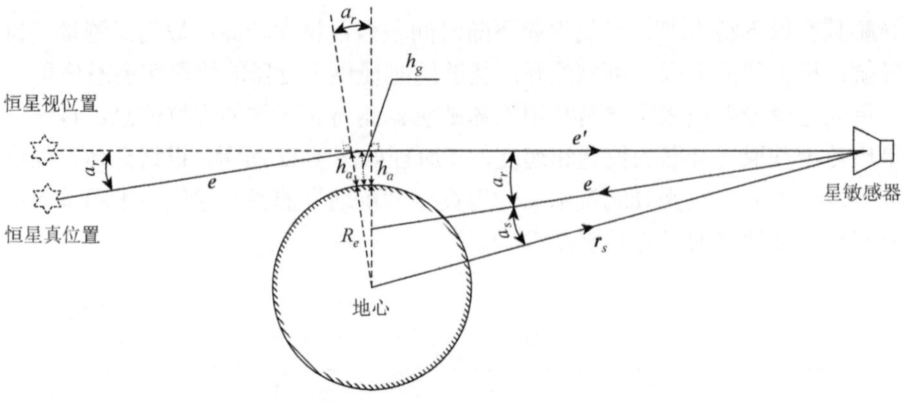

图 1-13　星敏感器的观测位置与折射星之间的几何关系

星光定位导航能够直接获得载体的位置、速度信息，从而能够与惯性导航系统进行深度信息融合，从导弹导航与制导的角度来讲是更优的方案，但其实现难度要比星光定姿导航大得多。目前来讲，星光定位导航还在研究和技术验证阶段，导弹制导中获得成功应用的是星光定姿导航，本书中讨论的也是这种星光导航技术。

1.4　星光-惯性复合制导技术

星光-惯性复合制导是一种惯性制导和星光制导相结合的复合制导方法，更准确地说是在纯惯性制导的基础上辅以星光制导。它利用恒星在空间的方位所提供的惯性空间方位基准，来校准惯性平台坐标系（物理或数学平台坐标系）与发射惯性坐标系之间的失准误差角（简称失准角），并根据所测误差角修正导航误差或由系统平台指向误差造成的落点偏差，从而达到综合利用惯性导航信息和星光信息来提高导弹制导精度的目的[50]。

在国外，星光-惯性复合制导技术早已在弹道导弹特别是潜射导弹上得到了成功应用。美国从 20 世纪 60 年代就开始研究将矢量观测用于潜射导弹的制导系统。三叉戟系列导弹是美国的潜射战略弹道导弹。1971 年三叉戟 I 导弹开始预研，1977 年进行首次研制性飞行试验，1979 年开始部署，射程为 7400km，命中圆概率偏差为 230～500m；三叉戟 II 导弹是在三叉戟 I 的基础上研制的，1989 年开始全面部署，精度有显著提高，最大射程为 11000km，通过复杂的程序实施精确制导，命中圆概率偏差为 90～120m，至今仍是美国现役潜射战略武器的主力装备，并计划延寿至 2040 年[51]。

俄罗斯也掌握了弹道导弹星光-惯性复合制导技术[52]。其 SS-N-8 导弹是苏联时期就有的远程两级液体潜地战略弹道导弹，1973 年装备部队，采用了星光-惯性复合制导，Ⅰ型射程为7800km，Ⅱ型射程为9100km，命中精度分别为1300m、900m。SS-N-18 导弹是带分导式多弹头的潜地战略弹道导弹，最大射程可达8000km，命中精度为 600m。SS-N-23 导弹是三级固体分导多弹头远程潜地弹道导弹，采用星光-惯性复合制导，核潜艇水下机动发射，射程为 8500km，命中精度达到 595m。

国外的实际应用效果表明，星光-惯性复合制导技术能够有效地提高导弹的命中精度，满足导弹快速发射的要求。根据观测矢量个数的不同，星光-惯性复合制导可以分为单矢量观测与双矢量观测两种方案，即单星方案与双星方案。双星方案有四个独立的观测量，能够据此解算出导航平台相对于惯性坐标系的失准角；单星方案只有两个独立的观测量，无法解算出失准角。研究发现，通过观测某个特定方位的恒星，单星方案能够与双星方案达到同样的修正效果，该方位的恒星称为最佳导航星。对于平台式惯性导航系统，星敏感器通常与平台固联安装在一起。发射后平台在惯性空间中的指向不能调整，因此双星方案需要在平台上安装两个星敏感器，会导致平台的结构大为复杂。根据有关资料，在国外得到实际应用的只有单星方案，例如，美国的三叉戟潜地远程弹道导弹[53, 54]。单星方案需要在导弹发射前，斜调惯性平台以使星敏感器对准最佳导航星，且需要解决最佳导航星方位附近没有真实恒星的问题，这对于双星方案是不需要的。近年来，随着捷联惯性导航技术的迅速发展，捷联惯性导航结合星光修正的制导方案成为未来的发展方向[55, 56]。对于捷联星光-惯性复合制导方案，星敏感器通常安装在弹体上，可以根据需要调整弹体姿态观测导航星，从观星的角度来讲更加灵活。但与弹体固联，会导致弹体的振动、冲击、姿态的振荡等，这会影响观星精度，是使用中需要考虑的问题。

我国从 20 世纪 80 年代起开始对星光-惯性复合制导方案的原理与实现进行跟踪研究，研究的内容主要集中在单星方案，已经取得一些有益的结果[53, 54]。文献[55]和文献[56]从原理上论述了星敏感器捷联安装的单星方案，提出确定最佳导航星方位的理论模型，并针对只考虑初始定位定向误差的情况进行仿真试验和误差分析，说明了单星方案的可行性。文献[56]从矢量观测实现对准的原理出发，说明了星光-惯性复合制导的基本原理，并对单星和双星两个可行方案进行了比较，并着重说明了单星方案在弹道导弹中应用的可行性，对其具体实现过程作了理论上的说明。文献[57]提出了基于捷联惯性导航系统和星敏感器的组合导航模式，在多次采样的情况下，以卡尔曼滤波为基础进行数据处理。文献[58]论述了基于随动平台的星光-惯性组合制导原理，研究了随动平台的工作机理和控制实现，并以数学仿真说明其有效性。张洪波等[59-61]研究了多种误差影响下的单星调平台和不调平台星光-惯性复合制导方法，建立了复合制导的数学模型，研究了最佳修正系数的确定方法，并对空间快速机动飞行器的星光-惯性复合制导作了相关研究。叶兵等[62]针对单星平台方案，建立了考虑初始定位定向误差的相关数学模型，并采用单纯形调优法实现最佳导航星的快速确定，仿真表明采用的模型能有效地修正初始定位定向误差的影响，为有效地解决最佳导航星的快速确定问题提供了有益参考。张超超[63]、李鹏飞[64]研究了捷联星光-惯性复合导航的基本原理与实现方法。

1.5 惯性导航系统工具误差辨识技术

命中精度是弹道导弹非常重要的战技指标，已有研究表明，主动段的惯性导航系统工具误差是导致导弹落点偏差的重要因素。实践证明，单纯依靠从硬件上提高惯性器件的精度，耗时多、周期长且精度提高有限，故建立精确的、便于分离的惯性导航工具误差模型，并给出相应的高精度估计方法，成为提高战略导弹精度的关键技术之一。美国和俄罗斯一直高度重视惯性导航工具误差建模工作，通过大量的地面和飞行试验，逐渐完善了惯性制导系统的误差模型。到20世纪70年代，惯性平台系统的误差模型系数已达到63项，包括惯性器件误差和初始对准误差，而且制定了一系列试验标准[65]。到20世纪80年代，系统的误差模型系数达到80多项，进一步通过测量多种数据，有效地分离出各项误差，提高了弹道导弹的命中精度。

惯性导航工具误差分离的关键在于能否有效地解决环境函数矩阵存在的病态、秩亏问题。无论是平台式系统还是捷联系统的工具误差分离，在数学上都是高维线性估计问题，因为弹道特性和测量误差等因素的影响，环境函数具有严重的复共线性，这给参数估计带来很大的困难。此问题可以从两个方面解决，一是设计能够充分地激励所有误差源的飞行试验弹道以降低环境函数的病态。美国为分离制导系统的各项误差，曾探索过多种试验方案，先后研制了制导鉴定弹（guidance evaluation missile，GEM）和制导误差分析飞行器（guidance error analysis vehicle，GEAV）以充分地了解惯性导航系统的误差模型，同时还开展了改变惯性测量装置定向、改变飞行弹道、汽车搭乘等方案的试验，目的是改善观测数据的条件，减小环境函数矩阵的病态。二是采用更加有效的参数估计方法，在现有的数据和试验条件的基础上得到较高精度的误差分离结果。目前制导工具误差分离常用的方法包括最小二乘法[66]、岭估计方法、主成分方法[67, 68]等，但是这些方法没能很好地解决误差分离问题。高春伟[69]利用了速度位置遥外差信息、星敏感器观测信息和地面标定值信息进行误差系数辨识，分别采用了最小二乘方法、主成分方法和支持向量机辨识方法，结果表明主成分方法辨识结果最接近真实值。

禹维绩[70]通过一个速率捷联系统实例的计算和分析，简述了测量数据系统误差的修正方法和误差分离中的主成分估计方法，此方法对平台系统或位置捷联系统的误差分离具有重要的参考价值，但是文献[70]没有给出具体的分离过程。鲜勇等[71]研究了离散形式的惯性导航系统误差传播，为研究复合制导工具误差分离提供了参考。段秀云等[72]将交叉验证检验引入捷联惯性制导工具误差分离，数学仿真表明交叉验证能够有效地检验分离效果。杨萍等[73]将两次遥测数据之间的姿态变化看成小量，利用线性化方法对环境函数矩阵进行递推计算，这种方法在计算过程中引入了舍入误差，虽然建立了捷联惯性导航系统的误差模型，却无法建立导航误差与工具误差的直接传播关系。

捷联惯性导航系统多用于机动发射导弹，而机动发射导弹的初始发射参数误差对导弹落点精度产生较大影响，文献[74]～[77]讨论了这一问题。机动发射特别是潜射导弹由于发射环境恶劣，发射载体受到振动、海浪和洋流的影响，初始发射参数存在较大误差，理论分析与数值仿真已证明，它与惯性导航工具误差的量级相当[74, 75]。一般的导弹精度只针对制导工具误差进行评定，而机动发射导弹的初始发射参数误差与制导工具误差耦合在一起，因此在分离导弹工具误差时必须将这两类误差从弹道数据中分离出来，目前所见相关文献仍然较少。姚静等[78]讨论了该问题，但仅分析了几何偏移和初值偏差，而事实上还包括不能忽略的受力偏差，文献[78]中的数值仿真结果表明估计得到的方位角误差不准，而文献[79]和[80]指明初始发射参数误差中最主要的误差源是方位角误差。在机动发射导弹制导精度评定中，初始发射参数误差分离仍是一个难点。

王正明等[81]把制导工具系统误差与外弹道测量的系统误差一并考虑，建立了一个能同时估计制导工具误差和外弹道测量系统误差的数学模型，并对环境函数的计算、制导工具系统误差模型等因素对估计精度的影响进行了深入研究。谢玉珍[82]采用岭型主成分估计分离制导工具系统误差，分析了该方法的估计结果具有更小的均方误差和更高的估计精度。袁林等[83]研究了误差分离模型参数优选方法，给出了判定某项误差系数是否应选入制导工具误差系数辨识模型的综合方法。孙开亮等[84]给出了可用于直接解算的非线性制导工具误差分离模型，理论证明和仿真算例均表明分离精度得到提高。

随着计算机技术的发展，偏最小二乘方法[85, 86]、遗传主成分算法[87, 88]、支持向量机（support vector machine，SVM）方法[89]等直接针对弹道测量数据本身分析的方法快速发展，这类方法的特点是对弹道测量数据本身的重视超过了对误差系数分离模型的重视。

遗传算法是一种随机搜索算法，近年来在优化算法领域迅速发展。遗传算法在多目标优化方面具有很好的效果，在许多方面得到了成功应用。Barros 等[87]将遗传算法与主成分方法结合用于化学成分分析，利用遗传算法寻找最佳主成分子集。Yao 等[88]等利用遗传主成分法选择最佳主成分子集，在高维数据中进行特征提取，取得良好效果。夏青等[90]利用遗传算法选取主成分最优子集，分离得到的误差系数更加接近真值。徐德坤等[91]采用了基于进化策略的误差分离技术，分离的误差系数高达 60 项，有效地避免了环境函数矩阵的复共线性问题。

SVM 方法的基本思想是基于 VC（Vapnik-Chervonenkis）维理论和结构风险最小化原理[89]，综合考虑模型拟合的经验风险与预报能力。SVM 方法能够较好地解决小样本、非线性、高维数据分类与特征提取等实际问题，主要应用于模式识别[92-94]、回归估计[95-97]、概率密度估计[98]等领域。在应用方面，SVM 方法已成功应用于参数辨识[99, 100]、疾病的辨别与分类[101]、动态图像的人脸跟踪[102]等问题，最著名的是贝尔实验室对美国邮政手写数据库的识别试验[103]。杨华波等[104]提出了利用支持向量机方法估计制导系统工具误差系数的新方法，由于支持向量机综合考虑了结构风险和经验风险，模型的泛化能力得到增强。Cawley[105]利用交叉验证技术获得了支持向量机核函数参数的最优选择方法。

参 考 文 献

[1] 杨卫丽，夏冬坤，陈升泽. 国外洲际弹道导弹及其制导技术发展分析[J]. 战术导弹技术，2015（3）：7-11.

[2] 薛成位. 弹道导弹工程[M]. 北京：中国宇航出版社，2002.

[3] 陈克俊，刘鲁华，孟云鹤. 远程火箭飞行动力学与制导[M]. 北京：国防工业出版社，2014.

[4] 雷虎民. 导弹制导与控制原理[M]. 北京：国防工业出版社，2006.

[5] 吕新广，宋征宇. 长征运载火箭制导方法[J]. 宇航学报，2017，38（9）：895-902.

[6] Song E J，Cho S，Roh W R. A comparison of iterative explicit guidance algorithms for space launch vehicles[J]. Advance in Space Research，2015，55（1）：463-476.

[7] 张志国，马英，耿光有，等. 火箭垂直回收着陆段在线制导凸优化方法[J]. 弹道学报，2017，29（1）：9-16.

[8] 王劲博，崔乃刚，郭继峰，等. 火箭返回着陆问题高精度快速轨迹优化算法[J]. 控制理论与应用，2018，35（3）：388-389.

[9] Blackmore L. Autonomous precision landing of space rockets[J]. The Bridge，2016，4（46）：15-20.

[10] 刘春荣. 弹道导弹制导技术浅谈[J]. 海军航空工程学院学报，2002，17（4）：431-434.

[11] 丑金玲，王永平. 试论弹道导弹制导技术的发展途径[J]. 现代防御技术，2003，31（6）：41-45.

[12] 范金龙，武健，夏维. 国外弹道导弹的发展现状与关键技术[J]. 攻防系统，2016（4）：38-43.

[13] 胡德风. 导弹与运载火箭制导系统回顾与发展方向设想[J]. 导弹与航天运载技术，2002（5）：44-48.

[14] 雷勇. 某型弹载捷联式 INS/GPS 组合导航系统算法分析与试验研究[D]. 武汉：华中科技大学，2015.

[15] 钱华明，郎希开，钱林琛，等. 弹道导弹的捷联惯性/天文组合导航方法[J]. 北京航空航天大学学报，2017，43（5）：857-864.

[16] 谭汉清，刘垒. 惯性/星光组合导航技术综述[J]. 飞航导弹，2008（5）：44-51.

[17] 马国强. SINS/弹载 SAR 组合导航技术研究[D]. 哈尔滨：哈尔滨工程大学，2013.

[18] 陈冲. 地磁辅助惯性导航系统研究[D]. 哈尔滨：哈尔滨工业大学，2014.

[19] 秦永元. 惯性导航[M]. 北京：科学出版社，2006.

[20] 吴杰，安雪滢，郑伟. 飞行器定位与导航技术[M]. 北京：国防工业出版社，2015.

[21] 张炎华，王立端，战兴群，等. 惯性导航技术的新进展及发展趋势[J]. 中国造船，2008（A1）：134-144.

[22] 刘洁瑜，余志勇，汪立新，等. 导弹惯性制导技术[M]. 西安：西北工业大学出版社，2010.

[23] Kim M S，Yu S B，Lee K S. Development of a high-precision calibration method for inertial measurement unit[J]. International Journal of Precision Engineering and Manufacturing，2014，15（3）：567-575.

[24] 刘洁瑜，徐军辉，熊陶. 导弹惯性导航技术[M]. 北京：国防工业出版社，2016.

[25] 周徐昌，沈建森. 惯性导航技术的发展及其应用[J]. 兵工自动化，2006（9）：55-59.

[26] 刘智平，毕开波. 惯性导航与组合导航基础[M]. 北京：国防工业出版社，2013.

[27] 曲东才. 捷联惯导系统发展及其军事应用[J]. 航空科学技术，2004（6）：27-30.

[28] Dzhashitov V E，Pankratov V M. Control of temperature fields of a strapdown inertial navigation system based on fiber optic gyroscopes[J]. Journal of Computer and Systems Sciences International，2014，53（4）：565-575.

[29] 杜田宇. 捷联惯导系统的静基座初始对准研究[D]. 哈尔滨：哈尔滨工业大学，2009.

[30] 吴峰. 自主导航星敏感器的关键技术的研究[D]. 苏州：苏州大学，2012.

[31] Horsfall R B. Stellar inertial navigation[J]. IRE Transactions on Aeronautical and Navigational Electronics，1958，ANE-5（2）：106-114.

[32] Golddfischer L I. Star Field Correlator[P]. US Patent：US3263088A，1966-07-26.

[33] 孙龙. 基于星敏感器的捷联惯性/天文组合导航研究[D]. 哈尔滨：哈尔滨工程大学，2015.

[34] Farrier M，Achterkirchen T G，Weckler G P，et al. Very large area CMOS active-pixel sensor for digital radiography[J]. IEEE Transactions on Electron Devices，2009，56（11）：2623-2631.

[35] Passeri D，Placidi P，Petasecca M，et al. Design，fabrication，and test of CMOS active-pixel radiation sensors[J]. IEEE Transactions on Nuclear Sicence，2004，51（3）：1144-1149.

[36] Yadid-Pecht O，Pain B，Staller C，et al. CMOS active pixel sensor star tracker with regional electronic shutter[J]. IEEE Journal of Solid-State Circuits，1997，32（2）：285-288.

[37] Liebe C C，Alkalai L，Domingo G，et al. Micro APS based star tracker[C]. Proceedings of the 5th IEEE Aerospace Conference，Orlando，2002：2285-2299.

[38] 王晓东. 大视场高精度星敏感器技术研究[D]. 长春：中国科学院研究生院（长春光学精密机械与物理研究所），2003.

[39] 孙才红. 轻小型星敏感器研制方法和研制技术[D]. 北京：中国科学院国家天文台，2002.

[40] 张泽. 基于多矢量观测的姿态确定算法仿真与分析[D]. 太原：中北大学，2018.

[41] Wahba G. A least square estimation of spacecraft attitude[J]. SIAM Review，1965，7（3）：409.

[42] Shuster M D，Oh S D. Three axis attitude determination from vector observations[J]. Journal of Guidance and Control，1981，4（1）：70-77.

[43] 张晨. 基于星跟踪器的航天器姿态确定方法研究[D]. 武汉：华中科技大学，2005.

[44] 林玉荣，邓正隆. 基于矢量观测确定飞行器姿态的算法综述[J]. 哈尔滨工业大学学报，2003（1）：38-45.

[45] Bar-Itzhack I Y，Harman R R. Optimized TRIAD algorithm for attitude determination[J]. Journal of Guidance Control，and Dynamics，1997，20（1）：208-211.

[46] Cheng Y，Crassidis J L，Markley F L. Attitude estimation for large field-of-view sensors[J]. The Journal of the Astronautical Sciences，2006（54）：433-448.

[47] 王宏力，陆敬辉，崔祥祥. 大视场星敏感器星光制导技术及应用[M]. 北京：国防工业出版社，2015.

[48] 房建成，宁晓琳，刘劲. 航天器自主天文导航原理与方法[M]. 2版. 北京：国防工业出版社，2017.

[49] 宁晓琳，马辛. 地球卫星自主天文导航滤波方法性能分析[J]. 控制理论与应用，2010，27（4）：423-430.

[50] 陈世年，李连仲，王京武. 控制系统设计[M]. 北京：宇航出版社，1996.

[51] 王鸿章，刘新德. 世界弹道导弹[M]. 沈阳：辽宁人民出版社，2013.

[52] 穆利军，蔡远文. 国外战略导弹的现状及发展趋势[J]. 兵工自动化，2007，26（4）：L03-L04，L07.

[53] 肖称贵. 单星-星光制导方案[J]. 航天控制，1997（1）：11-16.

[54] 李连仲. 星光-惯性制导原理与实现[C]. 航空航天部第二研究院科学技术委员会论文集，北京，1992：46-55.

[55] 肖称贵. 捷联星光制导方案与误差研究[J]. 导弹与航天运载技术，1997（4）：1-8.

[56] 肖称贵. 捷联星光制导仿真方法研究[J]. 航天控制，1997（2）：51-57.

[57] 王鹏，张迎春. 基于 SINS/星敏感器的组合导航模式[J]. 东南大学学报，2005（A2）：84-89.

[58] 金振山，申功勋. 适合于机动弹道导弹的星光-惯性组合制导系统研究[J]. 航空学报，2005，26（2）：168-172.

[59] Zhang H B，Zheng W，Tang G. Stellar/Inertial integrated guidance for responsive launch vehicles[J]. Aerospace Science and Technology，2012（18）：35-41.

[60] Zhang H B，Zheng W，Wu J，et al. Investigation on single-star stellar-inertial guidance principle using equivalent information compression theory[J]. Science in China Series E：Technological Sciences，2009，52（10）：2924-2929.

[61] 张洪波. 空间快速响应发射转移轨道设计与制导方法研究[D]. 长沙：国防科技大学研究生院，2009.

[62] 叶兵，张洪波，吴杰. 单星星光/惯性复合制导最佳星快速确定方法研究[J]. 宇航学报，2009，30（4）：1371-1375.

[63] 张超超. 弹道导弹星光/惯性复合制导修正方法研究[D]. 长沙：国防科技大学，2016.

[64] 李鹏飞. 弹道导弹捷联星光/惯性复合制导方法研究[D]. 长沙：国防科技大学，2017.

[65] 杨帆，芮筱亭，王国平. 提高弹道导弹命中精度方法研究[J]. 南京理工大学学报，2007，31（1）：10-16.

[66] 张金槐. 线性模型参数估计及其改进[M]. 长沙：国防科技大学出版社，1999.

[67] 沙钰，吴翊，王正明. 主成分估计的发展和完善及其在制导工具误差分离中的作用[J]. 航天控制，1991（A1）：136-146.

[68] 张湘平，邹逢兴，李大琪. 战略导弹制导系统精度评估方法及应用研究[J]. 国防科技大学学报，1997，19（4）：34-39.

[69] 高春伟. 惯性/星光复合制导误差辨识与弹道折合方法研究[D]. 长沙：国防科技大学，2014.

[70] 禹维绩. 速率捷联系统误差分离技术[J]. 战术导弹技术，1991（4）：40-47.

[71] 鲜勇，李刚. 弹道导弹捷联惯性导航系统误差传播模型[J]. 兵工学报，2009，30（3）：338-341.

[72] 段秀云，黄瑜. 基于交叉验证的捷联惯导制导工具误差分离方法[J]. 航天控制，2014，32（6）：8-11.

[73] 杨萍，刘国良，杜之明. 捷联式惯导系统工具误差环境函数计算模型[J]. 飞行器测控学报，2001，20（3）：74-80.

[74] Gore R G. The effect of geophysical and geodetic uncertainties at launch area on ballistic missile impact accuracy[J/OL]. https://www.researchgate.net/publication/235088841_THE_EFFECT_OF_GEOPHYSICAL_AND_GEODETIC_UNCERTAINTIES_AT_LAUNCH_AREA_ON_BALLISTIC_MISSILE_IMPACT_ACCURACY. [2020-07-27].

[75] 杨辉耀. 大地测量误差对导弹精度的影响与修正[J]. 飞行力学，1998，16（1）：45-51.

[76] 郑伟. 地球物理摄动因素对远程弹道导弹命中精度的影响分析及补偿方法研究[D]. 长沙：国防科技大学，2006.

[77] 杨华波，郑伟，张士峰，等. 定位、定向误差对弹道导弹落点的影响分析[C]. 航天测控技术研讨会论文集，厦门，2004：469-474.

[78] 姚静，段晓君，周海银. 海态制导工具系统误差建模与参数估计[J]. 弹道学报，2005（1）：33-39.

[79] 杨华波，张士峰，蔡洪，等. 考虑初始误差的制导工具误差分离建模与参数估计[J]. 宇航学报，2007，28（6）：1638-1642.

[80] 杨华波，张士峰，胡正东，等. 海基导弹初始误差分离建模与参数估计[J]. 系统工程与电子技术，2007（6）：931-933，937.

[81] 王正明，周海银. 制导工具系统误差估计的新方法[J]. 中国科学E辑：技术科学，1998（2）：160-168.
[82] 谢玉珍. 岭型主成分估计分离制导工具系统误差方法研究[J]. 弹箭与制导学报，2013（3）：189-191.
[83] 袁林，王召刚，韩成柱. 制导工具系统误差分离的模型优选方法[J]. 数字通信，2012，39（2）：1001-3824.
[84] 孙开亮，段晓君，周海银，等. 基于弹道的制导工具系统误差非线性分离方法[J]. 飞行器测控学报，2005（4）：38-42.
[85] Wold S，Trygg J，Berglund A，et al. Some recent development in PLS modeling[J]. Chemometrics and Intelligent Laboratory Systems，2001，58（2）：131-150.
[86] 王惠文. 偏最小二乘回归方法及其应用[M]. 北京：国防工业出版社，1999.
[87] Barros A S，Rutledge D N. Genetic algorithm applied to the selection of principal components[J]. Chemometrics and Intelligent Laboratory Systems，1998（40）：65-81.
[88] Yao H，Tian L. A genetic-algorithm-based selective principal component analysis（GA-SPCA）method for high-dimensional data feature extraction[J]. IEEE Transactions on Geoscience and Remote Sensing，2003，41（6）：1469-1478.
[89] Vapnik V N. The Nature of Statistical Learning Theory[M]. New York：Springer-Verlag，1995.
[90] 夏青，杨华波，张士峰，等. 基于遗传算法的工具误差分离与弹道折合[J]. 系统仿真学报，2007，19（18）：4130-4133.
[91] 徐德坤，杨华波，张士峰，等. 制导工具误差折合的遗传主成分方法[J]. 航天控制，2007（6）：22-26.
[92] Burges C J C. A tutorial on support vector machines for pattern recognition[J]. Data Mining and Knowledge Discovery，1998，2（2）：121-167.
[93] 郝英，孙健国，杨国庆，等. 基于支持向量机的民航发动机故障检测研究[J]. 航空学报，2005，26（4）：434-438.
[94] 徐启华，师军. 应用SVM的发动机故障诊断若干问题研究[J]. 航空学报，2005，26（6）：686-690.
[95] Palaniswami M，Shilton A. Adaptive support vector machines for regression[C]. International Conference on Neural Information Processing，Singapore，2002：1043-1049.
[96] Cho K R，Seok J K，Lee D C. Mechanical parameter identification of servo systems using robust support vector regression[C]. 35th Annual Power Electronics Specialists Conference，Aachen，2004：3425-3430.
[97] Cherkassky V，Ma Y. Multiple model regression estimation[J]. IEEE Transactions on Neural Networks，2005，16（4）：785-798.
[98] McKay D，Fyfe C. Probability prediction using support vector machines[C]. 4th International Conference on Knowledge-Based Intelligent Engineering Systems and Allied Technology，Brighton，2000：189-192.
[99] 杨华波，张士峰，蔡洪. 惯导工具误差分离与折合的支持向量机方法[J]. 系统仿真学报，2007，19（10）：2177-2180.
[100] Gestel T V，Suykens J A K，Barstaens D E，et al. Financial time series prediction using least squares support vector machines within the evidence framework[J]. IEEE Transactions on Neural Networks，2001，12（4）：809-821.
[101] Shen L，Tan E C. Dimension reduction-based penalized logistic regression for cancer classification using microarray data[J]. IEEE/ACM Transactions on Computational Biology and Bioinformatics，2005，2（2）：166-175.
[102] Hearst M A，Scholkopf B，Dumais S，et al. Trends and controversies-support vector machines[J]. IEEE Intelligent Systems，1998，13（43）：18-28.
[103] Cortes C，Vapnik V. Support-vector networks[J]. Machine Learning，1995，20（3）：273-297.
[104] 杨华波，蔡洪，宋维军. 基于最小二乘支持向量机的工具误差分离与折合[J]. 航天控制，2008（1）：22-25.
[105] Cawley G C. Leave-one-out cross-validation based model selection criteria for weighted LS-SVMs[C]. The 2006 International Joint Conference on Neural Network Proceedings，Vancouver，2006：274-284.

第2章 星光-惯性复合制导技术基础

在弹道导弹星光-惯性复合制导技术的研究中，涉及的导弹运动建模、惯性导航与制导、恒星方位描述等问题，需要在不同的时间系统及坐标系统下描述，本章首先给出本书中要用到的时间系统与坐标系统的定义及转换方法。然后给出导弹主动段的运动模型，并简要介绍主动段的导航与制导方法。基于星光测量信息校准惯性导航系统的漂移，需要已知恒星在惯性空间的方位，这要用到恒星星库，并要对恒星在惯性空间的分布加以分析。

2.1 时 间 系 统

时间是描述物质运动的基本变量，物质运动也为时间的计量提供了参考。通常所说的时间计量包含两个含义：一是时间间隔，即两个物质运动状态之间经过了多长的时间；二是时刻，即物质的某一运动状态瞬间与时间坐标轴原点之间的时间间隔。因此，一个时间系统要确定初始历元和秒长两个基本要素。

时间的计量一般是通过选定某种均匀的、可测量的、周期性的运动作为参考基准而进行的。目前所参考的物质运动主要有两种，即地球自转和原子内部能级的跃迁，分别对应世界时和原子时。

2.1.1 时间系统的定义

1. 世界时

世界时以地球的自转运动为计时依据。根据参考天体的不同，又有不同的世界时系统。

1）恒星时

以春分点ϒ为参考，由它的周日视运动确定的时间称为恒星时（sidereal time），记为s。恒星时的起点取为春分点ϒ在测站上中天的时刻，因此它在数值上等于春分点的时角

$$s = t_{\Upsilon} \tag{2-1}$$

春分点是天球上的假想点，无法直接观测，只能通过观测恒星来推算它的位置。如图 2-1 所示，假设已知某恒星 σ 的赤经为 α，在某时刻恒星的时角为 t，则有

$$s=\alpha+t \tag{2-2}$$

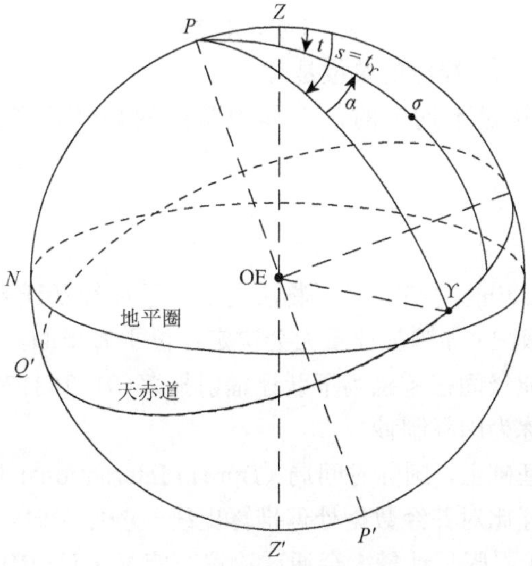

图 2-1　恒星时与恒星时角

恒星时与天体的时角有关，而时角是以测站的天子午圈起算的，具有地方性。因此，天文经度 $\lambda=0°$，即格林尼治天文台所在子午线的恒星时在时间计量中具有重要的地位，常用特定的符号 S 表示。天文经度 λ（单位度）处的恒星时 s 与格林尼治地方恒星时 S 的关系为

$$s=S+\lambda/15 \tag{2-3}$$

根据是否考虑地球岁差与章动的影响，恒星时又分为平恒星时和真恒星时[1]。

计算与地球自转有关的信息时，常用到恒星时。

2）平太阳时

以太阳为参考确定的时间系统称为太阳时（solar time）。真太阳的视运动是不均匀的，因此 19 世纪末，美国天文学家纽康引入了平太阳来定义太阳时。

平太阳也和真太阳一样有周年视运动，但有两点不同：一是平太阳的周年视运动轨迹是天赤道而不是黄道；二是平太阳在天赤道上运行的速度是均匀的，等于真太阳周年视运动速度的平均值。以平太阳为参考，由它的周日视运动确定的时间称为平太阳时（mean solar time），简称平时，记为 m。为与生活习惯相协调，将平太阳时的零时定义为平太阳下中天的时刻，即

$$m = t_m + 12^{\mathrm{h}} \tag{2-4}$$

式中，t_m为平太阳的时角。其中，若$t_m > 12^{\mathrm{h}}$，则从m减去24^{h}。

与恒星时一样，格林尼治地方时在太阳时计量中同样具有重要的地位，常用特定的符号M表示。格林尼治地方平时M称为世界时，记为UT（universal time）。天文经度λ处的地方平时与世界时的关系为

$$m - \mathrm{UT} = \lambda / 15 \tag{2-5}$$

式中，时间的单位是h；经度的单位是°。

由于地球的自转是不均匀的，工程中常用的是修正了极移影响后的世界时UT1。

2. 原子时

原子时（atomic time，AT）是以物质内部原子能级跃迁为基础建立的时间计量系统。1967年，第13届国际计量大会决定：位于海平面上的铯133(C_s^{133})原子基态的两个超精细能级间在零磁场下跃迁辐射振荡 9192631770 周所持续的时间为一个原子时秒，称为国际制秒。

在原子时秒的基础上，国际时间局（Bureau International de I'Heure，BIH）对全球多个原子钟相互比对并经数据处理推算出统一的原子时，称为AT（BIH）系统。1971年，第14届国际计量大会通过决议，定义AT（BIH）为原子时，并按法文习惯记为TAI（international atomic time）。

原子时的时间起算点规定为1958年1月1日0^{h}UT，但由于技术上的原因，人们发现这一瞬间原子时比世界时慢了0.0039s，这个差值一直被保留了下来。

3. 协调世界时

应用中，世界时与原子时各有长短：世界时反映了地球的自转，能够与人们的日常生活相联系，但其变化是不均匀的；原子时的秒长十分稳定，但它的时刻没有具体的物理内涵，在大地测量、飞行器导航、太阳方位计算等应用中不是很方便。为兼顾两者的长处，人们建立了协调世界时（coordinated universal time，UTC）。

根据国际规定，协调世界时的秒长与原子时的秒长一致，其时刻与世界时UT1的偏离不超过0.9s。协调世界时实现的方法是在6月或12月底进行闰秒。从1979年起，UTC被世界各国作为民用时间标准，导弹发射时刻等一般采用协调世界时。

4. 动力学时

动力学时是天体动力学理论研究及天体历表编算中使用的时间系统，即广义相对论框架中的坐标时。1976年，国际天文联合会（International Astronomical Union，IAU）定义了天文学中常用的两种动力学时：以太阳系质心为原点的局部

惯性坐标系中的坐标时，称为质心动力学时，记作 TDB（barycentric dynamical time）；以地心为原点的局部惯性坐标系中的坐标时，称为地球动力学时，记作 TDT（terrestrial dynamical time）。

上述关于 TDT 的具体定义中有诸多模糊和争议之处，为此在 1991 年第 21 届 IAU 大会重新定义了地球时（terrestrial time，TT）取代 TDT 作为视地心历表的时间变量。同时引进了两个新的时间——地心坐标时（geocentric coordinate time，TCG）和质心坐标时（barycentric coordinate time，TCB），前者是以地球质心为空间原点的参考系的时间坐标，后者是以太阳系质心为空间原点的参考系的时间坐标。

太阳、月球、行星历表中常以 TDB 作为时间尺度，而近地飞行器动力学方程则采用 TT 作为独立变量。恒星星库中的时间尺度一般采用动力学时。

2.1.2　时间系统间的转换

1. 协调世界时与原子时

原子时和协调世界时之间相差整数秒 $\Delta\mathrm{AT}$，这是闰秒累计产生的结果：

$$\mathrm{TAI} = \mathrm{UTC} + \Delta\mathrm{AT} \tag{2-6}$$

式中，协调世界时换算原子时的改正值 $\Delta\mathrm{AT}$ 可以查阅国际地球自转和参考系服务（international earth rotation and reference system service，IERS）网站上的公报得到。截至 2021 年 1 月 1 日，$\Delta\mathrm{AT} = 37\mathrm{s}$。

2. 地球时与原子时

地球时是天文年历中使用的时间尺度，与地球动力学时、历书时（ephemeris time，ET）等价，实际应用中的 TT 应根据 TAI 计算：

$$\mathrm{TT} = \mathrm{TDT} = \mathrm{ET} = \mathrm{TAI} + 32.184\mathrm{s} \tag{2-7}$$

3. 质心动力学时与地球时

质心动力学时是太阳、月球、行星等天体星历表中的时间尺度，它与地球时的区别在于惯性坐标系的原点不同。美国喷气推进实验室（Jet Propulsion Laboratory，JPL）的 DE405 星历表中的时间 T_{eph} 在功能上与 TDB 是等价的：

$$\begin{aligned}\mathrm{TDB} \approx T_{\mathrm{eph}} \approx \mathrm{TT} &+ 0.001657\sin(628.3076T + 6.2401)\\ &+ 0.000022\sin(575.3385T + 4.2970)\end{aligned} \tag{2-8}$$

式中，系数的单位是 s；三角函数幅角的单位是 rad；T 是自 J2000.0 TT 起算的儒略世纪数

$$T = \frac{\mathrm{JD(TT)} - 2451545.0}{36525} \tag{2-9}$$

4. 世界时与协调世界时

世界时与协调世界时的差别是由地球自转的不均匀引起的，其改正值为DUT1，则有

$$\mathrm{UT1} = \mathrm{UTC} + (\mathrm{UT1} - \mathrm{UTC}) = \mathrm{UTC} + \mathrm{DUT1} \tag{2-10}$$

在各国播发的授时信号中，会以 0.1s 的精度给出 DUT1 的值。IERS 经过综合处理后，在其公报 A 中会给出 DUT1 的快速确定值和最终值，快速确定值的精度一般在 1×10^{-5}s 左右。

由式（2-6）、式（2-7）及式（2-10），可得到地球时与世界时的转换公式：

$$\mathrm{UT1} = \mathrm{TT} - \Delta T = \mathrm{TT} - (32.184\mathrm{s} + \Delta\mathrm{AT} - \mathrm{DUT1}) \tag{2-11}$$

式中，世界时换算力学时的改正值 ΔT 可以从 IERS 公报中查得。

5. 格林尼治平恒星时 $\overline{S}$ 与世界时

地球转过的圈数 θ 的计算公式为

$$\theta = 0.7790572732640 + 1.00273781191135448 D_U \tag{2-12}$$

式中，D_U 表示自 2000 年 1 月 1 日 12^{h} UT1 起算的 UT1 天数

$$D_U = \mathrm{JD(UT1)} - 2451545.0 \tag{2-13}$$

格林尼治平恒星时 $\overline{S}$ 为

$$\begin{aligned}\overline{S} = 86400\cdot\theta + (&0.014506 + 4612.156534T + 1.3915817T^2 \\ &- 0.00000044T^3 - 0.000029956T^4 - 0.0000000368T^5)/15\end{aligned} \tag{2-14}$$

T 表示以 J2000.0 TDB 计算的儒略世纪数

$$T = \frac{\mathrm{JD(TDB)} - 2451545.0}{36525} \tag{2-15}$$

式（2-15）可以分为两部分，由地球自转引起的快变项和由春分点的赤经岁差引起的慢变项。

根据格林尼治平恒星时 $\overline{S}$ 可以计算格林尼治真恒星时 S

$$S = \overline{S} + \varepsilon_{\Upsilon}/15 \tag{2-16}$$

式中，ε_{Υ} 主要是由地球的赤经章动引起的。高精度计算中还需要考虑一些补偿项：

$$\begin{aligned}\varepsilon_{\Upsilon} = &\Delta\psi\cos\overline{\varepsilon} + 0.00264096\sin(\Omega) \\ &+ 0.00006352\sin(2\Omega)\end{aligned} \tag{2-17}$$

式中，$\Delta\psi$ 为黄经章动；$\overline{\varepsilon}$ 为平黄赤交角；Ω 为日月基本幅角，计算公式见文献[1]；各系数的单位为″。

星光-惯性复合制导技术的研究中，还要用到年、历法、儒略日等概念，相关内容可参考文献[1]，这里不再给出。

2.2　坐标系统

2.2.1　坐标系统的定义

1. 地心惯性坐标系 O_E-$X_IY_IZ_I$

选用 J2000.0 作为标准历元，以此历元的平天极和平春分点为基础建立天球坐标系，称天球坐标系，又称 J2000.0 地心惯性坐标系。坐标原点为地球质心 O_E，基本平面为 J2000.0 地球平赤道面，O_EX_I 轴在基本平面内由地球质心指向 J2000.0 的平春分点。O_EZ_I 轴沿基本平面的法向，指向北极方向。O_EY_I 轴与 O_EX_I 轴、O_EZ_I 轴成右手坐标系。

J2000.0 地心惯性坐标系可以看作基于国际天球参考系（international celestial reference system，ICRS）的定义和模式，采用河外射电源方向实现的国际天球参考架（international celestial reference frame，ICRF），ICRF 在光学波段是由依巴谷星表实现的。星表中恒星的位置都是在 ICRF 中给出的。1998 年 1 月 1 日以前，ICRF 是采用 FK5 星表建立的天球参考架，有些星表中的恒星位置是基于 FK5 天球参考架的，它与 ICRF 有数十毫角秒的偏差，使用时要注意[2]。

该坐标系简记为 I 系，在不致引起混淆的情况下，简称为地心惯性坐标系。

2. 地心地固坐标系 O_E-$X_EY_EZ_E$

根据地极方向（conventional terrestrial pole，CTP）的定义[1]，把与 CTP 相对应的地球赤道称为协议赤道，把通过 CTP 和格林尼治天文台的子午线作为起始子午线，构成协议地球坐标系，也称为地心地固坐标系。坐标原点为地球质心 O_E，协议赤道面为基本平面，O_EX_E 轴在基本平面内由地球质心指向起始子午线与协议赤道面的交点。O_EZ_E 轴指向 CTP。O_EY_E 轴与 O_EX_E 轴、O_EZ_E 轴构成右手坐标系，如图 2-2 所示。

该坐标系简记为 E 系，在不致引起混淆的情况下，简称为地心固联系。

3. 发射坐标系 O-xyz

发射坐标系与地球固联，原点取为发射点 O，Ox 轴在发射点当地水平面内指向发射瞄准方向，Oy 轴垂直于发射点当地水平面指向上方，Oz 轴与 xOy 面垂直并构成右手坐标系，如图 2-3 所示。

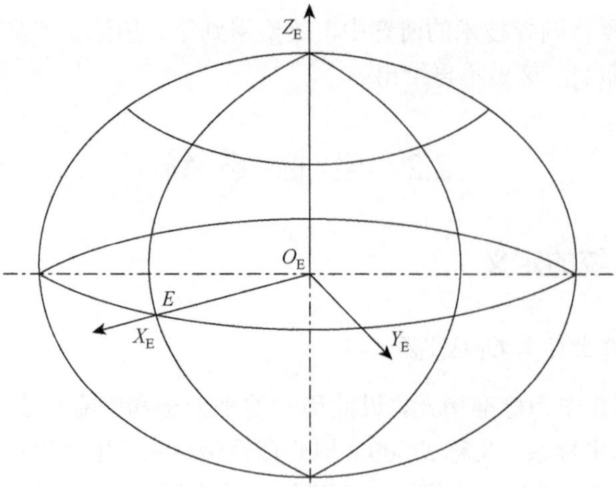

图 2-2 地心地固坐标系

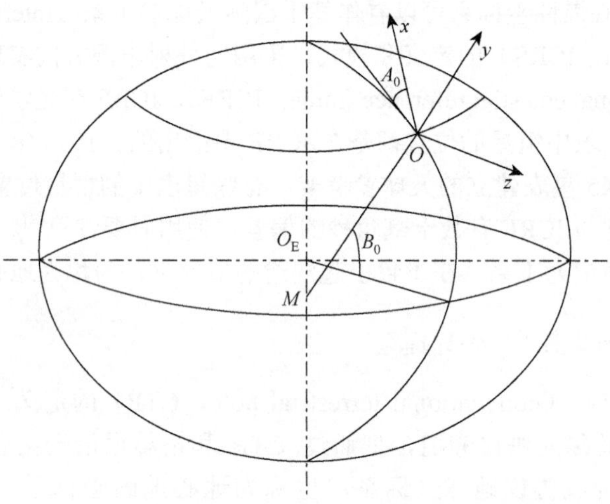

图 2-3 发射坐标系

该坐标系简记为 G 系，主要用于描述导弹相对于地球的运动。

4. 发射惯性坐标系 $O_A\text{-}x_Ay_Az_A$

发射惯性坐标系与发射时刻（或惯性导航基准建立时刻）的发射坐标系重合，但在导弹发射后，坐标系的原点及坐标系各轴的方向在惯性空间保持不动。

该坐标系简记为 A 系，用来建立导弹在惯性空间的运动方程。理想情况下，惯性导航系统建立的导航计算坐标系应与发射惯性坐标系三轴指向保持一致。

5. 惯性平台坐标系 $O_p\text{-}x_p y_p z_p$

坐标系原点 O_p 位于平台基准处，坐标轴由平台框架轴或陀螺仪敏感轴定义。发射前对准和调平后，各坐标轴应分别与发射惯性坐标系的各坐标轴平行。

该坐标系简记为 P 系，是用平台台体的实体实现的惯性坐标系，它建立了一个与载体角运动无关的导航坐标系，实施弹上的导航计算。

6. 弹体坐标系 $O_1\text{-}x_1 y_1 z_1$

坐标系原点 O_1 位于导弹质心，O_1x_1 轴沿导弹的纵轴指向头部方向，O_1y_1 轴在弹体的纵平面内与 O_1x_1 轴垂直，O_1z_1 轴垂直于主对称面，且顺着发射方向看去指向右方。三轴构成右手直角坐标系。

该坐标系简记为 B 系，弹体坐标系与导弹固联，用来描述弹体相对于空间的姿态，同时也是导弹设备、仪器安装的基准参考系。

7. 星敏感器坐标系 $O_s\text{-}x_s y_s z_s$

坐标系的原点 O_s 位于星敏感器成像器件［CCD、互补金属氧化物半导体（complementary metal oxide semiconductor，CMOS）等］的中心，O_sx_s 轴与光学镜头的轴线一致，$y_sO_sz_s$ 平面与成像器件所在平面一致，O_sy_s 轴为像元垂直读出方向，O_sz_s 轴为像元水平读出方向。该坐标系与弹体坐标系之间的转换关系由星敏感器的安装角决定。

该坐标系简记为 S 系，用于描述星敏感器的测量信息。

2.2.2　坐标系统间的转换

1. 地心惯性坐标系与地心地固坐标系

星光-惯性复合制导技术中，恒星的位置信息是在地心惯性坐标系中给出的，而制导是在发射惯性坐标系中实施的，因此需要地心惯性坐标系到发射惯性坐标系的方向余弦阵。发射惯性坐标系与发射坐标系紧密相连，而发射坐标系与地心地固坐标系的相对位置保持不变，因此地心惯性坐标系与发射惯性坐标系之间的转换需要以地心地固坐标系为桥梁。星敏感器的测量精度很高，达到角秒量级，因此地心惯性坐标系与地心地固坐标系之间的转换需要考虑岁差、章动和极移的影响。

地心惯性坐标系与地心地固坐标系之间的方向余弦阵为

$$\boldsymbol{C}_{\mathrm{I}}^{\mathrm{E}} = \boldsymbol{C}_{\mathrm{ET}}^{\mathrm{E}} \cdot \boldsymbol{C}_{\mathrm{TOD}}^{\mathrm{ET}} \cdot \boldsymbol{C}_{\mathrm{MOD}}^{\mathrm{TOD}} \cdot \boldsymbol{C}_{\mathrm{I}}^{\mathrm{MOD}} \tag{2-18}$$

式中，$\boldsymbol{C}_{\mathrm{MOD}}^{\mathrm{TOD}}$ 为瞬时平天球坐标系至瞬时真天球坐标系的方向余弦阵，$\boldsymbol{C}_{\mathrm{I}}^{\mathrm{MOD}}$ 为地心惯性坐标系（平天球坐标系）到瞬时平天球坐标系的方向余弦阵，用于修正岁差影响，

$$\boldsymbol{C}_{\mathrm{I}}^{\mathrm{MOD}}=\boldsymbol{M}_3[-z_{\mathrm{A}}]\cdot\boldsymbol{M}_2[\theta_{\mathrm{A}}]\cdot\boldsymbol{M}_3[-\zeta_{\mathrm{A}}] \tag{2-19}$$

其中，ζ_{A}、θ_{A}、z_{A}是由岁差引起的赤道面进动的三个欧拉角；$M_i(i=1,2,3)$是初等方向余弦阵。用于修正章动影响，

$$\boldsymbol{C}_{\mathrm{MOD}}^{\mathrm{TOD}}=\boldsymbol{M}_1[-\bar{\varepsilon}-\Delta\varepsilon]\cdot\boldsymbol{M}_3[-\Delta\psi]\cdot\boldsymbol{M}_1[\bar{\varepsilon}] \tag{2-20}$$

其中，$\bar{\varepsilon}$为平黄赤交角；$\Delta\varepsilon$为交角章动；$\Delta\psi$为黄经章动。$\boldsymbol{C}_{\mathrm{TOD}}^{\mathrm{ET}}$为瞬时真天球坐标系与瞬时地球地固坐标系的方向余弦阵，

$$\boldsymbol{C}_{\mathrm{TOD}}^{\mathrm{ET}}=\boldsymbol{M}_3[\mathrm{GAST}] \tag{2-21}$$

其中，GAST 为格林尼治真恒星时角。$\boldsymbol{C}_{\mathrm{ET}}^{\mathrm{E}}$为瞬时地球地固坐标系至地心地固坐标系的方向余弦阵，

$$\boldsymbol{C}_{\mathrm{ET}}^{\mathrm{E}}=\boldsymbol{M}_2[-x_{\mathrm{p}}]\cdot\boldsymbol{M}_1[-y_{\mathrm{p}}] \tag{2-22}$$

其中，x_{p}、y_{p}为瞬时极在地极坐标系中的坐标，可从 IERS 公报中查得。

式（2-19）～式（2-22）中欧拉角的具体计算公式可参见文献[1]。

2. 地心地固坐标系与发射坐标系

设发射点的经度和地理纬度分别为λ_0和B_0，射击方位角为A_0，地心地固坐标系与发射坐标系的关系如图 2-4 所示。

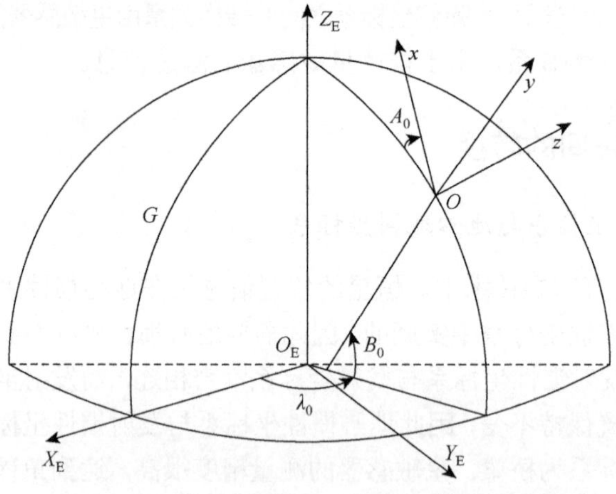

图 2-4　地心地固坐标系与发射坐标系的关系

要使 E 系与 G 系各轴相应平行，可将 E 系先绕$O_{\mathrm{E}}Z_{\mathrm{E}}$轴反向转$(90°-\lambda_0)$，再绕新的$x$轴正向转$B_0$，最后绕新的$y$轴反向转$(90°+A_0)$即可，则两坐标系之间的欧拉角为$-(90°-\lambda_0)$、$B_0$、$-(90°+A_0)$，方向余弦阵为

$$\boldsymbol{C}_{\mathrm{E}}^{\mathrm{G}}=\boldsymbol{M}_2[-(90°+A_0)]\cdot\boldsymbol{M}_1[B_0]\cdot\boldsymbol{M}_3[-(90°-\lambda_0)] \tag{2-23}$$

3. 发射坐标系与发射惯性坐标系

设地球为一圆球，根据定义，发射惯性坐标系在发射瞬时与发射坐标系是重合的，只是由于地球旋转，固定在地球上的发射坐标系在惯性空间的方位角发生变化。记从发射瞬时到所讨论时刻的时间间隔为t，则发射坐标系绕地轴转动$\omega_e t$角。

显然，如果发射坐标系与发射惯性坐标系各有一轴与地球转动轴相平行，那它们之间的方向余弦阵将是很简单的。一般情况下，这两个坐标系对转动轴而言是处于任意的位置。因此，首先考虑将这两个坐标系经过一定的转动使得相应的新坐标系各有一轴与转动轴平行，而且要求所转动的欧拉角是已知参数。图 2-5 给出一般情况下两个坐标系的关系，由此我们可先将O_A-$x_A y_A z_A$与O-xyz分别绕y_A轴、y轴转动角α_0，这使得x_A轴、x轴转到发射点O_A、O所在子午面内，此时z_A轴与z轴即转到垂直于各自子午面在过发射点的纬圈的切线方向。然后再绕各自新的侧轴转B_0角，从而得到新的坐标系O_A-$\xi_A\eta_A\zeta_A$及O-$\xi\eta\zeta$，此时ξ_A轴与ξ轴均平行于地球转动轴。最后，将新的坐标系与各自原有坐标系固联起来，这样，O_A-$\xi_A\eta_A\zeta_A$仍然为惯性坐标系，O-$\xi\eta\zeta$也仍然为随地球一起转动的相对坐标系。

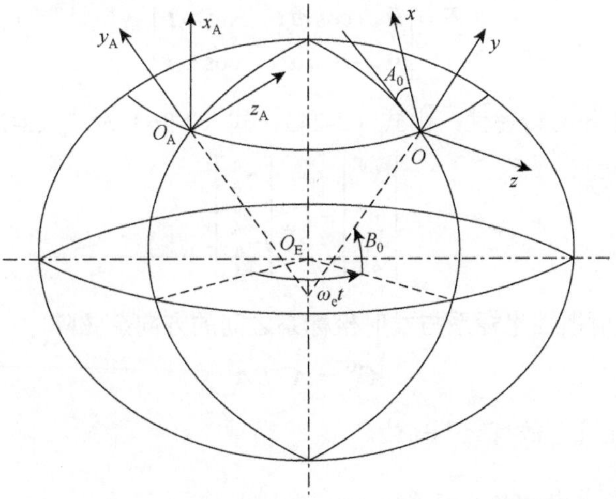

图 2-5　发射惯性坐标系与发射坐标系关系图

不难根据上述坐标系转动关系写出下列转换关系式：

$$\begin{bmatrix} \xi_A^0 \\ \eta_A^0 \\ \zeta_A^0 \end{bmatrix} = A \begin{bmatrix} x_A^0 \\ y_A^0 \\ z_A^0 \end{bmatrix} \tag{2-24}$$

$$\begin{bmatrix} \xi^0 \\ \eta^0 \\ \zeta^0 \end{bmatrix} = A \begin{bmatrix} x^0 \\ y^0 \\ z^0 \end{bmatrix} \tag{2-25}$$

式中，

$$A = \begin{bmatrix} \cos A_0 \cos B_0 & \sin B_0 & -\sin A_0 \cos B_0 \\ -\cos A_0 \sin B_0 & \cos B_0 & \sin A_0 \sin B_0 \\ \sin A_0 & 0 & \cos A_0 \end{bmatrix} \tag{2-26}$$

注意到在发射瞬时 $t = 0$ 处，O_A-$\xi_A\eta_A\zeta_A$ 与 O-$\xi\eta\zeta$ 重合，且 ξ_A 、ξ 的方向与地球自转轴 ω_e 的方向一致。那么，任意瞬时 t 时，这两个坐标系存在一个绕 ξ_A 的欧拉角 $\omega_e t$，故它们之间有下列转换关系：

$$\begin{bmatrix} \xi^0 \\ \eta^0 \\ \zeta^0 \end{bmatrix} = B \begin{bmatrix} \xi_A^0 \\ \eta_A^0 \\ \zeta_A^0 \end{bmatrix} \tag{2-27}$$

式中，

$$B = \begin{bmatrix} 1 & 0 & 0 \\ 0 & \cos \omega_e t & \sin \omega_e t \\ 0 & -\sin \omega_e t & \cos \omega_e t \end{bmatrix} \tag{2-28}$$

根据转换矩阵的传递性，由式（2-24）、式（2-26）及式（2-28）可得到

$$\begin{bmatrix} x^0 \\ y^0 \\ z^0 \end{bmatrix} = C_A^G \begin{bmatrix} x_A^0 \\ y_A^0 \\ z_A^0 \end{bmatrix} \tag{2-29}$$

式中，C_A^G 为发射惯性坐标系与发射坐标系之间的方向余弦阵，

$$C_A^G = A^{-1} B A \tag{2-30}$$

由于 A 为正交矩阵，故有 $A^{-1} = A^T$ 。

4. 发射坐标系与弹体坐标系

这两个坐标系的关系用以反映弹体相对于发射坐标系的姿态角。为使一般相对位置关系下的这两个坐标系转至相应轴平行，采用下列转动顺序：先绕 z 轴正向转动俯仰角 ϕ，然后绕新的 y' 轴正向转动偏航角 ψ，最后绕新的 x_1 轴正向转动滚动角 γ，如图 2-6 所示。这样不难写出两个坐标系的方向余弦关系为

$$C_G^B = M_1[\gamma] M_2[\psi] M_3[\phi] \tag{2-31}$$

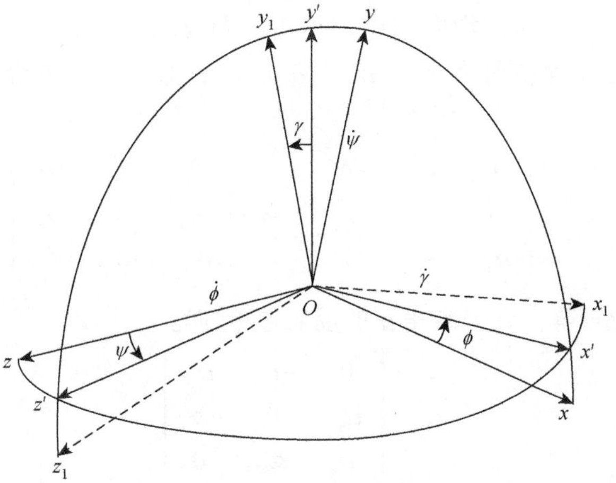

图 2-6　发射坐标系与弹体坐标系欧拉角关系图

5. 平台坐标系与星敏感器坐标系

设星敏感器在平台上的安装角为$[\varphi_0,\psi_0]$，即平台坐标系（P 系）分别绕 y_P 轴、z_P 轴旋转 $-\psi_0$、φ_0 后与星敏感器坐标系（S 系）重合。平台坐标系（P 系）与星敏感器坐标系（S 系）的关系如图 2-7 所示。

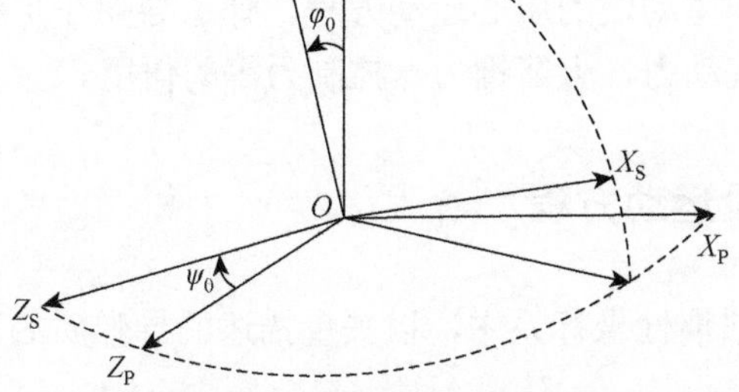

图 2-7　平台坐标系与星敏感器坐标系的关系

P 系与 S 系的旋转变换矩阵为

$$\boldsymbol{C}_P^S = \boldsymbol{M}_3[\varphi_0]\cdot\boldsymbol{M}_2[-\psi_0] = \begin{bmatrix} \cos\varphi_0\cos\psi_0 & \sin\varphi_0 & \cos\varphi_0\sin\psi_0 \\ -\sin\varphi_0\cos\psi_0 & \cos\varphi_0 & -\sin\varphi_0\sin\psi_0 \\ -\sin\psi_0 & 0 & \cos\psi_0 \end{bmatrix} \quad (2\text{-}32)$$

6. 平台坐标系与理想平台坐标系

由于各种误差因素的影响，平台坐标系（P 系）相对于理想平台坐标系（P′ 系，即发射惯性坐标系）存在指向误差，用失准角 $\boldsymbol{\alpha}=[\alpha_x \quad \alpha_y \quad \alpha_z]^{\mathrm{T}}$ 来描述，P′系分别绕其对应三轴旋转角度 α_x、α_y、α_z 后，P′系与P系重合，则可得旋转变换矩阵：

$$\boldsymbol{C}_{\mathrm{P'}}^{\mathrm{P}}=\begin{bmatrix}1 & \alpha_z & -\alpha_y \\ -\alpha_z & 1 & \alpha_x \\ \alpha_y & -\alpha_x & 1\end{bmatrix}=\boldsymbol{E}+\begin{bmatrix}0 & \alpha_z & -\alpha_y \\ -\alpha_z & 0 & \alpha_x \\ \alpha_y & -\alpha_x & 0\end{bmatrix} \tag{2-33}$$

式中，$\boldsymbol{E}$ 为单位矩阵；记失准角 $\boldsymbol{\alpha}$ 的反对称矩阵为

$$\boldsymbol{\alpha}_{\times}=\begin{bmatrix}0 & -\alpha_z & \alpha_y \\ \alpha_z & 0 & -\alpha_x \\ -\alpha_y & \alpha_x & 0\end{bmatrix}$$

则对任意矢量 $\boldsymbol{V}$，其在P′系和P系中的表示存在如下关系：

$$\boldsymbol{V}_{\mathrm{P}}=\boldsymbol{C}_{\mathrm{P'}}^{\mathrm{P}}\boldsymbol{V}_{\mathrm{P'}}=\boldsymbol{V}_{\mathrm{P'}}+\boldsymbol{V}_{\mathrm{P'}\times}\boldsymbol{\alpha} \tag{2-34}$$

式中，$\boldsymbol{V}_{\mathrm{P'}\times}$ 为 $\boldsymbol{V}_{\mathrm{P'}}$ 的反对称矩阵。

由此可得P′系和P系中对矢量 $\boldsymbol{V}$ 的测量误差为

$$\Delta\boldsymbol{V}_{\mathrm{P}}=\boldsymbol{V}_{\mathrm{P}}-\boldsymbol{V}_{\mathrm{P'}}=\boldsymbol{V}_{\mathrm{P'}\times}\boldsymbol{\alpha} \tag{2-35}$$

2.3　导弹主动段运动方程及导航制导方法

在此仅考虑导弹主动段的质心运动方程。弹道导弹在主动段飞行中，主要受到地球万有引力、气动力、火箭推力、控制力等的作用。

2.3.1　导弹主动段运动方程

根据文献[3]，在惯性坐标系中，以矢量描述的导弹质心动力学方程为

$$m\frac{\mathrm{d}^2\boldsymbol{r}}{\mathrm{d}t^2}=\boldsymbol{P}+\boldsymbol{R}+\boldsymbol{F}_{\mathrm{c}}+m\boldsymbol{g}+\boldsymbol{F}_{\mathrm{k}}' \tag{2-36}$$

式中，$\boldsymbol{r}$ 为导弹的位置矢量；$\boldsymbol{P}$ 为火箭发动机推力矢量；$\boldsymbol{R}$ 为气动力矢量；$\boldsymbol{F}_{\mathrm{c}}$ 为控制力矢量；$m\boldsymbol{g}$ 为引力矢量；$\boldsymbol{F}_{\mathrm{k}}'$ 为附加科里奥利力矢量。

通常在发射坐标系中建立导弹的运动方程。由于地面发射坐标系为一个动参考系，其相对于惯性坐标系以角速度 $\boldsymbol{\omega}_{\mathrm{e}}$ 转动，故由矢量导数法则可知

$$m\frac{\mathrm{d}^2\boldsymbol{r}}{\mathrm{d}t^2}=m\frac{\delta^2\boldsymbol{r}}{\delta t^2}+2m\boldsymbol{\omega}_{\mathrm{e}}\times\frac{\delta\boldsymbol{r}}{\delta t}+m\boldsymbol{\omega}_{\mathrm{e}}\times(\boldsymbol{\omega}_{\mathrm{e}}\times\boldsymbol{r})$$

将其代入式（2-36），并整理得

$$m\frac{\delta^2 \boldsymbol{r}}{\delta t^2}=\boldsymbol{P}+\boldsymbol{R}+\boldsymbol{F}_{\mathrm{c}}+m\boldsymbol{g}+\boldsymbol{F}_{\mathrm{k}}'-m\boldsymbol{\omega}_{\mathrm{e}}\times(\boldsymbol{\omega}_{\mathrm{e}}\times\boldsymbol{r})-2m\boldsymbol{\omega}_{\mathrm{e}}\times\frac{\delta \boldsymbol{r}}{\delta t} \tag{2-37}$$

将式（2-37）中各项在发射坐标系中分解，即可得到分式形式的质心动力学方程：

$$m\begin{bmatrix}\dfrac{\mathrm{d}v_x}{\mathrm{d}t}\\ \dfrac{\mathrm{d}v_y}{\mathrm{d}t}\\ \dfrac{\mathrm{d}v_z}{\mathrm{d}t}\end{bmatrix}=\boldsymbol{C}_{\mathrm{B}}^{\mathrm{G}}\begin{bmatrix}P_{\mathrm{e}}\\ Y_{1\mathrm{c}}+2\dot{m}\omega_{Tz1}x_{1\mathrm{c}}\\ Z_{1\mathrm{c}}-2\dot{m}\omega_{Ty1}x_{1\mathrm{c}}\end{bmatrix}+\boldsymbol{C}_{\mathrm{V}}^{\mathrm{G}}\begin{bmatrix}-C_x qS_{\mathrm{M}}\\ C_y^{\alpha}qS_{\mathrm{M}}\alpha\\ -C_y^{\alpha}qS_{\mathrm{M}}\beta\end{bmatrix}+m\frac{g_{\mathrm{r}}'}{r}\begin{bmatrix}x+R_{0x}\\ y+R_{0y}\\ z+R_{0z}\end{bmatrix}+m\frac{g_{\omega_{\mathrm{e}}}}{\omega_{\mathrm{e}}}$$

$$-m\begin{bmatrix}a_{11}&a_{12}&a_{13}\\ a_{21}&a_{22}&a_{23}\\ a_{31}&a_{32}&a_{33}\end{bmatrix}\begin{bmatrix}x+R_{0x}\\ y+R_{0y}\\ z+R_{0z}\end{bmatrix}-m\begin{bmatrix}b_{11}&b_{12}&b_{13}\\ b_{21}&b_{22}&b_{23}\\ b_{31}&b_{32}&b_{33}\end{bmatrix}\begin{bmatrix}\dot{x}\\ \dot{y}\\ \dot{z}\end{bmatrix} \tag{2-38}$$

质心运动学方程为

$$\begin{cases}\dfrac{\mathrm{d}x}{\mathrm{d}t}=v_x\\ \dfrac{\mathrm{d}y}{\mathrm{d}t}=v_y\\ \dfrac{\mathrm{d}z}{\mathrm{d}t}=v_z\end{cases} \tag{2-39}$$

具体推导过程及公式中各符号的含义参见文献[3]。

2.3.2　导弹主动段惯性导航原理

导弹在主动段飞行过程中，将除引力以外的其他力产生的加速度称为视加速度，用 $\dot{\boldsymbol{W}}$ 表示。视加速度的积分 $\boldsymbol{W}$ 称为视速度，视速度的积分 $\int_0^t \boldsymbol{W}\mathrm{d}t$ 称为视位置。视加速度是可以由加速度计在弹上测量得到的，这样如果能够在弹上计算得到当前位置的引力加速度，就可以通过积分实时解算导弹的位置和速度。为与视速度、视位置区分，此位置和速度又称为真位置、真速度。下面以平台式惯性导航系统为例，简要说明惯性导航的原理，更详细的内容可参阅文献[4]。

下面的推导中，假定平台式惯性导航系统的台体坐标系一直与平移坐标系（发射惯性坐标系）呈理想对准状态，即失准角一直为零；同时假定陀螺、加速度计以及平台的控制系统都是理想的，不存在误差，有误差的情况在第 3 章讨论。

给定惯性测量参数后，惯性导航的关键是引力加速度的实时处理和计算。地球是一个质量分布不均匀、外形非常复杂的近似椭球体，因此其引力位表达式十

分复杂。若把地球看作匀质的旋转对称椭球体，则其引力位函数可表示为

$$U(r)=\frac{\mu}{r}\left[1-\sum_{n=2}^{\infty}J_n\left(\frac{a_e}{r}\right)^n P_n(\sin\varphi)\right] \tag{2-40}$$

式中，μ 为地球引力常数；a_e 为地球赤道平均半径；J_n 为带谐项系数；r 为导弹的地心距；φ 为导弹的地心纬度；$P_n(\cdot)$ 为勒让德函数。对引力位 U 求梯度，即可得到引力加速度 g。

受弹载计算机性能的限制，即使采用式（2-40）也无法在弹上完成计算。实际使用中，要对式（2-40）中的无穷级数进行截断，以取到 J_2 项为例，其对应的引力位函数为

$$U=\frac{\mu}{r}\left[1+\frac{J_2}{2}\left(\frac{a_e}{r}\right)^2(1-3\sin^2\varphi)\right] \tag{2-41}$$

对式（2-41）求梯度，并将引力加速度分解到地心位置矢量 $\boldsymbol{r}$ 和地球自转角速度 $\boldsymbol{\omega}_e$ 两个方向，可得

$$\begin{cases} g_r=-\dfrac{\mu}{r^2}\left[1+J\left(\dfrac{a_e}{r}\right)^2(1-5\sin^2\varphi)\right] \\ g_{\omega_e}=-2\dfrac{\mu}{r^2}J\left(\dfrac{a_e}{r}\right)^2\sin\varphi \end{cases} \tag{2-42}$$

式中，$J=\dfrac{3}{2}J_2$。考虑到导航计算在发射惯性坐标系中进行，所以将地球引力分解到发射惯性坐标系：

$$\begin{bmatrix} g_{xA} \\ g_{yA} \\ g_{zA} \end{bmatrix}=\frac{g_r}{r}\begin{bmatrix} R_{0xA}+x_A \\ R_{0yA}+y_A \\ R_{0zA}+z_A \end{bmatrix}+\frac{g_{\omega_e}}{\omega_e}\begin{bmatrix} \omega_{exA} \\ \omega_{eyA} \\ \omega_{ezA} \end{bmatrix} \tag{2-43}$$

式中，R_{0xA}、R_{0yA}、R_{0zA} 为发射惯性坐标系原点的地心矢径在发射惯性坐标系中的分量；ω_{exA}、ω_{eyA}、ω_{ezA} 为地球自转角速度矢量 $\boldsymbol{\omega}_e$ 在发射惯性坐标系中的分量。

由此可得到以视加速度表示的导弹质心运动的状态微分方程

$$\begin{cases} \dot{v}_{xA}(t)=\dot{W}_{xA}(t)+g_{xA}(t) \\ \dot{v}_{yA}(t)=\dot{W}_{yA}(t)+g_{yA}(t) \\ \dot{v}_{zA}(t)=\dot{W}_{zA}(t)+g_{zA}(t) \\ \dot{x}_A(t)=v_{xA}(t) \\ \dot{y}_A(t)=v_{yA}(t) \\ \dot{z}_A(t)=v_{zA}(t) \end{cases} \tag{2-44}$$

给定导弹的初始状态，对式（2-44）积分即可得到导弹质心运动参数的导航解。

在不致引起混淆的情况下，后面各章的描述中省略发射惯性坐标系中各参数的下标 A。

假定加速度计的采样间隔为$\Delta T = t_n - t_{n-1}$（若弹载计算机的性能不够，导航积分间隔也可以大于惯性导航采样间隔），对式（2-44）中的第一个分式积分，可得

$$\int_{t_{n-1}}^{t_n} \dot{v}_x(t)\mathrm{d}t = \int_{t_{n-1}}^{t_n} \dot{W}_x(t)\mathrm{d}t + \int_{t_{n-1}}^{t_n} g_x(t)\mathrm{d}t$$

取近似值，有

$$v_{x_n} - v_{x_{n-1}} \approx \Delta W_{x_n} + \frac{g_{x_n} + g_{x_{n-1}}}{2}\Delta T$$

式中，ΔW_{x_n} 为加速度计在ΔT时间间隔内的增量式输出，故有

$$v_{x_n} = v_{x_{n-1}} + \Delta W_{x_n} + \frac{g_{x_n} + g_{x_{n-1}}}{2}\Delta T \tag{2-45}$$

同理可得

$$v_{y_n} = v_{y_{n-1}} + \Delta W_{y_n} + \frac{g_{y_n} + g_{y_{n-1}}}{2}\Delta T \tag{2-46}$$

$$v_{z_n} = v_{z_{n-1}} + \Delta W_{z_n} + \frac{g_{z_n} + g_{z_{n-1}}}{2}\Delta T \tag{2-47}$$

为获得导航位置，对式（2-44）中的第四个分式积分，可得

$$\int_{t_{n-1}}^{t_n} \dot{x}(t)\mathrm{d}t = \int_{t_{n-1}}^{t_n} v_x(t)\mathrm{d}t$$

取近似值，有

$$x_n - x_{n-1} \approx \left(v_{x_{n-1}} + \frac{1}{2}\Delta v_{x_n}\right)\Delta T$$

考虑到

$$\Delta v_{x_n} = \Delta W_{x_n} + g_{x_{n-1}}\Delta T$$

代入$x_n - x_{n-1} \approx \left(v_{x_{n-1}} + \frac{1}{2}\Delta v_{x_n}\right)\Delta T$，有

$$x_n = x_{n-1} + \left(v_{x_{n-1}} + \frac{\Delta W_{x_n}}{2} + \frac{g_{x_{n-1}}\Delta T}{2}\right)\Delta T \tag{2-48}$$

同理可得

$$y_n = y_{n-1} + \left(v_{y_{n-1}} + \frac{\Delta W_{y_n}}{2} + \frac{g_{y_{n-1}}\Delta T}{2}\right)\Delta T \tag{2-49}$$

$$z_n = z_{n-1} + \left(v_{z_{n-1}} + \frac{\Delta W_{z_n}}{2} + \frac{g_{z_{n-1}}\Delta T}{2}\right)\Delta T \tag{2-50}$$

式（2-45）～式（2-47）、式（2-48）～式（2-50）为导弹主动段惯性导航的递推公式。

2.3.3　导弹主动段制导方法

按照制导方程的不同，弹道导弹主动段制导方法可以分为摄动制导、显式制导[5]。

1. 摄动制导

摄动制导方法是基于摄动理论设计的一种制导方法。给定导弹的质量特性、发动机特性、发射点与目标点的位置、飞行环境后，通过求解运动微分方程可以设计出一条由发射点至目标点的标准弹道。但在实际的飞行过程中，导弹的推力、燃料秒耗量、结构质量、气动外形等本体参数，以及大气密度、压力、地球引力等飞行环境参数等都会偏离标准模型，从而使真实飞行弹道偏离标准设计弹道，造成落点偏差。落点偏差通常以射程偏差和横向偏差两个分量来描述。摄动制导理论中，将这些偏差看作量值较小的干扰，从而可以通过在标准弹道附近线性化展开的方法来分析和控制实际飞行弹道。

根据摄动理论可以确定关机点参数偏差和导弹落点偏差之间的关系。假定作用在被动段的干扰为零，则导弹落点偏差可以展开成关机点参数偏差的泰勒级数，取到一次项，有

$$\begin{cases} \Delta L = \dfrac{\partial L}{\partial \boldsymbol{v}^{\mathrm{T}}}\Delta \boldsymbol{v} + \dfrac{\partial L}{\partial \boldsymbol{r}^{\mathrm{T}}}\Delta \boldsymbol{r} + \dfrac{\partial L}{\partial t}\Delta t \\ \Delta H = \dfrac{\partial H}{\partial \boldsymbol{v}^{\mathrm{T}}}\Delta \boldsymbol{v} + \dfrac{\partial H}{\partial \boldsymbol{r}^{\mathrm{T}}}\Delta \boldsymbol{r} + \dfrac{\partial H}{\partial t}\Delta t \end{cases} \tag{2-51}$$

式中，

$$\frac{\partial L}{\partial \boldsymbol{v}^{\mathrm{T}}} = \left.\begin{pmatrix} \dfrac{\partial L}{\partial v_x} & \dfrac{\partial L}{\partial v_y} & \dfrac{\partial L}{\partial v_z} \end{pmatrix}\right|_{t=\tilde{t}_{\mathrm{k}}}, \quad \frac{\partial L}{\partial \boldsymbol{r}^{\mathrm{T}}} = \left.\begin{pmatrix} \dfrac{\partial L}{\partial x} & \dfrac{\partial L}{\partial y} & \dfrac{\partial L}{\partial z} \end{pmatrix}\right|_{t=\tilde{t}_{\mathrm{k}}}$$

$$\frac{\partial H}{\partial \boldsymbol{v}^{\mathrm{T}}} = \left.\begin{pmatrix} \dfrac{\partial H}{\partial v_x} & \dfrac{\partial H}{\partial v_y} & \dfrac{\partial H}{\partial v_z} \end{pmatrix}\right|_{t=\tilde{t}_{\mathrm{k}}}, \quad \frac{\partial H}{\partial \boldsymbol{r}^{\mathrm{T}}} = \left.\begin{pmatrix} \dfrac{\partial H}{\partial x} & \dfrac{\partial H}{\partial y} & \dfrac{\partial H}{\partial z} \end{pmatrix}\right|_{t=\tilde{t}_{\mathrm{k}}}$$

$$\Delta \boldsymbol{v} = \begin{bmatrix} v_x(t_{\mathrm{k}}) - \tilde{v}_x(\tilde{t}_{\mathrm{k}}) \\ v_y(t_{\mathrm{k}}) - \tilde{v}_y(\tilde{t}_{\mathrm{k}}) \\ v_z(t_{\mathrm{k}}) - \tilde{v}_z(\tilde{t}_{\mathrm{k}}) \end{bmatrix}, \quad \Delta \boldsymbol{r} = \begin{bmatrix} x(t_{\mathrm{k}}) - \tilde{x}(\tilde{t}_{\mathrm{k}}) \\ y(t_{\mathrm{k}}) - \tilde{y}(\tilde{t}_{\mathrm{k}}) \\ z(t_{\mathrm{k}}) - \tilde{z}(\tilde{t}_{\mathrm{k}}) \end{bmatrix}, \quad \Delta t = t_{\mathrm{k}} - \tilde{t}_{\mathrm{k}}$$

符号 ~ 表示标准弹道参数，$\dfrac{\partial L}{\partial \boldsymbol{v}^{\mathrm{T}}}$、$\dfrac{\partial L}{\partial \boldsymbol{r}^{\mathrm{T}}}$、$\dfrac{\partial L}{\partial t}$、$\dfrac{\partial H}{\partial \boldsymbol{v}^{\mathrm{T}}}$、$\dfrac{\partial H}{\partial \boldsymbol{r}^{\mathrm{T}}}$、$\dfrac{\partial H}{\partial t}$ 等均在标准弹道关机点处取值，$\tilde{t}_{\mathrm{k}}$ 为标准关机时间，t_{k} 为实际关机时间。

在摄动制导中，射程偏差的控制是通过关机方程来实现的，即将关机条件取为

$$\Delta L=\frac{\partial L}{\partial \boldsymbol{v}^{\mathrm{T}}}\Delta \boldsymbol{v}+\frac{\partial L}{\partial \boldsymbol{r}^{\mathrm{T}}}\Delta \boldsymbol{r}+\frac{\partial L}{\partial t}\Delta t=0 \tag{2-52}$$

式（2-52）可进一步表示为

$$J(t_{\mathrm{k}})=K(t_{\mathrm{k}})-\tilde{K}(\tilde{t}_{\mathrm{k}})=0 \tag{2-53}$$

式中，

$$\begin{cases}K(t_{\mathrm{k}})=\dfrac{\partial L}{\partial \boldsymbol{v}^{\mathrm{T}}}\boldsymbol{v}(t_{\mathrm{k}})+\dfrac{\partial L}{\partial \boldsymbol{r}^{\mathrm{T}}}\boldsymbol{r}(t_{\mathrm{k}})+\dfrac{\partial L}{\partial t}t_{\mathrm{k}}\\ \tilde{K}(\tilde{t}_{\mathrm{k}})=\dfrac{\partial L}{\partial \boldsymbol{v}^{\mathrm{T}}}\tilde{\boldsymbol{v}}(\tilde{t}_{\mathrm{k}})+\dfrac{\partial L}{\partial \boldsymbol{r}^{\mathrm{T}}}\tilde{\boldsymbol{r}}(\tilde{t}_{\mathrm{k}})+\dfrac{\partial L}{\partial t}\tilde{t}_{\mathrm{k}}\end{cases} \tag{2-54}$$

其中，$\dfrac{\partial L}{\partial \boldsymbol{v}^{\mathrm{T}}}$、$\dfrac{\partial L}{\partial \boldsymbol{r}^{\mathrm{T}}}$、$\dfrac{\partial L}{\partial t}$、$\tilde{K}(\tilde{t}_{\mathrm{k}})$ 均预先算出并存储到弹载计算机中。根据导航系统的计算，$\boldsymbol{v}$、$\boldsymbol{r}$ 均可实时求出，因而 $K(t_{\mathrm{k}})$ 可以实时求出，当 $J(t_{\mathrm{k}})=0$ 时发动机关机。

按照式（2-52）关机，并不能保证横向偏差为零，制导中通过横向导引使 ΔH 最小。横向控制函数可取为

$$W_{\mathrm{H}}(t)=\left(\frac{\partial H}{\partial \boldsymbol{v}}-\frac{\dot{H}}{\dot{L}}\frac{\partial L}{\partial \boldsymbol{v}}\right)\delta \boldsymbol{v}+\left(\frac{\partial H}{\partial \boldsymbol{r}}-\frac{\dot{H}}{\dot{L}}\frac{\partial L}{\partial \boldsymbol{r}}\right)\delta \boldsymbol{r} \tag{2-55}$$

横向导引信号为

$$\Delta \psi_{\mathrm{c}}=\psi-k^{\psi}\cdot W_{\mathrm{H}}(t) \tag{2-56}$$

由于射程控制中忽略了泰勒展开的高阶项，为了保证摄动制导的正确性，必须保证二阶以上的各阶为小量，为此还需要施加法向导引。计算表明，射程对关机点处速度倾角的偏差 $\Delta\theta=\theta-\tilde{\theta}_{\mathrm{k}}$ 很敏感，为此可以采用如下形式的法向导引：

$$\Delta \varphi_{\mathrm{c}}=k^{\varphi}\left(\arctan\frac{v_{yg}}{v_{xg}}-\tilde{\theta}_{\mathrm{k}}\right) \tag{2-57}$$

摄动制导的优点是技术成熟，弹上计算量小，便于制导方程的分析和计算。但它是基于方程线性化的一种制导方法，因此当干扰较大或主动段飞行时间较长时，可能导致关机点参数偏差较大，会造成较大的落点偏差。另外，摄动制导的射前诸元计算也比较复杂。关于摄动制导更详细的推导与分析可参见文献[3]和文献[5]。

2. 显式制导

显式制导不依赖于标准弹道，而是根据目标位置信息和导弹当前的运动状态参数，按照控制泛函的显函数进行实时计算，从而确定指令的制导方法。这里讨论基于需要速度的弹道导弹显式制导方法。

需要速度是假定导弹在当前位置关机，经自由段和再入段飞行而命中目标所

应具有的速度，或者说需要速度是保证能命中目标所需的速度。利用需要速度的概念可以将导弹当前位置和目标位置联系起来，导弹飞行过程中实时确定任意瞬时的需要速度，并根据需要速度进行导引和关机控制。需要速度的计算是求解一个多维非线性微分方程组的两点边值问题，只能通过迭代的方法求解，具体可参考文献[1]、文献[3]和文献[5]。

求得需要速度 $\boldsymbol{v}_{\mathrm{r}}$ 后，将需要速度与导弹当前实际速度 $\boldsymbol{v}$ 之差定义为速度增益

$$\boldsymbol{v}_{\mathrm{g}}=\boldsymbol{v}_{\mathrm{r}}-\boldsymbol{v} \tag{2-58}$$

速度增益的含义是给导弹的当前状态 $(\boldsymbol{r},\boldsymbol{v})$ 瞬时增加速度增量 $\boldsymbol{v}_{\mathrm{g}}$ 并关机，而后导弹按照惯性飞行便可命中目标。因此，关机条件可以取为

$$\boldsymbol{v}_{\mathrm{g}}=\boldsymbol{0} \tag{2-59}$$

实际上，速度增益不可能瞬时增加，而是通过控制推力矢量的方向使其逐渐减小到零。因此，导引的任务就是如何使导弹尽快满足关机条件，并使燃料消耗最少。

首先，将式（2-58）对时间 t 求导，得

$$\frac{\mathrm{d}\boldsymbol{v}_{\mathrm{g}}}{\mathrm{d}t}=\frac{\mathrm{d}\boldsymbol{v}_{\mathrm{r}}}{\mathrm{d}t}-\frac{\mathrm{d}\boldsymbol{v}}{\mathrm{d}t} \tag{2-60}$$

因为 $\boldsymbol{v}_{\mathrm{r}}$ 是 $\boldsymbol{r}$ 和 t 的函数，所以

$$\begin{aligned}\frac{\mathrm{d}\boldsymbol{v}_{\mathrm{r}}}{\mathrm{d}t}&=\frac{\partial\boldsymbol{v}_{\mathrm{r}}}{\partial\boldsymbol{r}^{\mathrm{T}}}\frac{\mathrm{d}\boldsymbol{r}}{\mathrm{d}t}+\frac{\partial\boldsymbol{v}_{\mathrm{r}}}{\partial t}\\&=\frac{\partial\boldsymbol{v}_{\mathrm{r}}}{\partial\boldsymbol{r}^{\mathrm{T}}}\boldsymbol{v}+\frac{\partial\boldsymbol{v}_{\mathrm{r}}}{\partial t}\end{aligned} \tag{2-61}$$

而导弹当前时刻速度的微分满足

$$\frac{\mathrm{d}\boldsymbol{v}}{\mathrm{d}t}=\dot{\boldsymbol{W}}+\boldsymbol{g} \tag{2-62}$$

将式（2-61）、式（2-62）代入式（2-60），可得

$$\frac{\mathrm{d}\boldsymbol{v}_{\mathrm{g}}}{\mathrm{d}t}=\frac{\partial\boldsymbol{v}_{\mathrm{r}}}{\partial\boldsymbol{r}^{\mathrm{T}}}\boldsymbol{v}+\frac{\partial\boldsymbol{v}_{\mathrm{r}}}{\partial t}-\dot{\boldsymbol{W}}-\boldsymbol{g} \tag{2-63}$$

若导弹在当前的速度为 $\boldsymbol{v}_{\mathrm{r}}$，其后按照惯性飞行。当沿惯性弹道飞行时，导弹只受地球引力的作用，即有

$$\frac{\mathrm{d}\boldsymbol{v}_{\mathrm{r}}}{\mathrm{d}t}=\boldsymbol{g}=\frac{\partial\boldsymbol{v}_{\mathrm{r}}}{\partial\boldsymbol{r}^{\mathrm{T}}}\boldsymbol{v}_{\mathrm{r}}+\frac{\partial\boldsymbol{v}_{\mathrm{r}}}{\partial t} \tag{2-64}$$

将式（2-64）代入式（2-63），并注意到式（2-58），可得

$$\frac{\mathrm{d}\boldsymbol{v}_{\mathrm{g}}}{\mathrm{d}t}=\frac{\partial \boldsymbol{v}_{\mathrm{r}}}{\partial \boldsymbol{r}^{\mathrm{T}}}\boldsymbol{v}_{\mathrm{g}}-\dot{\boldsymbol{W}} \tag{2-65}$$

式（2-65）为增益速度满足的微分方程。

仿真计算表明，当推力加速度较大时，按照 $\boldsymbol{v}$ 与 $\boldsymbol{v}_{\mathrm{g}}$ 一致的准则进行导引，可以达到燃料消耗的次最优，且计算简单，能够保证关机点附近导弹姿态平稳变化，具体导引方程可参见文献[5]。若按照过载方向与 $\boldsymbol{v}_{\mathrm{g}}$ 方向一致的原则进行导引，则发动机推力方向的俯仰角指令 φ_{c} 和偏航角指令 ψ_{c} 分别为

$$\begin{cases}\varphi_{\mathrm{c}}=\arctan\dfrac{v_{gy}}{v_{gx}}\\ \psi_{\mathrm{c}}=\arctan\dfrac{-v_{gz}}{\sqrt{v_{gx}^{2}+v_{gy}^{2}}}\end{cases} \tag{2-66}$$

2.4 恒星星表

2.4.1 常用恒星星表及星等

1. 常用恒星星表

恒星星表是关于天体信息的数据库，通常包括星体的星号、星名、星等以及对应某一基本历元的恒星的位置、自行等数据[6, 7]。20 世纪 50 年代起，国际上对恒星坐标和自行不断进行观测与改正，陆续出版了第三基本星表（fundamental catalogue 3，FK3）、N30 星表、第四基本星表（FK4）、第五基本星表（FK5）、依巴谷星表、第谷星表等。现代恒星星表既有直接使用精密仪器测定恒星位置的星表，也有综合多个星表编制出来的精简星表。当前科学研究和工程中使用的星表主要有 FK5、依巴谷星表和第谷星表等。

1984 年，德国海德堡天文计算研究所公布了第五基本星表（FK5）。FK5 是在 FK4 的基础上，采用 IAU1976 天文常数、IAU1980 章动序列和 J2000.0 动力学春分点所建立的恒星星历表。1998 年之前，一直以 FK5 星表中的 1535 颗基本星作为国际光学观测的参考系统。这些基本星在 FK5 中具有很高的精度，位置平均精度为 30mas，自行的平均精度北半球为 0.6mas/a，南半球为 1.0mas/a。

依巴谷星表来自于欧洲航天局（以下简称欧空局）（European Space Agency，ESA）的“依巴谷计划”，于 1997 年 6 月公布。其主要观测特征和天体测量特征为：①依巴谷卫星是空间观测，从而不受大气折射的影响，也避免了仪器的重力

弯曲和热扰动效应。②全天区观测，可以把整个天球上被观测的恒星直接连接起来，避免了从地球表面照相观测时拼接各天区带来的误差。③卫星采用夹角为58°的双望远镜系统将两个视场分开，并投射在同一光学栅格上，从而得到不同视场中的两星间角距，测量结果应用于恒星位置的精确位置、自行、视差测量。④卫星连续以黄道为基准进行扫描观测，使获得的星表有均匀的天空密度和一致的天体测量精度。⑤卫星在三年观测期间，对每颗恒星在不同历元进行多次观测，从而得到关于恒星位置质心坐标、视差和自行的大量数据，再采用最小二乘法解算精确值。在这一处理过程中，不仅可以得到五个天体测量参数（赤经、赤纬、视差、赤经自行、赤纬自行）和它们的标准误差，同时也可以获得相关系数。⑥由于在几年观测期间，对每颗恒星在不同历元进行了多次观测，可以得到精确的和相对于同一标准的测光资料（例如，绝对星等、恒星光谱等），因而推算得到平均星等、亮度的变化幅度、周期和光度变化的类别等。

依巴谷星表包括118218颗恒星，对亮于9Mv的恒星，在历元J1991.25其位置、视差、年自行等参数的测量精度范围是0.7～0.9mas。依巴谷星表中恒星的位置和自行以ICRS作为参考系，它的主轴与ICRS偏离为±0.6mas，它的自行与惯性参考系的符合水平为±0.25mas/a。比较常用的几个星表可以发现，6.5Mv以上的亮星在依巴谷星表中是最多的。

第谷星表也来自于欧空局的“依巴谷计划”，并于1997年公布。在观测特征方面除了体现了依巴谷特征的①②④，还为每颗星测量了精确和均匀的光度参数，求出了在两个波段Bt和Vt的平均星等，对亮度变化和双星也做了研究。2000年，因为第谷星表的恒星自行偏差过大，欧空局又发布了恒星自行相对更加精确的第谷II星表。相比依巴谷星表，第谷II星表一方面增加了恒星数量，另一方面增加了更多的关于恒星的光度和光谱信息。

除了为确定恒星位置和运动而编制的基本星表与相对星表，还有不少为特殊目的而编制的星表。例如，暗星星表、黄道星表、双星和特定类型恒星星表、太阳系天体和人造天体星表、银河系其他天体星表、河外天体星表、非光学波段辐射源星表等。

自1950年起，中国科学院紫金山天文台开始编写中国天文年历。在天文年历中，中国科学院紫金山天文台都会发布当年的恒星视位置表。自2000年起，所采用的恒星位置取自依巴谷星表；自行取自第谷II星表，若第谷II星表没有的，则取自依巴谷星表；视向速度取自依巴谷输入星表（依巴谷星表的雏形版本，1993年发布，恒星自行偏差较大）；恒星星等和光谱均取自依巴谷星表。

参考我国天文年历的编制规则，考虑到本书研究中仅对恒星的位置精度和自行精度要求比较高，故选用依巴谷星表作为原始星表。在原始星表的基础上，通过一定的规则进行裁剪，将精简后的星表装载于星敏感器的存储器内，用于与观测星相匹配的恒星星表，称为导航星表。导航星表的构建以及星图识别等相关内容不是本书的范畴，相关内容可参考文献[6]。

2. 星等

受器件自身特性的制约，星敏感器能够测量到的恒星亮度都有一定的范围，天文学上用星等表示星的明暗，星等的单位为 mag（magnitude），它是衡量天体亮度的一个参数。星等每相差 1mag 亮度大约相差 2.512 倍，一星等的亮度与六星等的亮度正好相差 100 倍。根据测量距离的不同，星等又分为视星等 Mv 和绝对星等 M。视星等为在地球位置直接测量得到的天体亮度，绝对星等为把天体假想置于距离 10 秒差距（1 秒差距 = 3.2616 光年）处所得到的视星等。因此，绝对星等直接表示天体发光能力（光度），而在星光-惯性复合制导中应该采用视星等。

星等的计算公式为

$$m = -2.512\log_{E_0} E \tag{2-67}$$

式中，E 为恒星的辐射照度；E_0 为零等星的辐射照度；m 为星等。

实际应用时，式（2-67）中的 E 及 E_0 应该改为特定接收器的输出，因为具有不同光谱特性的接收器所测得的星等是不一样的。

本节假定星敏感器能够测量 5.5Mv 以上的恒星（即五等星以上），下面基于依巴谷星表对恒星的视位置进行分析。

2.4.2　地心惯性坐标系中的恒星分布特性分析

1. 全天区恒星分布

图 2-8 基于依巴谷星表给出了全天区 5.5Mv 以上恒星的分布图。可见，恒星在赤经方向上的分布总体而言较为均匀，在 60°～120°、−120°～−60°有密集分布带。在赤纬方向上的分布也相对均匀。

基于依巴谷星表，统计得到 5.5Mv 以上的恒星共有 2819 颗，各等星恒星数量分布情况如表 2-1 所示。由表 2-1 可见，四等星共有 624 颗，占可用恒星数量的 22.1%；五等星共有 1910 颗，占可用恒星数量的 67.8%。四等星、五等星合计占可用恒星数量的 89.9%，因此可用的导航星基本为四等星、五等星。

2. 不同星等的恒星分布情况

表 2-2 按照不同的星等分类，分别给出了一等星～五等星的天区分布图。由表 2-2 可见，星等越小恒星数越少，但都与五等星视位置的分布规律类似，即在赤经和赤纬方向近似均匀分布。

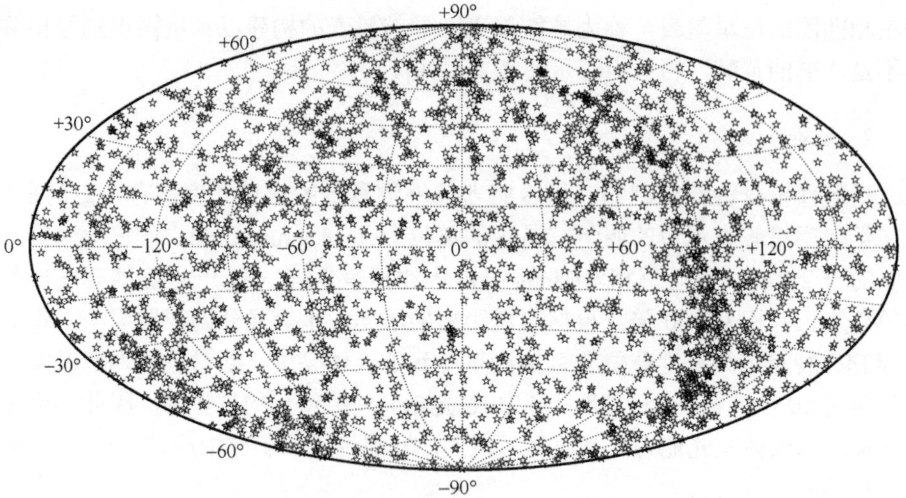

图 2-8　全天区五等以下的恒星分布图

表 2-1　各星等恒星数量分布情况

名称	星等/Mv	星数/颗
一等星	小于 1.5	22
二等星	1.5～2.5	71
三等星	2.5～3.5	192
四等星	3.5～4.5	624
五等星	4.5～5.5	1910
合计	—	2819

表 2-2　不同星等的天区分布图

名称	一等星（星等范围：＜1.5Mv）
星数/颗	22
分布图	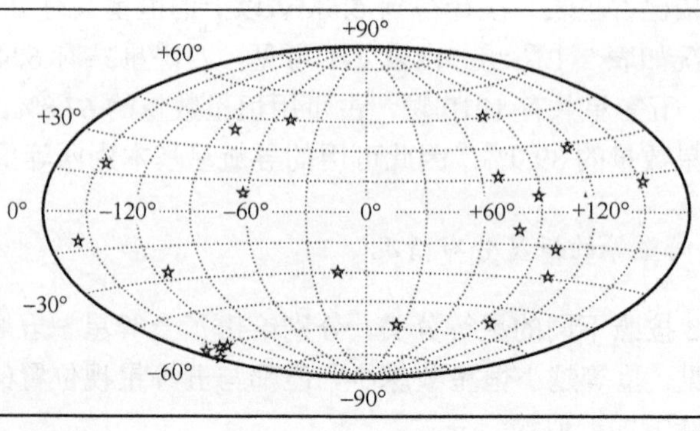

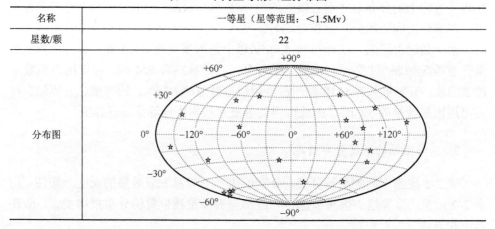

续表

<table>
<tr><td>名称</td><td>二等星（星等范围：1.5～2.5Mv）</td></tr>
<tr><td>星数/颗</td><td>71</td></tr>
<tr><td>分布图</td><td>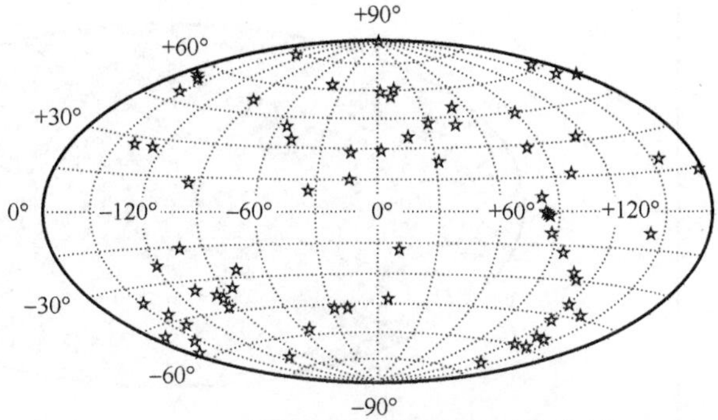
</td></tr>
<tr><td>名称</td><td>三等星（星等范围：2.5～3.5Mv）</td></tr>
<tr><td>星数/颗</td><td>192</td></tr>
<tr><td>分布图</td><td>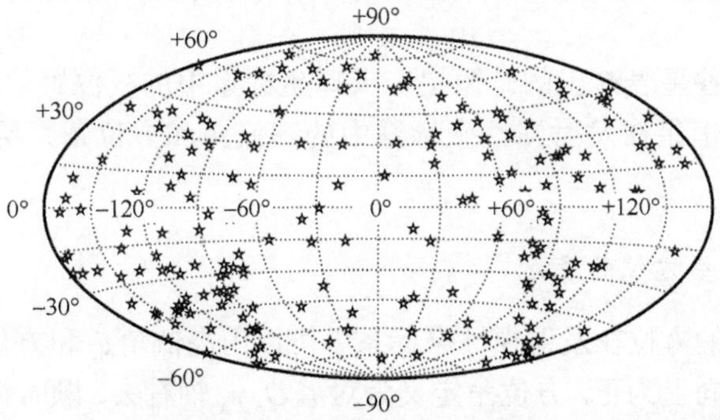
</td></tr>
<tr><td>名称</td><td>四等星（星等范围：3.5～4.5Mv）</td></tr>
<tr><td>星数/颗</td><td>624</td></tr>
<tr><td>分布图</td><td>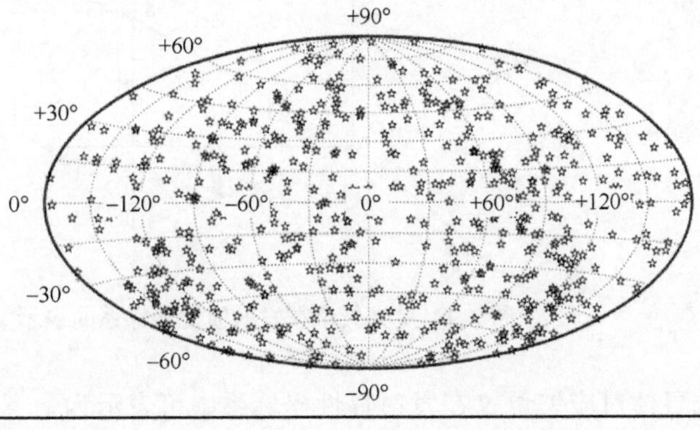
</td></tr>
</table>

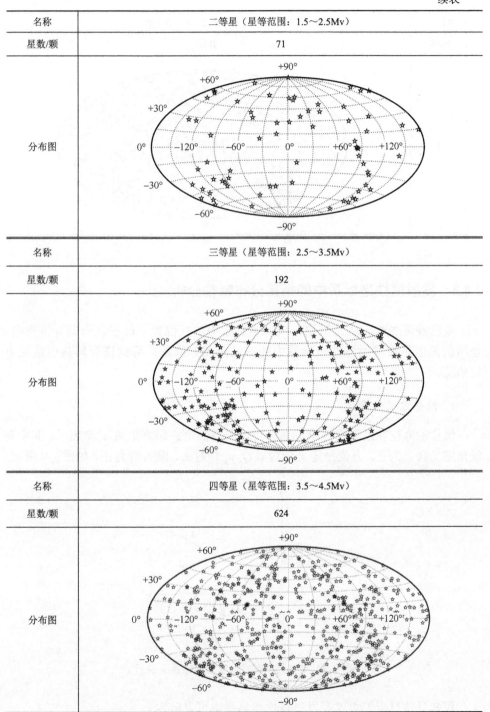

续表

名称	五等星（星等范围：4.5～5.5Mv）
星数/颗	1910
分布图	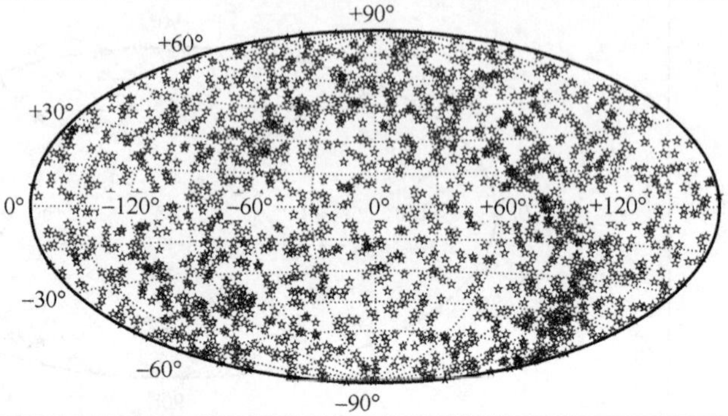

2.4.3　发射惯性坐标系中的恒星分布特性分析

依巴谷星表给出的是恒星在天球坐标系中的视位置，而在复合制导过程中，使用的是恒星在发射惯性坐标系中的高低角和方位角，因此需要转换恒星的方位信息。

1. 恒星方位的表示

恒星的方位在发射惯性坐标系中可以用高低角 e_s 和方位角 σ_s 来表示，其中高低角定义向上为正，方位角定义为对着 $O_A y_A$ 轴看去，顺时针为正，如图 2-9 所示。

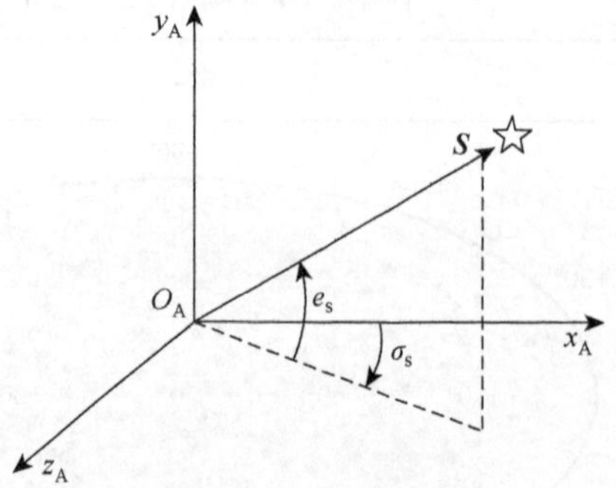

图 2-9　星光矢量在发射惯性坐标系的表示

可知星体对应矢量 $\boldsymbol{S}$ 在发射惯性坐标系中可表示为

$$\boldsymbol{S}_{\mathrm{I}}=[\cos e_{\mathrm{s}}\cos\sigma_{\mathrm{s}}\quad \sin e_{\mathrm{s}}\quad \cos e_{\mathrm{s}}\sin\sigma_{\mathrm{s}}]^{\mathrm{T}} \tag{2-68}$$

为将星表中恒星的赤经和赤纬转换为高低角和方位角，首先要将发射时间（一般为 UTC 时间）转化为地球时的儒略日，转换方法见 2.1 节。

记发射时的儒略日为 T_l，J2000.0 的儒略日为 T_0，则时间间隔 t 为

$$t=T_l-T_0 \tag{2-69}$$

考虑恒星的自行，则 T_l 时刻目标星的赤经、赤纬位置为

$$\alpha_T=\alpha_0+\frac{\mu_{\alpha *}t}{\cos\delta_0} \tag{2-70}$$

$$\delta_T=\delta_0+\mu_\delta t \tag{2-71}$$

式中，α_0、δ_0 为 J2000.0 时刻下恒星的赤经、赤纬；$\mu_{\alpha *}$ 为恒星赤经自行量；μ_δ 为恒星赤纬自行量。以上都可以由恒星星表直接查出。

将赤经、赤纬数据转化为 ICRF 坐标系（即 2.2 节中定义的地心惯性坐标系）中的单位矢量

$$\boldsymbol{r}_{\mathrm{I}}=\begin{bmatrix}\cos\delta_T\cos\alpha_T\\ \cos\delta_T\sin\alpha_T\\ \sin\delta_T\end{bmatrix} \tag{2-72}$$

根据坐标转换关系，将 ICRF 下的恒星位置矢量转化为发射惯性坐标系下的恒星位置矢量

$$\boldsymbol{r}_{\mathrm{A}}=\begin{bmatrix}x_{\mathrm{A}}\\ y_{\mathrm{A}}\\ z_{\mathrm{A}}\end{bmatrix}=\boldsymbol{C}_{\mathrm{G}}^{\mathrm{A}}\cdot\boldsymbol{C}_{\mathrm{E}}^{\mathrm{G}}\cdot\boldsymbol{C}_{\mathrm{I}}^{\mathrm{E}}\cdot\boldsymbol{r}_{\mathrm{I}} \tag{2-73}$$

再将发射惯性坐标系下的恒星位置矢量转化为高低角、方位角数据，可得高低角 e_{s}、方位角 σ_{s} 分别为

$$\begin{cases}e_{\mathrm{s}}=\arcsin y_{\mathrm{A}}\\ \sigma_{\mathrm{s}}=\arctan\dfrac{z_{\mathrm{A}}}{x_{\mathrm{A}}}\end{cases} \tag{2-74}$$

2. 恒星的高低角、方位角分析

假设发射点位于东经 112°、北纬 28°，射向为 30°，发射时间为 2019 年 7 月 1 日 0 时 0 分 0 秒，下面来分析发射惯性坐标系中恒星的高低角和方位角。

根据上面的转换公式，图 2-10 给出了发射惯性坐标系中五等星以下的恒星方位角、高低角的分布图。由恒星位置在发射惯性坐标系中的分布图可知，恒星位置在发射惯性坐标系中的分布较为均匀。但考虑到惯性导航平台的框架角限制

和选星算法的实际运用，只有分析恒星位置在发射惯性坐标系中的具体分布才可得出较为有用的信息，这里不再详述。

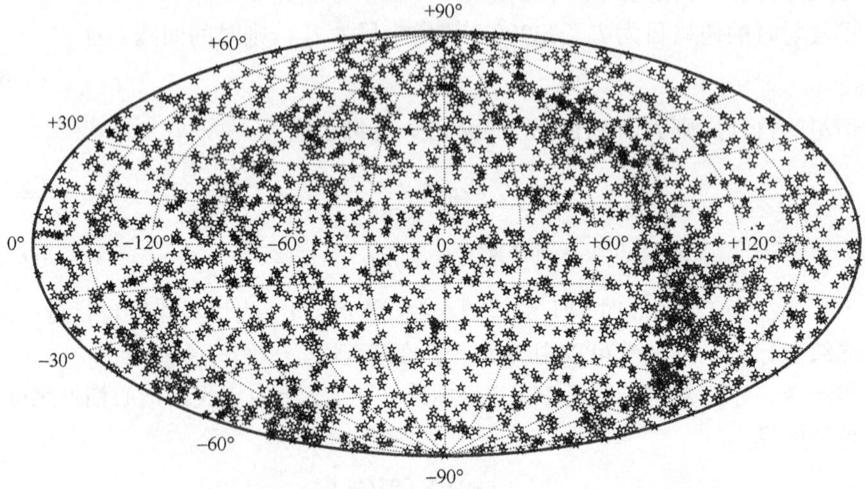

图 2-10 发射惯性坐标系中的恒星方位角与高低角分布

参考文献

[1] 张洪波. 航天器轨道力学理论与方法[M]. 北京：国防工业出版社，2015.

[2] 黄珹，刘林. 参考坐标系及航天应用[M]. 北京：电子工业出版社，2015.

[3] 陈克俊，刘鲁华，孟云鹤. 远程火箭飞行动力学与制导[M]. 北京：国防工业出版社，2014.

[4] 刘洁瑜，余志勇，汪立新，等. 导弹惯性制导技术[M]. 西安：西北工业大学出版社，2010.

[5] 陈世年，李连仲. 控制系统设计[M]. 北京：宇航出版社，1996.

[6] 王宏力，陆敬辉，崔祥祥. 大视场星敏感器星光制导技术及应用[M]. 北京：国防工业出版社，2015.

[7] Perryman M A. The Hipparcos and Tycho Catalogues：Astrometric and Photometric Star Catalogues Derived from the ESA Hipparcos Space Astrometry Mission[M]. Noordwijk：European Space Agency Publications Division，1997.

第 3 章　平台星光-惯性复合制导技术

平台星光-惯性复合制导系统采用物理平台的惯性导航方式，星敏感器安装在平台上。根据星敏感器对星方式的不同，又分为调平台与不调平台两种方案，两者在物理原理、数学建模、最佳测星方位等关键问题上都有较大的区别。结合实际应用的各种需要，在满足精度和快速机动要求的基础上，单星调平台方案具有较好的可靠性、可行性和经济性，是弹道导弹设计中实际采用的方案。单星调平台方案可以采用如下工作流程：在发射准备过程中，根据制导方案的要求，由发射点、目标点信息进行标准弹道计算，结合恒星星库确定最佳导航星的高低角、方位角，再据此进行诸元计算，得到相应的最佳修正系数、平台调整角度、测星时的弹体调姿参数等信息，存于弹上计算机；在发射前根据导航星方位和星敏感器的安装角度，调整平台各轴的指向，使星敏感器的光轴对准所选的导航星，完成平台的调平与对准；导弹起飞后，在主发动机工作阶段星光系统不工作，依靠惯性制导系统进行制导；当主发动机关机、导弹飞出大气层后，测星不再受大气折射的影响，也不受推力引起的过载和振动的影响，测星环境良好，此时根据预先装定的程序实施测星，根据星敏感器的输出估计惯性制导的误差；最后实施落点偏差修正，提高导弹制导精度。

本章主要介绍平台星光-惯性复合制导的基本原理，包括星敏感器测量模型、平台失准角的误差模型、最佳修正系数确定方法、最佳导航星确定方法等，并通过数值仿真说明方案的可行性。星光-惯性复合制导工程实现中的一些具体问题，以及各种因素对复合制导精度的影响放在第 4 章讨论。

3.1　惯性平台导航系统建模

3.1.1　斜调平台对星方法

斜调平台是指根据所选择的导航星方位$[e_s,\sigma_s]$和星敏感器在惯性平台上的安装角度$[\varphi_0,\psi_0]$，来确定平台指向的调整方式，使得断调平后星敏感器的光轴对准所选的导航星，其实质是求发射惯性坐标系（A 系）和不考虑平台失准角的理想平台坐标系（P′ 系）之间的旋转变换关系。

设 A 系和 P′ 系间的方向余弦矩阵为$\boldsymbol{C}_{\mathrm{A}}^{\mathrm{P'}}$。斜调平台后，安装在理想平台坐标系上的星敏感器输出应该为 $\boldsymbol{S}_{\mathrm{S}'}=[1 \quad 0 \quad 0]^{\mathrm{T}}$，其中 S′ 为不考虑星敏感器安装误差的理想星敏感器坐标系，根据坐标转换关系有

$$\boldsymbol{S}_{\mathrm{S}'}=\boldsymbol{C}_{\mathrm{P}}^{\mathrm{S}}\boldsymbol{C}_{\mathrm{A}}^{\mathrm{P}'}\boldsymbol{S}_{\mathrm{A}} \tag{3-1}$$

$\boldsymbol{S}_{\mathrm{A}}$、$\boldsymbol{S}_{\mathrm{S}'}$ 都是单位矢量，因此式（3-1）仅有两个独立的方程，通过求解能获得两个转动角，即通过两次旋转可以实现由 A 系至 P′ 系的转换，不妨设以先绕 y 轴转动 ψ_{r}，后绕 z 轴转动 φ_{r} 的方式来实现（即先偏航、后俯仰的方式）。易知，转动 ψ_{r} 角后，星光矢量与 $OZ_{\mathrm{P}'}$ 的夹角应该与星敏感器的光轴与 $OZ_{\mathrm{P}'}$ 的夹角相同，可知转动 ψ_{r} 角后星光矢量在新系中可以表示为

$$\boldsymbol{S}=\begin{bmatrix}\cos e_{\mathrm{s}}\cos(\sigma_{\mathrm{s}}+\psi_{\mathrm{r}})\\ \sin e_{\mathrm{s}}\\ \cos e_{\mathrm{s}}\sin(\sigma_{\mathrm{s}}+\psi_{\mathrm{r}})\end{bmatrix} \tag{3-2}$$

星敏感器光轴的方向矢量在平台坐标系中可以表示为

$$\boldsymbol{X}_{\mathrm{P}'}=\begin{bmatrix}\cos\varphi_0\cos\psi_0\\ \sin\varphi_0\\ \cos\varphi_0\sin\psi_0\end{bmatrix} \tag{3-3}$$

由式（3-2）、式（3-3）可知应有如下等式成立：

$$\cos\varphi_0\sin\psi_0=\cos e_{\mathrm{s}}\sin(\sigma_{\mathrm{s}}+\psi_{\mathrm{r}}) \tag{3-4}$$

可见，若

$$|\cos\varphi_0\sin\psi_0|>|\cos e_{\mathrm{s}}| \tag{3-5}$$

则无法通过先绕 y 轴后绕 z 轴的转动方式来实现两坐标系间的转换。

同样，若以先绕 z 轴转动 φ_{r}，后绕 x 轴转动 γ_{r} 的方式来实现两坐标系间的转换（即先俯仰、后滚动的方式），可得到类似式（3-4）的如下等式：

$$\cos\varphi_0\cos\psi_0=\cos e_{\mathrm{s}}\cos\sigma_{\mathrm{s}}\cos\varphi_{\mathrm{r}}+\sin e_{\mathrm{s}}\sin\varphi_{\mathrm{r}} \tag{3-6}$$

可见，若

$$|\cos\varphi_0\cos\psi_0|>\left|\sqrt{\cos^2 e_{\mathrm{s}}\cos^2\sigma_{\mathrm{s}}+\sin^2 e_{\mathrm{s}}}\right| \tag{3-7}$$

则无法通过此种转动方式实现两坐标系间的转换。

但综合式（3-4）、式（3-6）可见，两等式左端平方后求和可得

$$\cos^2\varphi_0\sin^2\psi_0+\cos^2\varphi_0\cos^2\psi_0=\cos^2\varphi_0\leqslant 1 \tag{3-8}$$

两等式右端平方后求和可得

$$\cos^2 e_{\mathrm{s}}+\cos^2 e_{\mathrm{s}}\cos^2\sigma_{\mathrm{s}}+\sin^2 e_{\mathrm{s}}=1+\cos^2 e_{\mathrm{s}}\cos^2\sigma_{\mathrm{s}}\geqslant 1 \tag{3-9}$$

因此，式（3-5）、式（3-7）中最多只有一式成立，即在任意情况下，上述两种转换方式中必有一种能够实现由 A 系至 P′ 系的转换。

根据以上分析，转换矩阵 $\boldsymbol{C}_{\mathrm{A}}^{\mathrm{P}'}$ 可按如下方式获得。

（1）若 $|\cos\varphi_0\sin\psi_0|\leqslant|\cos e_s|$，则 $\boldsymbol{C}_A^{P'}=\boldsymbol{M}_3[\varphi_r]\boldsymbol{M}_2[\psi_r]$，转动角的求解公式为

$$\begin{cases}\cos e_s\sin(\psi_r+\sigma_s)=\cos\varphi_0\sin\psi_0\\ \cos\varphi_0\cos\psi_0\sin\varphi_r+\sin\varphi_0\cos\varphi_r=\sin e_s\end{cases}\tag{3-10}$$

（2）若 $|\cos\varphi_0\sin\psi_0|>|\cos e_s|$，则 $\boldsymbol{C}_A^{P'}=\boldsymbol{M}_1[\gamma_r]\boldsymbol{M}_3[\varphi_r]$，转动角的求解公式为

$$\begin{cases}\cos e_s\cos\sigma_s\cos\varphi_r+\sin e_s\sin\varphi_r=\cos\varphi_0\cos\psi_0\\ \cos\varphi_0\sin\psi_0\cos\gamma_r+\sin\varphi_0\sin\gamma E=\cos e_s\sin\sigma_s\end{cases}\tag{3-11}$$

由此得到基于以上两种旋转方式的完备的斜调平台方法。

实际使用中，为便于安装和校准，星敏感器通常安装在平台的 xOy 平面内，即 $\psi_0=0°$。这种情况下，式（3-5）对应的情况不会出现，即一直可以通过先偏航、后俯仰的方式调平台对星。将 $\psi_0=0°$ 代入式（3-10）可得

$$\begin{cases}\sin(\psi_r+\sigma_s)=0\\ \sin(\varphi_r+\varphi_0)=\sin e_s\end{cases}\tag{3-12}$$

因此有

$$\begin{cases}\psi_r=-\sigma_s\\ \varphi_r=e_s-\varphi_0\quad\text{或}\quad\varphi_r=\pi-e_s-\varphi_0\end{cases}\tag{3-13}$$

式（3-13）的结论从物理上也很容易解释。可见此种情况下，斜调平台欧拉角的计算和实现都变得非常简单。

3.1.2 平台失准角与误差因素的关系

平台失准角表征的是惯性基准偏差，即惯性平台指向与发射惯性坐标系之间的误差角，它主要由各种初始误差、惯性器件误差、平台控制误差等引起。平台失准角会带来导航偏差，从而影响落点精度，星光制导正是利用平台失准角进行综合补偿和修正。发射前斜调平台对星，使得理论平台坐标系与发射惯性坐标系不再一致，因此需要研究在这种情况下，各种误差因素对平台基准所造成的影响，以便进行综合修正。

当导航星方位不同时，平台的调整角度不同，导致导弹的初始定速误差、加速度计的安装与测量误差对落点精度的影响不同，但对平台的基准偏差没有影响，因此影响平台失准角的误差因素包括初始定位误差、初始对准（定向）误差、加速度计误差和除加速度计误差以外的其他惯性器件误差。

1. 初始定位误差

由于平台对准是根据对实际发射点的相关特性（如当地垂线、北向等）的测量来实施的，所以初始定位误差会引起平台基准偏差。设理想发射点的经度与地

理纬度为λ_0、B_0，初始定位误差用$\boldsymbol{\Delta}_0=[\Delta\lambda_0 \quad \Delta B_0]^{\mathrm{T}}$来表示，记理想发射点的发射惯性坐标系为A′，实际发射点的发射惯性坐标系为A，地心惯性坐标系为I，则实际平台坐标系P到I系的转换矩阵为

$$\boldsymbol{C}_{\mathrm{P}}^{\mathrm{I}}=\boldsymbol{C}_{\mathrm{A}}^{\mathrm{I}}\cdot\boldsymbol{C}_{\mathrm{P}}^{\mathrm{A}} \tag{3-14}$$

式中，$\boldsymbol{C}_{\mathrm{A}}^{\mathrm{I}}=\boldsymbol{M}_3\left[\frac{\pi}{2}-(\lambda_0+\Delta\lambda_0)-\varOmega_G\right]\cdot\boldsymbol{M}_1[-(B_0+\Delta B_0)]\cdot\boldsymbol{M}_2\left[\frac{\pi}{2}+A_0\right]$，其中，$\varOmega_{\mathrm{G}}$为平春分点与发射时刻（或断调平时刻）格林尼治天文台所在子午线的夹角。

地心惯性坐标系到理论平台坐标系的转换矩阵为

$$\boldsymbol{C}_{\mathrm{I}}^{\mathrm{P}'}=\boldsymbol{C}_{\mathrm{A}'}^{\mathrm{P}'}\cdot\boldsymbol{C}_{\mathrm{I}}^{\mathrm{A}'} \tag{3-15}$$

式中，$\boldsymbol{C}_{\mathrm{I}}^{\mathrm{A}'}=\boldsymbol{M}_2\left[-\left(\frac{\pi}{2}+A_0\right)\right]\cdot\boldsymbol{M}_1[B_0]\cdot\boldsymbol{M}_3\left[-\left(\frac{\pi}{2}-\lambda_0\right)+\varOmega_{\mathrm{G}}\right]$。

由式（3-14）、式（3-15）易得实际平台坐标系到理论平台坐标系的转换矩阵

$$\boldsymbol{C}_{\mathrm{P}}^{\mathrm{P}'}=\boldsymbol{C}_{\mathrm{I}}^{\mathrm{P}'}\cdot\boldsymbol{C}_{\mathrm{P}}^{\mathrm{I}}=\boldsymbol{C}_{\mathrm{A}'}^{\mathrm{P}'}\cdot\boldsymbol{C}_{\mathrm{I}}^{\mathrm{A}'}\cdot\boldsymbol{C}_{\mathrm{A}}^{\mathrm{I}}\cdot\boldsymbol{C}_{\mathrm{P}}^{\mathrm{A}} \tag{3-16}$$

将$\boldsymbol{C}_{\mathrm{I}}^{\mathrm{A}'}\cdot\boldsymbol{C}_{\mathrm{A}}^{\mathrm{I}}$展开，略去高阶小量，可得

$$\boldsymbol{C}_{\mathrm{I}}^{\mathrm{A}'}\cdot\boldsymbol{C}_{\mathrm{A}}^{\mathrm{I}}=\boldsymbol{E}+\boldsymbol{D}_{\lambda_0}\cdot\Delta\lambda_0+\boldsymbol{D}_{B_0}\cdot\Delta B_0 \tag{3-17}$$

式中，$\boldsymbol{E}$为单位矩阵，

$$\boldsymbol{D}_{\lambda_0}=\begin{bmatrix}0 & \sin A_0\cos B_0 & \sin B_0\\ -\sin A_0\cos B_0 & 0 & -\cos A_0\cos B_0\\ -\sin B_0 & \cos A_0\cos B_0 & 0\end{bmatrix} \tag{3-18}$$

$$\boldsymbol{D}_{B_0}=\begin{bmatrix}0 & \cos A_0 & 0\\ -\cos A_0 & 0 & \sin A_0\\ 0 & -\sin A_0 & 0\end{bmatrix} \tag{3-19}$$

将式（3-17）代入式（3-16），可得

$$\boldsymbol{C}_{\mathrm{P}}^{\mathrm{P}'}=\boldsymbol{E}+\boldsymbol{C}_{\mathrm{A}'}^{\mathrm{P}'}\cdot\boldsymbol{D}_{\lambda_0}\cdot\boldsymbol{C}_{\mathrm{P}}^{\mathrm{A}}\cdot\Delta\lambda_0+\boldsymbol{C}_{\mathrm{A}'}^{\mathrm{P}'}\cdot\boldsymbol{D}_{B_0}\cdot\boldsymbol{C}_{\mathrm{P}}^{\mathrm{A}}\cdot\Delta B_0 \tag{3-20}$$

继续展开，并注意到$\boldsymbol{C}_{\mathrm{P}}^{\mathrm{A}}$及$\boldsymbol{C}_{\mathrm{P}'}^{\mathrm{A}'}$只与星敏感器在平台上的安装角及最佳导航星方位有关，且有$\boldsymbol{C}_{\mathrm{P}}^{\mathrm{A}}=(\boldsymbol{C}_{\mathrm{A}'}^{\mathrm{P}'})^{\mathrm{T}}$，记$\boldsymbol{C}_{\mathrm{P}}^{\mathrm{A}}=[c_{ij}]_{3\times3}$，代入式（3-20）可得由$\Delta\lambda_0$引起的初始定位误差$\boldsymbol{\Delta}_\lambda$为

$$\boldsymbol{\Delta}_\lambda=\boldsymbol{C}_{\mathrm{A}'}^{\mathrm{P}'}\cdot\boldsymbol{D}_{\lambda_0}\cdot\boldsymbol{C}_{\mathrm{P}}^{\mathrm{A}}\cdot\Delta\lambda_0=\begin{bmatrix}0 & \varDelta_{\lambda12} & \varDelta_{\lambda13}\\ -\varDelta_{\lambda12} & 0 & \varDelta_{\lambda23}\\ -\varDelta_{\lambda13} & -\varDelta_{\lambda23} & 0\end{bmatrix}\cdot\Delta\lambda_0 \tag{3-21}$$

式中，

$$\begin{cases}\varDelta_{\lambda 12}=(c_{11}c_{22}-c_{12}c_{21})\sin A_0\cos B_0+(c_{11}c_{32}-c_{12}c_{31})\sin B_0+(c_{22}c_{31}-c_{21}c_{32})\cos A_0\cos B_0\\ \varDelta_{\lambda 13}=(c_{11}c_{23}-c_{13}c_{21})\sin A_0\cos B_0+(c_{11}c_{33}-c_{13}c_{31})\sin B_0+(c_{23}c_{31}-c_{21}c_{33})\cos A_0\cos B_0\\ \varDelta_{\lambda 23}=(c_{12}c_{23}-c_{13}c_{22})\sin A_0\cos B_0+(c_{12}c_{33}-c_{13}c_{32})\sin B_0+(c_{23}c_{32}-c_{22}c_{33})\cos A_0\cos B_0\end{cases} \tag{3-22}$$

由 ΔB_0 引起的初始定位误差 $\boldsymbol{\varDelta}_B$ 为

$$\boldsymbol{\varDelta}_B=\boldsymbol{C}_{\mathrm{A}'}^{\mathrm{P}'}\cdot\boldsymbol{D}_{B_0}\cdot\boldsymbol{C}_{\mathrm{P}}^{\mathrm{A}}\cdot\Delta B_0=\begin{bmatrix}0 & \varDelta_{B12} & \varDelta_{B13}\\ -\varDelta_{B12} & 0 & \varDelta_{B23}\\ -\varDelta_{B13} & -\varDelta_{B23} & 0\end{bmatrix}\cdot\Delta B_0 \tag{3-23}$$

式中，

$$\begin{cases}\varDelta_{B12}=(c_{11}c_{22}-c_{12}c_{21})\cos A_0+(c_{21}c_{32}-c_{22}c_{31})\sin A_0\\ \varDelta_{B13}=(c_{11}c_{23}-c_{13}c_{21})\cos A_0+(c_{21}c_{33}-c_{23}c_{31})\sin A_0\\ \varDelta_{B23}=(c_{12}c_{23}-c_{13}c_{22})\cos A_0+(c_{22}c_{33}-c_{23}c_{32})\sin A_0\end{cases} \tag{3-24}$$

记初始定位误差 $\boldsymbol{\varDelta}_0$ 造成的平台失准角为 $\boldsymbol{\alpha}_0=[\alpha_{0x}\quad\alpha_{0y}\quad\alpha_{0z}]^{\mathrm{T}}$，则有

$$\boldsymbol{C}_{\mathrm{P}}^{\mathrm{P}'}=\begin{bmatrix}1 & \alpha_{0z} & -\alpha_{0y}\\ -\alpha_{0z} & 1 & \alpha_{0x}\\ \alpha_{0y} & -\alpha_{0x} & 1\end{bmatrix}=\underset{3\times 3}{\boldsymbol{E}}+\begin{bmatrix}0 & \alpha_{0z} & -\alpha_{0y}\\ -\alpha_{0z} & 0 & \alpha_{0x}\\ \alpha_{0y} & -\alpha_{0x} & 0\end{bmatrix} \tag{3-25}$$

结合式（3-21）、式（3-23）和式（3-25），可得失准角相对于初始定位误差的偏导数为

$$\begin{cases}\partial\alpha_{0x}/\partial\Delta\lambda_0=\varDelta_{\lambda 23}\\ \partial\alpha_{0y}/\partial\Delta\lambda_0=-\varDelta_{\lambda 13}\\ \partial\alpha_{0z}/\partial\Delta\lambda_0=-\varDelta_{\lambda 12}\end{cases} \tag{3-26}$$

$$\begin{cases}\partial\alpha_{0x}/\partial\Delta B_0=\varDelta_{B23}\\ \partial\alpha_{0y}/\partial\Delta B_0=-\varDelta_{B13}\\ \partial\alpha_{0z}/\partial\Delta B_0=\varDelta_{B12}\end{cases} \tag{3-27}$$

记 $\boldsymbol{N}_0=\begin{bmatrix}\varDelta_{\lambda 23} & \varDelta_{B23}\\ -\varDelta_{\lambda 13} & -\varDelta_{B13}\\ -\varDelta_{\lambda 12} & \varDelta_{B12}\end{bmatrix}$，则得到初始定位误差与其所导致的平台失准角存在如下关系：

$$\boldsymbol{\alpha}_0=\boldsymbol{N}_0\cdot\boldsymbol{\varDelta}_0 \tag{3-28}$$

2. 初始对准（定向）误差

平台进行初始对准的目的是使平台坐标系与发射惯性坐标系重合，对准包括

平台的水平调平与方位瞄准。设备的固有误差、对准过程中外部干扰的影响及方法误差的存在会造成初始对准误差。导弹发射时的初始定向误差会造成平台绕 y 轴的对准误差，因此可以将定向误差并入初始对准误差中一起考虑。

初始对准误差和定向误差可用平台坐标系分别对发射惯性坐标系三个轴的失准角来表示，记为 $[\varepsilon_{0x} \quad \varepsilon_{0y} \quad \varepsilon_{0z}]^{\mathrm{T}}$，即 ε_{0y} 中包括定向误差、对准误差两部分。记 P_0 为初始对准完毕的平台坐标系，并用 $\alpha_{\mathrm{d}x}$、$\alpha_{\mathrm{d}y}$ 和 $\alpha_{\mathrm{d}z}$ 表示斜调平台后实际平台坐标系 P 相对于理想的平台坐标系 P′ 的失准角，易知方向余弦阵 $\boldsymbol{C}_{\mathrm{A}}^{\mathrm{P}_0}$、$\boldsymbol{C}_{\mathrm{P}_0}^{\mathrm{P}}$ 与式（3-16）中的 $\boldsymbol{C}_{\mathrm{P}'}^{\mathrm{P}}$、$\boldsymbol{C}_{\mathrm{A}}^{\mathrm{P}'}$ 具有相同的形式。根据坐标转换关系有

$$\boldsymbol{C}_{\mathrm{P}'}^{\mathrm{P}} = \boldsymbol{C}_{\mathrm{P}_0}^{\mathrm{P}} \cdot \boldsymbol{C}_{\mathrm{A}}^{\mathrm{P}_0} \cdot \boldsymbol{C}_{\mathrm{P}'}^{\mathrm{A}} \tag{3-29}$$

由 3.1.1 节的分析可知，假定 $\boldsymbol{C}_{\mathrm{A}}^{\mathrm{P}'}$ 采用 2-3 的转换方式，将各矩阵的表达式代入式（3-29）可得

$$\begin{bmatrix} \alpha_{\mathrm{d}x} \\ \alpha_{\mathrm{d}y} \\ \alpha_{\mathrm{d}z} \end{bmatrix} = \begin{bmatrix} \cos\varphi_{\mathrm{r}}\cos\psi_{\mathrm{r}} & \sin\varphi_{\mathrm{r}} & -\cos\varphi_{\mathrm{r}}\sin\psi_{\mathrm{r}} \\ -\sin\varphi_{\mathrm{r}}\cos\psi_{\mathrm{r}} & \cos\varphi_{\mathrm{r}} & \sin\varphi_{\mathrm{r}}\sin\psi_{\mathrm{r}} \\ \sin\psi_{\mathrm{r}} & 0 & \cos\psi_{\mathrm{r}} \end{bmatrix} \begin{bmatrix} \alpha'_{\mathrm{d}x} \\ \alpha'_{\mathrm{d}y} \\ \alpha'_{\mathrm{d}z} \end{bmatrix} = \boldsymbol{C}_{\mathrm{A}}^{\mathrm{P}'} \begin{bmatrix} \varepsilon_{0x} \\ \varepsilon_{0y} \\ \varepsilon_{0z} \end{bmatrix} \tag{3-30}$$

同理，若 $\boldsymbol{C}_{\mathrm{A}}^{\mathrm{P}'}$ 采用 3-1 的转换方式，将各矩阵的表达式代入式（3-29）有

$$\begin{bmatrix} \alpha_{\mathrm{d}x} \\ \alpha_{\mathrm{d}y} \\ \alpha_{\mathrm{d}z} \end{bmatrix} = \begin{bmatrix} \cos\varphi_{\mathrm{r}} & \sin\varphi_{\mathrm{r}} & 0 \\ -\sin\varphi_{\mathrm{r}}\cos\gamma_{\mathrm{r}} & \cos\varphi_{\mathrm{r}}\cos\gamma_{\mathrm{r}} & \sin\gamma_{\mathrm{r}} \\ \sin\varphi_{\mathrm{r}}\sin\gamma_{\mathrm{r}} & -\cos\varphi_{\mathrm{r}}\sin\gamma_{\mathrm{r}} & \cos\gamma_{\mathrm{r}} \end{bmatrix} \begin{bmatrix} \alpha'_{\mathrm{d}x} \\ \alpha'_{\mathrm{d}y} \\ \alpha'_{\mathrm{d}z} \end{bmatrix} = \boldsymbol{C}_{\mathrm{A}}^{\mathrm{P}'} \begin{bmatrix} \varepsilon_{0x} \\ \varepsilon_{0y} \\ \varepsilon_{0z} \end{bmatrix} \tag{3-31}$$

若记 $\boldsymbol{N}_{\mathrm{d}} = \boldsymbol{C}_{\mathrm{I}}^{\mathrm{P}'}$，$\boldsymbol{\alpha}_{\mathrm{d}} = [\alpha_{\mathrm{d}x} \quad \alpha_{\mathrm{d}y} \quad \alpha_{\mathrm{d}z}]^{\mathrm{T}}$，$\boldsymbol{\varepsilon}_0 = [\varepsilon_{0x} \quad \varepsilon_{0y} \quad \varepsilon_{0z}]^{\mathrm{T}}$，则有

$$\boldsymbol{\alpha}_{\mathrm{d}} = \boldsymbol{N}_{\mathrm{d}} \cdot \boldsymbol{\varepsilon}_0 \tag{3-32}$$

3. *加速度计误差*

加速度计是测量导弹飞行视加速度的仪表，平台坐标系（P 系）中加速度计的测量误差表示为 $\delta\dot{\boldsymbol{W}}_{\mathrm{P}} = [\delta\dot{W}_{\mathrm{P}x} \quad \delta\dot{W}_{\mathrm{P}y} \quad \delta\dot{W}_{\mathrm{P}z}]^{\mathrm{T}}$，其误差模型为

$$\begin{bmatrix} \delta\dot{W}_{\mathrm{P}x} \\ \delta\dot{W}_{\mathrm{P}y} \\ \delta\dot{W}_{\mathrm{P}z} \end{bmatrix} = \begin{bmatrix} K_{\mathrm{a}0x} + K_{\mathrm{a}1x}\dot{W}_{\mathrm{P}x} + K_{\mathrm{a}2x}\dot{W}_{\mathrm{P}x}^2 \\ K_{\mathrm{a}0y} + K_{\mathrm{a}1y}\dot{W}_{\mathrm{P}y} + K_{\mathrm{a}2y}\dot{W}_{\mathrm{P}y}^2 \\ K_{\mathrm{a}0z} + K_{\mathrm{a}1z}\dot{W}_{\mathrm{P}z} + K_{\mathrm{a}2z}\dot{W}_{\mathrm{P}z}^2 \end{bmatrix} \tag{3-33}$$

式中，$K_{\mathrm{a}0x}, K_{\mathrm{a}1x}, K_{\mathrm{a}2x}, \cdots, K_{\mathrm{a}2z}$ 为加速度计误差系数；$\dot{W}_{\mathrm{P}x}$、$\dot{W}_{\mathrm{P}y}$、$\dot{W}_{\mathrm{P}z}$ 为平台坐标系（P 系）中各轴向的视加速度。

记

$$\boldsymbol{D}_{\mathrm{a}} = [K_{\mathrm{a}0x}, K_{\mathrm{a}1x}, K_{\mathrm{a}2x}, K_{\mathrm{a}0y}, K_{\mathrm{a}1y}, K_{\mathrm{a}2y}, K_{\mathrm{a}0z}, K_{\mathrm{a}1z}, K_{\mathrm{a}2z}] \tag{3-34}$$

$$\begin{cases} \boldsymbol{N}_{ax} = [1 \quad \dot{W}_{Px} \quad \dot{W}_{Px}^2] \\ \boldsymbol{N}_{ay} = [1 \quad \dot{W}_{Py} \quad \dot{W}_{Py}^2] \\ \boldsymbol{N}_{az} = [1 \quad \dot{W}_{Pz} \quad \dot{W}_{Pz}^2] \end{cases} \tag{3-35}$$

$$\boldsymbol{N}_a = \begin{bmatrix} \underset{1\times3}{\boldsymbol{N}_{ax}} & \underset{1\times3}{\boldsymbol{0}} & \underset{1\times3}{\boldsymbol{0}} \\ \underset{1\times3}{\boldsymbol{0}} & \underset{1\times3}{\boldsymbol{N}_{ay}} & \underset{1\times3}{\boldsymbol{0}} \\ \underset{1\times3}{\boldsymbol{0}} & \underset{1\times3}{\boldsymbol{0}} & \underset{1\times3}{\boldsymbol{N}_{az}} \end{bmatrix} \tag{3-36}$$

则式（3-33）可以表示为

$$\delta\dot{\boldsymbol{W}}_P = \boldsymbol{N}_a \cdot \boldsymbol{D}_a \tag{3-37}$$

4. 陀螺漂移误差

陀螺漂移误差的模型为

$$\begin{bmatrix} \dot{\alpha}_{gx} \\ \dot{\alpha}_{gy} \\ \dot{\alpha}_{gz} \end{bmatrix} = \begin{bmatrix} K_{g0x} + K_{g11x}\dot{W}_{Px} + K_{g12x}\dot{W}_{Py} + K_{g13x}\dot{W}_{Pz} + K_{g2x}\dot{W}_{Pz}\dot{W}_{Px} \\ K_{g0y} + K_{g11y}\dot{W}_{Px} + K_{g12y}\dot{W}_{Py} + K_{g13y}\dot{W}_{Pz} + K_{g2y}\dot{W}_{Pz}\dot{W}_{Py} \\ K_{g0z} + K_{g11z}\dot{W}_{Px} + K_{g12z}\dot{W}_{Py} + K_{g13z}\dot{W}_{Pz} + K_{g2z}\dot{W}_{Py}\dot{W}_{Pz} \end{bmatrix} \tag{3-38}$$

式中，$K_{g0x}, K_{g11x}, K_{g12x}, K_{g13x}, K_{g2x}, \cdots, K_{g2z}$ 为陀螺误差系数；$\dot{W}_{Px}$、$\dot{W}_{Py}$、$\dot{W}_{Pz}$ 为平台坐标系（P 系）中各轴向的视加速度。将式（3-38）作积分，则可以得到陀螺漂移角 $\boldsymbol{\alpha}_g = [\alpha_{gx} \quad \alpha_{gy} \quad \alpha_{gz}]^T$ 随时间的变化关系为

$$\begin{bmatrix} \alpha_{gx} \\ \alpha_{gy} \\ \alpha_{gz} \end{bmatrix} = \begin{bmatrix} K_{g0x}t + K_{g11x}W_{Px} + K_{g12x}W_{Py} + K_{g13x}W_{Pz} + K_{g2x}\int \dot{W}_{Pz}\dot{W}_{Px}\mathrm{d}t \\ K_{g0y}t + K_{g11y}W_{Px} + K_{g12y}W_{Py} + K_{g13y}W_{Pz} + K_{g2y}\int \dot{W}_{Pz}\dot{W}_{Py}\mathrm{d}t \\ K_{g0z}t + K_{g11z}W_{Px} + K_{g12z}W_{Py} + K_{g13z}W_{Pz} + K_{g2z}\int \dot{W}_{Py}\dot{W}_{Pz}\mathrm{d}t \end{bmatrix} \tag{3-39}$$

记

$$\begin{aligned} \boldsymbol{D}_g = [&K_{g0x}, K_{g11x}, K_{g12x}, K_{g13x}, K_{g2x}, K_{g0y}, K_{g11y}, K_{g12y}, K_{g13y}, K_{g2y}, \\ &K_{g0z}, K_{g11z}, K_{g12z}, K_{g13z}, K_{g2z}]^T \end{aligned} \tag{3-40}$$

$$\begin{cases} \boldsymbol{N}_{gx} = \begin{bmatrix} 1 & \dot{W}_{Px} & \dot{W}_{Py} & \dot{W}_{Pz} & \dot{W}_{Pz}\dot{W}_{Px} \end{bmatrix} \\ \boldsymbol{N}_{gy} = \begin{bmatrix} 1 & \dot{W}_{Px} & \dot{W}_{Py} & \dot{W}_{Pz} & \dot{W}_{Pz}\dot{W}_{Py} \end{bmatrix} \\ \boldsymbol{N}_{gz} = \begin{bmatrix} 1 & \dot{W}_{Px} & \dot{W}_{Py} & \dot{W}_{Pz} & \dot{W}_{Py}\dot{W}_{Pz} \end{bmatrix} \end{cases} \tag{3-41}$$

则有

$$\boldsymbol{N}_{\mathrm{g}}=\begin{bmatrix}\int_0^{t_{\mathrm{k}}}\underset{1\times5}{\boldsymbol{N}_{\mathrm{g}x}(\tau)}\mathrm{d}\tau & \underset{1\times5}{\boldsymbol{0}} & \underset{1\times5}{\boldsymbol{0}} \\ \underset{1\times5}{\boldsymbol{0}} & \int_0^{t_{\mathrm{k}}}\underset{1\times5}{\boldsymbol{N}_{\mathrm{g}y}(\tau)}\mathrm{d}\tau & \underset{1\times5}{\boldsymbol{0}} \\ \underset{1\times5}{\boldsymbol{0}} & \underset{1\times5}{\boldsymbol{0}} & \int_0^{t_{\mathrm{k}}}\underset{1\times5}{\boldsymbol{N}_{\mathrm{g}z}(\tau)}\mathrm{d}\tau\end{bmatrix} \tag{3-42}$$

式（3-39）可以写作

$$\boldsymbol{\alpha}_{\mathrm{g}}=\boldsymbol{N}_{\mathrm{g}}\cdot\boldsymbol{D}_{\mathrm{g}} \tag{3-43}$$

5. 平台控制回路静态误差

平台控制回路静态误差的模型为

$$\begin{bmatrix}\alpha_{\mathrm{p}x}\\ \alpha_{\mathrm{p}y}\\ \alpha_{\mathrm{p}z}\end{bmatrix}=\begin{bmatrix}K_{\mathrm{p}0x}+K'_{\mathrm{p}1x}\dot{W}_{\mathrm{P}y}+K''_{\mathrm{p}1x}\dot{W}_{\mathrm{P}z}+K_{\mathrm{p}2x}\dfrac{\mathrm{d}(\dot{W}_{\mathrm{P}y}\dot{W}_{\mathrm{P}z})}{\mathrm{d}t}\\ K_{\mathrm{p}0y}+K'_{\mathrm{p}1y}\dot{W}_{\mathrm{P}x}+K''_{\mathrm{p}1y}\dot{W}_{\mathrm{P}z}+K_{\mathrm{p}2y}\dfrac{\mathrm{d}(\dot{W}_{\mathrm{P}x}\dot{W}_{\mathrm{P}z})}{\mathrm{d}t}\\ K_{\mathrm{p}0z}+K'_{\mathrm{p}1z}\dot{W}_{\mathrm{P}x}+K''_{\mathrm{p}1z}\dot{W}_{\mathrm{P}y}+K_{\mathrm{p}2z}\dfrac{\mathrm{d}(\dot{W}_{\mathrm{P}x}\dot{W}_{\mathrm{P}y})}{\mathrm{d}t}\end{bmatrix} \tag{3-44}$$

式中，$K_{\mathrm{p}0x},K'_{\mathrm{p}1x},K''_{\mathrm{p}1x},K_{\mathrm{p}2x},\cdots,K_{2\mathrm{p}z}$ 为平台静态误差系数；$\dot{W}_{\mathrm{P}x}$、$\dot{W}_{\mathrm{P}y}$、$\dot{W}_{\mathrm{P}z}$ 为平台坐标系（P 系）中各轴向的视加速度。

记

$$\boldsymbol{D}_{\mathrm{p}}=\left[K_{\mathrm{p}0x},K_{\mathrm{p}0y},K_{\mathrm{p}0z},K'_{\mathrm{p}1x},K''_{\mathrm{p}1x},K_{\mathrm{p}2x},K'_{\mathrm{p}1y},K''_{\mathrm{p}1y},K_{\mathrm{p}2y},K'_{\mathrm{p}1z},K''_{\mathrm{p}1z},K_{\mathrm{p}2z}\right]^{\mathrm{T}} \tag{3-45}$$

$$\begin{cases}\boldsymbol{N}_{\mathrm{p}x}=\left[\dot{W}_{\mathrm{P}y}\quad \dot{W}_{\mathrm{P}z}\quad \mathrm{d}(\dot{W}_{\mathrm{P}y}\dot{W}_{\mathrm{P}z})/\mathrm{d}t\right]\\ \boldsymbol{N}_{\mathrm{p}y}=\left[\dot{W}_{\mathrm{P}x}\quad \dot{W}_{\mathrm{P}z}\quad \mathrm{d}(\dot{W}_{\mathrm{P}x}\dot{W}_{\mathrm{P}z})/\mathrm{d}t\right]\\ \boldsymbol{N}_{\mathrm{p}z}=\left[\dot{W}_{\mathrm{P}x}\quad \dot{W}_{\mathrm{P}y}\quad \mathrm{d}(\dot{W}_{\mathrm{P}x}\dot{W}_{\mathrm{P}y})/\mathrm{d}t\right]\end{cases} \tag{3-46}$$

$$\boldsymbol{N}_{\mathrm{p}}=\begin{bmatrix}1 & 0 & 0 & \underset{1\times3}{\boldsymbol{N}_{\mathrm{p}x}} & \underset{1\times3}{\boldsymbol{0}} & \underset{1\times3}{\boldsymbol{0}}\\ 0 & 1 & 0 & \underset{1\times3}{\boldsymbol{0}} & \underset{1\times3}{\boldsymbol{N}_{\mathrm{p}y}} & \underset{1\times3}{\boldsymbol{0}}\\ 0 & 0 & 1 & \underset{1\times3}{\boldsymbol{0}} & \underset{1\times3}{\boldsymbol{0}} & \underset{1\times3}{\boldsymbol{N}_{\mathrm{p}z}}\end{bmatrix} \tag{3-47}$$

则由 $\boldsymbol{\alpha}_{\mathrm{p}}=[\alpha_{\mathrm{p}x}\quad \alpha_{\mathrm{p}y}\quad \alpha_{\mathrm{p}z}]^{\mathrm{T}}$，式（3-44）可以写作

$$\boldsymbol{\alpha}_{\mathrm{p}}=\boldsymbol{N}_{\mathrm{p}}\cdot\boldsymbol{D}_{\mathrm{p}} \tag{3-48}$$

3.1.3 位置、速度误差环境函数矩阵的计算方法

环境函数矩阵代表了单位误差因素引起的弹道速度误差和位置误差。下面给出单位误差因素引起的发射惯性坐标系中弹道速度误差和位置误差的计算方法。

不计地球引力计算误差时，弹道速度误差和位置误差就是弹道的视速度误差和视位置误差。误差因素引起的视加速度误差为

$$\begin{aligned}\delta\dot{\boldsymbol{W}} &= \dot{\boldsymbol{W}}_{\mathrm{a}} - \dot{\boldsymbol{W}}_{\mathrm{A}} \\ &= \dot{\boldsymbol{W}}_{\mathrm{a}} - \boldsymbol{M}_3[-\alpha_z]\cdot\boldsymbol{M}_2[-\alpha_y]\cdot\boldsymbol{M}_1[-\alpha_x]\cdot(\dot{\boldsymbol{W}}_{\mathrm{a}} - \delta\dot{\boldsymbol{W}}_{\mathrm{a}})\end{aligned} \tag{3-49}$$

式中，$\dot{\boldsymbol{W}}_{\mathrm{a}}$为平台惯性导航系统所测的视加速度；$\dot{\boldsymbol{W}}_{\mathrm{A}}$为真实的视加速度；$\alpha_x$、$\alpha_y$、$\alpha_z$为平台坐标系相对于惯性空间坐标系的失准角；$\delta\dot{\boldsymbol{W}}_{\mathrm{a}}$为加速度表所测的误差向量。因为$\alpha_x$、$\alpha_y$、$\alpha_z$为误差小量，所以有

$$\delta\dot{\boldsymbol{W}} = \begin{bmatrix} 0 & -\dot{W}_{\mathrm{a}z} & \dot{W}_{\mathrm{a}y} \\ \dot{W}_{\mathrm{a}z} & 0 & -\dot{W}_{\mathrm{a}x} \\ -\dot{W}_{\mathrm{a}y} & \dot{W}_{\mathrm{a}x} & 0 \end{bmatrix}\cdot\begin{bmatrix}\alpha_x \\ \alpha_y \\ \alpha_z\end{bmatrix} + \delta\dot{\boldsymbol{W}}_{\mathrm{a}} \tag{3-50}$$

将平台失准角代入式（3-50），则有

$$\delta\dot{\boldsymbol{W}} = \begin{bmatrix}\boldsymbol{S}_{\mathrm{A}} & \boldsymbol{0}\end{bmatrix}\cdot\boldsymbol{K} \tag{3-51}$$

式中，$\boldsymbol{K}$为误差系数向量；$\boldsymbol{S}_{\mathrm{A}}$由式（3-52）得出

$$\boldsymbol{S}_{\mathrm{A}} = \begin{bmatrix}\boldsymbol{S}_{\mathrm{W}}\boldsymbol{N}_0 & \boldsymbol{S}_{\mathrm{W}}\boldsymbol{N}_{\mathrm{d}} & \boldsymbol{S}_{\mathrm{W}}\boldsymbol{N}_{\mathrm{a}} & \boldsymbol{S}_{\mathrm{W}}\boldsymbol{N}_{\mathrm{g}} & \boldsymbol{S}_{\mathrm{W}}\boldsymbol{N}_{\mathrm{p}}\end{bmatrix} \tag{3-52}$$

其中，$\boldsymbol{S}_{\mathrm{W}} = \begin{bmatrix} 0 & -\dot{W}_{\mathrm{a}z} & \dot{W}_{\mathrm{a}y} \\ \dot{W}_{\mathrm{a}z} & 0 & -\dot{W}_{\mathrm{a}x} \\ -\dot{W}_{\mathrm{a}y} & \dot{W}_{\mathrm{a}x} & 0 \end{bmatrix}$。因此，可以得到速度、位置误差的环境函数矩阵

$$\begin{cases}\boldsymbol{S}_{\mathrm{v}}(t) = \begin{bmatrix}\int_0^t \boldsymbol{S}_{\mathrm{A}}(\tau)\mathrm{d}\tau & \boldsymbol{0}\end{bmatrix} \\ \boldsymbol{S}_{\mathrm{R}}(t) = \int_0^t \boldsymbol{S}_{\mathrm{v}}(u)\mathrm{d}u + \begin{bmatrix}\boldsymbol{C}_0 & \boldsymbol{0}\end{bmatrix}\end{cases} \tag{3-53}$$

式中，$\boldsymbol{C}_0$为两种位置误差间的转换矩阵。

记$\boldsymbol{S}(t) = \begin{bmatrix}\boldsymbol{S}_{\mathrm{R}}(t) & \boldsymbol{S}_{\mathrm{v}}(t)\end{bmatrix}^{\mathrm{T}}$，则位置、速度误差为

$$\Delta\boldsymbol{X}(t) = \boldsymbol{S}(t)\cdot\boldsymbol{K} \tag{3-54}$$

3.2　基于星光测量量的落点偏差修正

3.2.1　星敏感器测量模型

平台星光-惯性复合制导方案中，导弹发射后星敏感器在惯性空间中的指向是确定的，因此只能测量某一特定方位的恒星。这一特定方位在导弹发射前确定，并通过斜调平台使星敏感器的光轴指向这一方位。导弹发射过程中，平台产生失准误差角，导致星敏感器的光轴逐渐偏离这一方位，因此在测星时导航星成像的像点就不在星敏感器成像焦平面的原点，而是会产生两个测量量。下面就建立这两个测量量与平台失准误差角的关系。

如图 2-9 所示，设选定的导航星在发射惯性坐标系中的高低角和方位角分别为e_s、σ_s，则星光方向单位矢量$\boldsymbol{S}$在理想发射惯性坐标系中的表示为

$$\boldsymbol{S}_A = \left[\cos e_s \cos\sigma_s \quad \sin e_s \quad \cos e_s \sin\sigma_s\right]^T \tag{3-55}$$

设星敏感器体坐标系为$O_s\text{-}x_s y_s z_s$，其中$O_s x_s$轴为光轴，光轴与星光矢量的夹角很小，其方向余弦近似为 1；$O_s y_s$轴、$O_s z_s$轴为输出轴，如图 3-1 所示。若星敏感器的输出为ξ、η，则星光矢量在$O_s\text{-}x_s y_s z_s$中可表示为

$$\boldsymbol{S}_S = [1 \quad -\xi \quad -\eta]^T \tag{3-56}$$

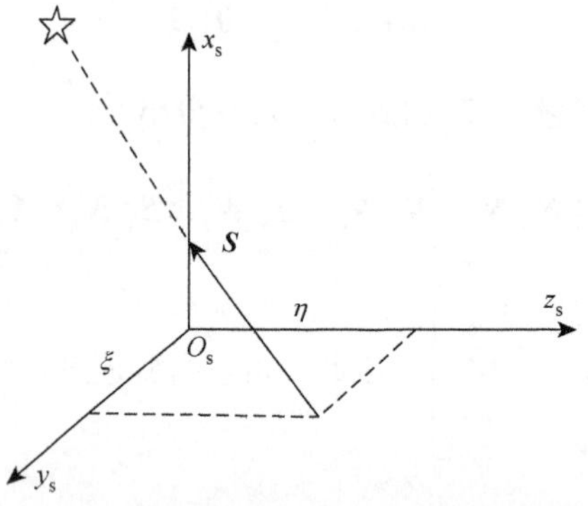

图 3-1　星光矢量在星敏感器体坐标系中的表示

安装在理想平台坐标系上的星敏感器输出应该为$\boldsymbol{S}_{S'} = [1 \quad 0 \quad 0]^T$，则根据坐标转换关系有

$$\boldsymbol{S}_{S'} = \boldsymbol{C}_P^S \boldsymbol{C}_A^{P'} \boldsymbol{S}_A \tag{3-57}$$

由星光矢量在发射惯性坐标系（A 系）与星敏感器坐标系（S 系）中的表示及不同坐标系间的转换矩阵，有

$$\boldsymbol{S}_{\mathrm{S}}=\boldsymbol{C}_{\mathrm{P}}^{\mathrm{S}}\boldsymbol{C}_{\mathrm{P'}}^{\mathrm{P}}\boldsymbol{C}_{\mathrm{A}}^{\mathrm{P'}}\boldsymbol{S}_{\mathrm{A}} \tag{3-58}$$

记 $\boldsymbol{S}_{\mathrm{P}}=\boldsymbol{C}_{\mathrm{S}}^{\mathrm{P}}\boldsymbol{S}_{\mathrm{S}}$，根据式（3-57）可以得到星光矢量在 P′ 系中的表示为

$$\boldsymbol{S}_{\mathrm{P'}}=\boldsymbol{C}_{\mathrm{S}}^{\mathrm{P}}\boldsymbol{S}_{\mathrm{S'}}=\boldsymbol{C}_{\mathrm{A}}^{\mathrm{P'}}\boldsymbol{S}_{\mathrm{A}} \tag{3-59}$$

则由式（3-58）、式（3-59）可得

$$\Delta\boldsymbol{S}_{\mathrm{P}}=\boldsymbol{S}_{\mathrm{P}}-\boldsymbol{S}_{\mathrm{P'}}=\boldsymbol{C}_{\mathrm{S}}^{\mathrm{P}}(\boldsymbol{S}_{\mathrm{S}}-\boldsymbol{S}_{\mathrm{S'}}) \tag{3-60}$$

又知

$$\Delta\boldsymbol{S}_{\mathrm{P}}=\boldsymbol{S}_{\mathrm{P'}}\cdot\boldsymbol{\alpha}=(\boldsymbol{C}_{\mathrm{S}}^{\mathrm{P}}\boldsymbol{S}_{\mathrm{S'}})\cdot\boldsymbol{\alpha} \tag{3-61}$$

综合式（3-60）、式（3-61）可得

$$\boldsymbol{S}_{\mathrm{S}}-\boldsymbol{S}_{\mathrm{S'}}=\boldsymbol{C}_{\mathrm{P}}^{\mathrm{S}}[(\boldsymbol{C}_{\mathrm{S}}^{\mathrm{P}}\boldsymbol{S}_{\mathrm{S'}})\cdot\boldsymbol{\alpha}] \tag{3-62}$$

将各矩阵的表达式代入式（3-62），整理可得

$$\begin{bmatrix}\xi\\ \eta\end{bmatrix}=\begin{bmatrix}-\sin\psi_0 & 0 & \cos\psi_0\\ \sin\varphi_0\cos\psi_0 & -\cos\varphi_0 & \sin\varphi_0\sin\psi_0\end{bmatrix}\begin{bmatrix}\alpha_x\\ \alpha_y\\ \alpha_z\end{bmatrix} \tag{3-63}$$

将式（3-63）记为矩阵的形式，得到星敏感器的测量方程

$$\boldsymbol{w}=\begin{bmatrix}\boldsymbol{h}_1^{\mathrm{T}}\\ \boldsymbol{h}_2^{\mathrm{T}}\end{bmatrix}\boldsymbol{\alpha}=\boldsymbol{H}\boldsymbol{\alpha} \tag{3-64}$$

由式（3-63）可知，斜调平台星光-惯性复合制导方案的测量方程有一个显著特点，即测量矩阵仅与星敏感器在平台上的安装角度有关，而与导航星的方位无关。若星敏感器安装在平台的 xOy 平面内，即 $\psi_0=0°$，则测量方程变为

$$\begin{bmatrix}\xi\\ \eta\end{bmatrix}=\begin{bmatrix}0 & 0 & 1\\ \sin\varphi_0 & -\cos\varphi_0 & 0\end{bmatrix}\begin{bmatrix}\alpha_x\\ \alpha_y\\ \alpha_z\end{bmatrix} \tag{3-65}$$

即

$$\begin{bmatrix}\xi\\ \eta\end{bmatrix}=\begin{bmatrix}\alpha_z\\ \sin\varphi_0\alpha_x-\cos\varphi_0\alpha_y\end{bmatrix} \tag{3-66}$$

3.2.2　基于最佳修正系数的落点偏差估计

对于平台星光-惯性复合制导方案，导弹发射后星敏感器在惯性空间中的指向不能再调整，因此实质上星光的测量量仅有 2 个，这 2 个测量量是对平台失准角的反映。但由 3.1.2 节可知，平台的失准角是在初始误差、惯性导航工具误差等诸多因素的影响下形成的，因此仅通过星光的 2 个测量量是无法将这些误差因素一一分离出来的，只能基于这些误差因素的先验统计信息对落点偏差进行综合修正，

修正的效果是使复合制导的精度在统计意义下最优。这种综合修正是通过最佳修正系数来实施的，下面分析最佳修正系数的确定方法。

根据 3.1.2 节的模型，平台的失准角可表示为$\boldsymbol{\alpha}=\boldsymbol{\alpha}_0+\boldsymbol{\alpha}_{\rm d}+\boldsymbol{\alpha}_{\rm g}+\boldsymbol{\alpha}_{\rm p}$，平台基准偏差$\boldsymbol{\alpha}$与误差向量$\boldsymbol{K}$的关系可表示为

$$\boldsymbol{\alpha}=\boldsymbol{N}_\alpha\cdot\boldsymbol{K} \tag{3-67}$$

式中，$\boldsymbol{K}=[\boldsymbol{\varDelta}_0^{\rm T}\quad \boldsymbol{\varepsilon}_0^{\rm T}\quad \boldsymbol{D}_{\rm g}^{\rm T}\quad \boldsymbol{D}_{\rm p}^{\rm T}]^{\rm T}$，分别对应初始定位误差、初始对准（定向）误差、陀螺漂移误差和平台控制回路静态误差；$\boldsymbol{N}_\alpha=[\boldsymbol{N}_0\quad \boldsymbol{N}_{\rm d}\quad \boldsymbol{N}_{\rm g}\quad \boldsymbol{N}_{\rm p}]$是与误差向量$\boldsymbol{K}$对应的误差系数矩阵。

导弹的命中精度可以用圆概率误差来衡量，复合制导方案的圆概率误差是综合纯惯性制导圆概率误差和星光修正圆概率误差得到的。基于星光测量量修正落点偏差的方程可写成

$$\begin{bmatrix}\Delta L_{\rm S}\\ \Delta H_{\rm S}\end{bmatrix}=\begin{bmatrix}u_{{\rm L}\xi} & u_{{\rm L}\eta}\\ u_{{\rm H}\xi} & u_{{\rm H}\eta}\end{bmatrix}\begin{bmatrix}\xi\\ \eta\end{bmatrix}=\begin{bmatrix}\boldsymbol{u}_{\rm L}^{\rm T}\\ \boldsymbol{u}_{\rm H}^{\rm T}\end{bmatrix}\begin{bmatrix}\xi\\ \eta\end{bmatrix} \tag{3-68}$$

式中，$\Delta L_{\rm S}$、$\Delta H_{\rm S}$分别是基于星光测量量估计出的导弹纵向和横向落点偏差；$\boldsymbol{u}_{\rm L}$、$\boldsymbol{u}_{\rm H}$是与星体对应的修正系数。下面的分析中，假定估计出的$\Delta L_{\rm S}$、$\Delta H_{\rm S}$可以由导弹的末修系统完全修正掉。

将式（3-64）、式（3-67）代入式（3-68）可得

$$\begin{bmatrix}\Delta L_{\rm S}\\ \Delta H_{\rm S}\end{bmatrix}=\begin{bmatrix}\boldsymbol{u}_{\rm L}^{\rm T}\boldsymbol{H}\boldsymbol{N}_\alpha\\ \boldsymbol{u}_{\rm H}^{\rm T}\boldsymbol{H}\boldsymbol{N}_\alpha\end{bmatrix}\boldsymbol{K} \tag{3-69}$$

纯惯性制导条件下的落点偏差可以表示为

$$\begin{bmatrix}\Delta L\\ \Delta H\end{bmatrix}=\begin{bmatrix}\boldsymbol{C}_{\rm LK}\\ \boldsymbol{C}_{\rm HK}\end{bmatrix}\cdot\boldsymbol{K}=\begin{bmatrix}\dfrac{\partial L}{\partial \boldsymbol{K}^{\rm T}}\\ \dfrac{\partial H}{\partial \boldsymbol{K}^{\rm T}}\end{bmatrix}\cdot\boldsymbol{K} \tag{3-70}$$

式中，$\boldsymbol{C}_{\rm LK}=\dfrac{\partial L}{\partial \boldsymbol{K}^{\rm T}}$、$\boldsymbol{C}_{\rm HK}=\dfrac{\partial H}{\partial \boldsymbol{K}^{\rm T}}$为落点偏差相对于各误差系数的偏导数，与导弹的飞行弹道特性有关。导弹的标准弹道确定后，$\boldsymbol{C}_{\rm LK}$、$\boldsymbol{C}_{\rm HK}$可以计算得到，为已知量。

由式（3-69）、式（3-70）可以得到经星光修正后复合制导的落点偏差为

$$\begin{bmatrix}\delta L\\ \delta H\end{bmatrix}=\begin{bmatrix}\Delta L-\Delta L_{\rm S}\\ \Delta H-\Delta H_{\rm S}\end{bmatrix}=\begin{bmatrix}\boldsymbol{C}_{\rm LK}-\boldsymbol{u}_{\rm L}^{\rm T}\boldsymbol{H}\boldsymbol{N}_\alpha\\ \boldsymbol{C}_{\rm HK}-\boldsymbol{u}_{\rm H}^{\rm T}\boldsymbol{H}\boldsymbol{N}_\alpha\end{bmatrix}\boldsymbol{K} \tag{3-71}$$

复合制导落点偏差最小时对应的修正系数为最佳修正系数。

记$\boldsymbol{c}_{\rm k}=\boldsymbol{H}\boldsymbol{N}_\alpha$，$\boldsymbol{n}_{\rm L}=\boldsymbol{C}_{\rm LK}$，$\boldsymbol{n}_{\rm H}=\boldsymbol{C}_{\rm HK}$，则经星光修正后导弹落点偏差的协方差矩阵为

$$\boldsymbol{D}=E\left\{\begin{bmatrix}\delta L\\ \delta H\end{bmatrix}\begin{bmatrix}\delta L & \delta H\end{bmatrix}\right\}=\begin{bmatrix}D_{\mathrm{LL}} & D_{\mathrm{LH}}\\ D_{\mathrm{LH}} & D_{\mathrm{HH}}\end{bmatrix} \tag{3-72}$$

式中，

$$\begin{cases}D_{\mathrm{LL}}=(\boldsymbol{n}_{\mathrm{L}}^{\mathrm{T}}-\boldsymbol{u}_{\mathrm{L}}^{\mathrm{T}}\boldsymbol{c}_{\mathrm{k}})\boldsymbol{R}(\boldsymbol{n}_{\mathrm{L}}-\boldsymbol{c}_{\mathrm{k}}^{\mathrm{T}}\boldsymbol{u}_{\mathrm{L}})\\ D_{\mathrm{LH}}=(\boldsymbol{n}_{\mathrm{L}}^{\mathrm{T}}-\boldsymbol{u}_{\mathrm{L}}^{\mathrm{T}}\boldsymbol{c}_{\mathrm{k}})\boldsymbol{R}(\boldsymbol{n}_{\mathrm{H}}-\boldsymbol{c}_{\mathrm{k}}^{\mathrm{T}}\boldsymbol{u}_{\mathrm{H}})\\ D_{\mathrm{HH}}=(\boldsymbol{n}_{\mathrm{H}}^{\mathrm{T}}-\boldsymbol{u}_{\mathrm{H}}^{\mathrm{T}}\boldsymbol{c}_{\mathrm{k}})\boldsymbol{R}(\boldsymbol{n}_{\mathrm{H}}-\boldsymbol{c}_{\mathrm{k}}^{\mathrm{T}}\boldsymbol{u}_{\mathrm{H}})\\ \boldsymbol{R}=E\{\boldsymbol{K}\quad\boldsymbol{K}^{\mathrm{T}}\}\end{cases} \tag{3-73}$$

其中，$\boldsymbol{R}$ 为各误差因素的协方差矩阵，反映了各误差的统计分布特性，可根据实验确定，认为是已知量。协方差矩阵 $\boldsymbol{D}$ 的特征根可以由

$$\boldsymbol{D}-\lambda\boldsymbol{E}=\boldsymbol{0} \tag{3-74}$$

解得，即

$$\lambda_{1,2}=\frac{D_{\mathrm{LL}}+D_{\mathrm{HH}}\pm\sqrt{(D_{\mathrm{LL}}-D_{\mathrm{HH}})^2+4D_{\mathrm{LH}}^2}}{2} \tag{3-75}$$

记 $\sigma_x'=\sqrt{\lambda_1}$，$\sigma_y'=\sqrt{\lambda_2}$，则修正后导弹落点的圆概率误差可由式（3-76）的积分方程确定：

$$\int_0^{\frac{\pi}{2}}\exp\left\{-\frac{(\mathrm{CEP}/\sigma_x')^2}{2[1+(\sigma_y'^2/\sigma_x'^2-1)\sin^2\theta]}\right\}\mathrm{d}\theta=\frac{\pi}{4} \tag{3-76}$$

最佳修正系数的选择应使得落点圆概率误差最小。

与纯惯性制导下落点圆概率误差的求解相似，式（3-76）没有解析解，假设 σ_x'、σ_y' 中 σ_x' 较大，则当 $\sigma_y'/\sigma_x'>0.3$ 时，圆概率误差可以用式（3-77）拟合：

$$\mathrm{CEP}=0.562\sigma_x'+0.615\sigma_y' \tag{3-77}$$

反之也是如此。

使用式（3-77）还需要判断 σ_x'、σ_y' 的大小，导致最优解的求解过程很复杂，为此将最佳修正系数的精度指标取为

$$J=(\sigma_x'+\sigma_y')^2=D_{\mathrm{LL}}+D_{\mathrm{HH}}+2\sqrt{D_{\mathrm{LL}}D_{\mathrm{HH}}-D_{\mathrm{LH}}^2} \tag{3-78}$$

σ_x'、σ_y' 都是表征导弹落点精度的指标，因此式（3-78）能在一定意义上保证导弹的落点散布最小。由此可得最佳修正系数应满足如下极值条件：

$$\begin{cases}\dfrac{\partial J}{\partial\boldsymbol{u}_{\mathrm{L}}}=\left[\dfrac{\partial D_{\mathrm{LL}}}{\partial\boldsymbol{u}_{\mathrm{L}}}+\dfrac{1}{\sqrt{D_{\mathrm{LL}}D_{\mathrm{HH}}-D_{\mathrm{LH}}^2}}\left(D_{\mathrm{HH}}\dfrac{\partial D_{\mathrm{LL}}}{\partial\boldsymbol{u}_{\mathrm{L}}}-2D_{\mathrm{LH}}\dfrac{\partial D_{\mathrm{LH}}}{\partial\boldsymbol{u}_{\mathrm{L}}}\right)\right]=\boldsymbol{0}\\ \dfrac{\partial J}{\partial\boldsymbol{u}_{\mathrm{H}}}=\left[\dfrac{\partial D_{\mathrm{HH}}}{\partial\boldsymbol{u}_{\mathrm{H}}}+\dfrac{1}{\sqrt{D_{\mathrm{LL}}D_{\mathrm{HH}}-D_{\mathrm{LH}}^2}}\left(D_{\mathrm{LL}}\dfrac{\partial D_{\mathrm{HH}}}{\partial\boldsymbol{u}_{\mathrm{H}}}-2D_{\mathrm{LH}}\dfrac{\partial D_{\mathrm{LH}}}{\partial\boldsymbol{u}_{\mathrm{H}}}\right)\right]=\boldsymbol{0}\end{cases} \tag{3-79}$$

将式（3-73）对 $\boldsymbol{u}_{\mathrm{L}}$、$\boldsymbol{u}_{\mathrm{H}}$ 求微分可得

$$\begin{cases}\dfrac{\partial D_{\mathrm{LL}}}{\partial \boldsymbol{u}_{\mathrm{L}}}=-2\boldsymbol{c}_{\mathrm{k}}\boldsymbol{R}\boldsymbol{n}_{\mathrm{L}}+2\boldsymbol{c}_{\mathrm{k}}\boldsymbol{R}\boldsymbol{c}_{\mathrm{k}}^{\mathrm{T}}\boldsymbol{u}_{\mathrm{L}}\\ \dfrac{\partial D_{\mathrm{LH}}}{\partial \boldsymbol{u}_{\mathrm{L}}}=-\boldsymbol{c}_{\mathrm{k}}\boldsymbol{R}\boldsymbol{n}_{\mathrm{H}}+\boldsymbol{c}_{\mathrm{k}}\boldsymbol{R}\boldsymbol{c}_{\mathrm{k}}^{\mathrm{T}}\boldsymbol{u}_{\mathrm{H}}\\ \dfrac{\partial D_{\mathrm{LH}}}{\partial \boldsymbol{u}_{\mathrm{H}}}=-\boldsymbol{c}_{\mathrm{k}}\boldsymbol{R}\boldsymbol{n}_{\mathrm{L}}+\boldsymbol{c}_{\mathrm{k}}\boldsymbol{R}\boldsymbol{c}_{\mathrm{k}}^{\mathrm{T}}\boldsymbol{u}_{\mathrm{L}}\\ \dfrac{\partial D_{\mathrm{HH}}}{\partial \boldsymbol{u}_{\mathrm{H}}}=-2\boldsymbol{c}_{\mathrm{k}}\boldsymbol{R}\boldsymbol{n}_{\mathrm{H}}+2\boldsymbol{c}_{\mathrm{k}}\boldsymbol{R}\boldsymbol{c}_{\mathrm{k}}^{\mathrm{T}}\boldsymbol{u}_{\mathrm{H}}\end{cases} \tag{3-80}$$

将式（3-80）代入式（3-79）可得

$$\begin{cases}\left(\sqrt{D_{\mathrm{LL}}D_{\mathrm{HH}}-D_{\mathrm{LH}}^{2}}+D_{\mathrm{HH}}\right)\boldsymbol{c}_{\mathrm{k}}\boldsymbol{R}[\boldsymbol{c}_{\mathrm{k}}^{\mathrm{T}}\boldsymbol{u}_{\mathrm{L}}-\boldsymbol{n}_{\mathrm{L}}]+D_{\mathrm{LH}}\boldsymbol{c}_{\mathrm{k}}\boldsymbol{R}[\boldsymbol{n}_{\mathrm{H}}-\boldsymbol{c}_{\mathrm{k}}^{\mathrm{T}}\boldsymbol{u}_{\mathrm{H}}]=\boldsymbol{0}\\ \left(\sqrt{D_{\mathrm{LL}}D_{\mathrm{HH}}-D_{\mathrm{LH}}^{2}}+D_{\mathrm{LL}}\right)\boldsymbol{c}_{\mathrm{k}}\boldsymbol{R}[\boldsymbol{c}_{\mathrm{k}}^{\mathrm{T}}\boldsymbol{u}_{\mathrm{H}}-\boldsymbol{n}_{\mathrm{H}}]+D_{\mathrm{LH}}\boldsymbol{c}_{\mathrm{k}}\boldsymbol{R}[\boldsymbol{n}_{\mathrm{L}}-\boldsymbol{c}_{\mathrm{k}}^{\mathrm{T}}\boldsymbol{u}_{\mathrm{L}}]=\boldsymbol{0}\end{cases} \tag{3-81}$$

式（3-81）为最佳修正系数要满足的条件。

由式（3-81）的结构可以发现，其等价于

$$\begin{cases}\boldsymbol{c}_{\mathrm{k}}\boldsymbol{R}[\boldsymbol{c}_{\mathrm{k}}^{\mathrm{T}}\boldsymbol{u}_{\mathrm{L}}-\boldsymbol{n}_{\mathrm{L}}]=\boldsymbol{0}\\ \boldsymbol{c}_{\mathrm{k}}\boldsymbol{R}[\boldsymbol{c}_{\mathrm{k}}^{\mathrm{T}}\boldsymbol{u}_{\mathrm{H}}-\boldsymbol{n}_{\mathrm{H}}]=\boldsymbol{0}\end{cases} \tag{3-82}$$

解式（3-82）可得

$$\begin{cases}\boldsymbol{u}_{\mathrm{L}}=(\boldsymbol{c}_{\mathrm{k}}\boldsymbol{R}\boldsymbol{c}_{\mathrm{k}}^{\mathrm{T}})^{-1}\boldsymbol{c}_{\mathrm{k}}\boldsymbol{R}\boldsymbol{n}_{\mathrm{L}}\\ \boldsymbol{u}_{\mathrm{H}}=(\boldsymbol{c}_{\mathrm{k}}\boldsymbol{R}\boldsymbol{c}_{\mathrm{k}}^{\mathrm{T}})^{-1}\boldsymbol{c}_{\mathrm{k}}\boldsymbol{R}\boldsymbol{n}_{\mathrm{H}}\end{cases} \tag{3-83}$$

式（3-83）是使复合制导落点偏差最小的最佳修正系数的表达式。

下面分析最佳修正系数的物理含义。比较式（3-82）和式（3-80）可以发现，取最佳修正系数时，式（3-79）满足

$$\frac{\partial D_{\mathrm{LL}}}{\partial \boldsymbol{u}_{\mathrm{L}}}=\frac{\partial D_{\mathrm{LH}}}{\partial \boldsymbol{u}_{\mathrm{L}}}=\frac{\partial D_{\mathrm{LH}}}{\partial \boldsymbol{u}_{\mathrm{H}}}=\frac{\partial D_{\mathrm{HH}}}{\partial \boldsymbol{u}_{\mathrm{H}}}=\boldsymbol{0} \tag{3-84}$$

再将式（3-82）代入式（3-73），可得

$$\begin{cases}D_{\mathrm{LL}}=E\{\Delta L\cdot\Delta L-\Delta L\cdot\Delta L_{\mathrm{S}}\}\\ D_{\mathrm{LH}}=E\{\Delta L\cdot\Delta H-\Delta L\cdot\Delta H_{\mathrm{S}}\}\\ D_{\mathrm{HH}}=E\{\Delta H\cdot\Delta H-\Delta H\cdot\Delta H_{\mathrm{S}}\}\end{cases} \tag{3-85}$$

比较式（3-85）与式（3-72）可得

$$\begin{cases}E\{\Delta L\cdot\Delta L_{\mathrm{S}}\}=E\{\Delta L_{\mathrm{S}}\cdot\Delta L_{\mathrm{S}}\}\\ E\{\Delta L\cdot\Delta H_{\mathrm{S}}\}=E\{\Delta L_{\mathrm{S}}\cdot\Delta H_{\mathrm{S}}\}\\ E\{\Delta H\cdot\Delta H_{\mathrm{S}}\}=E\{\Delta H_{\mathrm{S}}\cdot\Delta H_{\mathrm{S}}\}\end{cases} \tag{3-86}$$

将式（3-86）代入式（3-85）可得

$$\begin{cases} D_{\rm LL} = E\{\Delta L \cdot \Delta L - \Delta L_{\rm S} \cdot \Delta L_{\rm S}\} = D(\Delta L) - D(\Delta L_{\rm S}) \\ D_{\rm LH} = E\{\Delta L \cdot \Delta H - \Delta L_{\rm S} \cdot \Delta H_{\rm S}\} = \operatorname{cov}(\Delta L, \Delta H) - \operatorname{cov}(\Delta L_{\rm S}, \Delta H_{\rm S}) \\ D_{\rm HH} = E\{\Delta H \cdot \Delta H - \Delta H_{\rm S} \cdot \Delta H_{\rm S}\} = D(\Delta H) - D(\Delta H_{\rm S}) \end{cases} \tag{3-87}$$

式（3-87）表明，取最佳修正系数时，复合制导落点偏差的方差等于纯惯性制导落点偏差的方差与星光估计落点偏差的方差之差。

3.2.3　落点偏差修正的制导方法

导弹飞行过程中，在合适的时刻和条件下，开启星敏感器测量恒星。一般测量需要持续一段时间，经测量数据的去噪和平滑处理，可以获得两个测量量 ξ 、η 。根据已知的初始误差、惯性导航工具误差等因素的射前分布特性以及主动段弹道特性，根据式（3-83）可以计算得到最佳修正系数 $\boldsymbol{u}_{\rm L}$ 、$\boldsymbol{u}_{\rm H}$ 。再根据式（3-68），即可在线求得估计的落点偏差 $\Delta L_{\rm S}$ 、$\Delta H_{\rm S}$ 。落点偏差修正的制导方法，即根据导弹当前的运动状态确定发动机的开关机时刻和发动机推力指向，从而消除估计的落点偏差。

具体实现时，可以采用虚拟目标和闭路制导方法予以修正，这两种方法在弹道导弹的主动段制导中已有成功应用，具体可见文献[1]和文献[2]，这里不再赘述。

3.3　理论最佳导航星确定方法

对平台星光-惯性复合制导方案而言，测量某颗特殊导航星的单星方案与测量两颗星的双星方案能够达到同样的精度，这颗特殊的导航星称为最佳导航星。从实现的难易程度及成本而言，单星方案肯定优于双星方案，因此工程中采用的都是单星方案，这就需要确定最佳导航星。本节首先分析单星方案能够达到双星方案同样精度的机理，然后提出确定最佳导航星的方法。本章在研究中暂不与真实恒星星库中的可用导航星相结合，故称为理论最佳导航星。

3.3.1　单星方案的实现机理

为阐明单星方案能够与双星方案达到同样精度的机理，本书提出信息等量压缩的概念，本节先以几个命题的形式阐明信息等量压缩的基本含义。

集合是具有某种属性的全体的数学描述，其中的个体代表了此种属性的某个方面，因此从信息的角度讲，个体就是集合的属性信息的载体。集合之间通过映射使其个体产生对应与联系，因此映射也可以看作集合之间的属性信息的变换与传递过程。根据集合与映射的性质，不难得到命题 1。

命题 1：若映射 f 是集合 A 至集合 B 上的双映射，则 f 是信息等量映射，此时通过对集合 B 中元素的测量可以唯一地确定集合 A 中的对应元素；若映射 f 仅为单映射，则 f 是信息压缩映射，此时对集合 B 中元素的测量不能唯一地确定集合 A 中的对应元素。

若命题 1 中的集合 A 与集合 B 都是 n 维欧氏空间 $\mathbf{R}^n$ 的子空间，映射 f 取为线性映射，则 f 可以用 $n\times n$ 的矩阵表示。设 f 为满射，则对 $\forall \boldsymbol{x}\in A$，$\exists \boldsymbol{y}\in B$，使得式（3-88）成立：

$$\boldsymbol{y}=\boldsymbol{M}'\boldsymbol{x}=\begin{bmatrix}\boldsymbol{m}_1 & \boldsymbol{m}_2 & \cdots & \boldsymbol{m}_n\end{bmatrix}^{\mathrm{T}}\boldsymbol{x} \tag{3-88}$$

若 $\boldsymbol{M}'$ 是满秩的，则 $\boldsymbol{x}$ 与 $\boldsymbol{y}$ 一一对应，集合 A 与集合 B 的信息量相等，$\boldsymbol{M}'$ 为信息等量映射；否则，$\boldsymbol{x}$ 至 $\boldsymbol{y}$ 的映射即存在信息压缩，对集合 B 中元素的观测无法唯一地确定出集合 A 中的对应元素，这表现为式（3-88）有无数多组解。

设 $\operatorname{rank}(\boldsymbol{M}')=r$，不失一般性，不妨设 $\boldsymbol{m}_1,\boldsymbol{m}_2,\cdots,\boldsymbol{m}_r$ 是线性无关的，记 $\boldsymbol{M}=\begin{bmatrix}\boldsymbol{m}_1 & \boldsymbol{m}_2 & \cdots & \boldsymbol{m}_r\end{bmatrix}^{\mathrm{T}}$，从信息传递的角度讲，$\boldsymbol{M}'\boldsymbol{x}$ 与 $\boldsymbol{M}\boldsymbol{x}$ 传递的信息量是相同的，因此从测量上来看，式（3-88）等价于

$$\boldsymbol{y}_M=\boldsymbol{M}\boldsymbol{x} \tag{3-89}$$

式（3-89）有无数多组解，但存在某个特殊的解 $\boldsymbol{x}_0$，它属于 $\boldsymbol{M}$ 的各行向量张成的子空间 $\boldsymbol{M}_{\mathrm{S}}=\operatorname{span}\{\boldsymbol{m}_1 \quad \boldsymbol{m}_2 \quad \cdots \quad \boldsymbol{m}_r\}$，记 $\boldsymbol{x}_0=x_1^0\boldsymbol{m}_1+x_2^0\boldsymbol{m}_2+\cdots+x_r^0\boldsymbol{m}_r=\boldsymbol{M}^{\mathrm{T}}\cdot\boldsymbol{X}$，则 $\boldsymbol{y}_M=(\boldsymbol{M}\boldsymbol{M}^{\mathrm{T}})\boldsymbol{X}$，$\boldsymbol{M}\boldsymbol{M}^{\mathrm{T}}$ 可逆，由此可得

$$\boldsymbol{x}_0=\boldsymbol{M}^{\mathrm{T}}(\boldsymbol{M}\boldsymbol{M}^{\mathrm{T}})^{-1}\boldsymbol{y}_M \tag{3-90}$$

可见，$\boldsymbol{x}_0$ 与 $\boldsymbol{y}_M$ 是一一对应的。若将两个列向量的内积定义为 $\langle\boldsymbol{a}\cdot\boldsymbol{b}\rangle=\boldsymbol{a}^{\mathrm{T}}\cdot\boldsymbol{b}$，则式（3-89）可以写为 $\boldsymbol{y}_M=[\langle\boldsymbol{m}_1\cdot\boldsymbol{x}\rangle \quad \langle\boldsymbol{m}_2\cdot\boldsymbol{x}\rangle \quad \cdots \quad \langle\boldsymbol{m}_r\cdot\boldsymbol{x}\rangle]^{\mathrm{T}}$，而 $\langle\boldsymbol{m}_i\cdot\boldsymbol{x}\rangle$ 反映的是 $\boldsymbol{x}$ 在 $\boldsymbol{m}_i$ 上的投影，$\boldsymbol{m}_1,\boldsymbol{m}_2,\cdots,\boldsymbol{m}_r$ 是线性无关的，因此 $\boldsymbol{y}_M=\boldsymbol{M}\boldsymbol{x}$ 反映的是 $\boldsymbol{x}$ 在空间 $\boldsymbol{M}_{\mathrm{S}}$ 上的投影 $\boldsymbol{x}_{\mathrm{S}}$，而 $\boldsymbol{x}$ 在 $\boldsymbol{M}_{\mathrm{S}}$ 的正交补 $\boldsymbol{M}_{\mathrm{S}}^{\perp}$ 上的投影信息 $\boldsymbol{x}_{\mathrm{S}}^{\perp}$ 损失掉了。$\boldsymbol{M}_{\mathrm{S}}$ 是 Hilbert 空间 $\mathbf{R}^n$ 的完备子空间，因此有

$$\mathbf{R}^n=\boldsymbol{M}_{\mathrm{S}}+\boldsymbol{M}_{\mathrm{S}}^{\perp} \tag{3-91}$$

根据投影定理，可知

$$\boldsymbol{x}=\boldsymbol{x}_{\mathrm{S}}+\boldsymbol{x}_{\mathrm{S}}^{\perp} \tag{3-92}$$

因此，若式（3-89）代表观测方程，$\boldsymbol{M}$ 是不满秩的，则通过观测量仅能获得 $\boldsymbol{M}$ 的各行向量张成的子空间上的信息 $\boldsymbol{x}_{\mathrm{S}}$，该子空间正交补上的信息 $\boldsymbol{x}_{\mathrm{S}}^{\perp}$ 无法获取。由此可得命题 2。

命题 2：若 $n\times n$ 的矩阵 $\boldsymbol{M}$ 是满秩的，则它代表的线性映射是信息等量映射；

否则 $\boldsymbol{M}$ 代表的是信息压缩映射，压缩的是 $\boldsymbol{M}$ 的行向量张成的子空间的正交补上的信息。

在命题2中，设 $\boldsymbol{M}_{\mathrm{S}}$ 的另一组基为 $\{\boldsymbol{t}_1 \quad \boldsymbol{t}_2 \quad \cdots \quad \boldsymbol{t}_r\}$，记 $\boldsymbol{T}=[\boldsymbol{t}_1 \quad \boldsymbol{t}_2 \quad \cdots \quad \boldsymbol{t}_r]^{\mathrm{T}}$，$\boldsymbol{y}_T=\boldsymbol{T}\boldsymbol{x}$，则 $\boldsymbol{y}_T$ 也反映了 $\boldsymbol{x}$ 在 $\boldsymbol{M}_{\mathrm{S}}$ 上投影的全部信息，$\boldsymbol{x}_0$ 也可以表示为 $\boldsymbol{x}_0=\boldsymbol{T}^{\mathrm{T}}(\boldsymbol{T}\boldsymbol{T}^{\mathrm{T}})^{-1}\boldsymbol{y}_T$，而 $\boldsymbol{y}_M=\boldsymbol{M}\boldsymbol{x}_0=\boldsymbol{M}\boldsymbol{T}^{\mathrm{T}}(\boldsymbol{T}\boldsymbol{T}^{\mathrm{T}})^{-1}\boldsymbol{y}_T$，因此从信息压缩的角度看，$\boldsymbol{M}$ 与 $\boldsymbol{T}$ 是信息等量压缩映射，即通过对经 $\boldsymbol{T}$ 压缩后的量 $\boldsymbol{y}_T$ 的观测可以唯一地确定经 $\boldsymbol{M}$ 压缩后的量 $\boldsymbol{y}_M$。

对于 $\boldsymbol{M}_{\mathrm{S}}$ 中的任意向量 $\boldsymbol{V}$，不难得到

$$\boldsymbol{V}=\boldsymbol{M}^{\mathrm{T}}(\boldsymbol{M}\boldsymbol{M}^{\mathrm{T}})^{-1}\boldsymbol{M}\boldsymbol{V} \tag{3-93}$$

式（3-93）说明 $\boldsymbol{E}_M=\boldsymbol{M}^{\mathrm{T}}(\boldsymbol{M}\boldsymbol{M}^{\mathrm{T}})^{-1}\boldsymbol{M}$ 相当于 $\boldsymbol{M}_{\mathrm{S}}$ 空间中的单位矩阵 $\boldsymbol{E}$。实际上，若 $\boldsymbol{M}$ 为 n 阶可逆矩阵，则有

$$\boldsymbol{E}_M=\boldsymbol{M}^{\mathrm{T}}(\boldsymbol{M}\boldsymbol{M}^{\mathrm{T}})^{-1}\boldsymbol{M}=\boldsymbol{M}^{\mathrm{T}}(\boldsymbol{M}^{\mathrm{T}})^{-1}\cdot\boldsymbol{M}^{-1}\boldsymbol{M}=\boldsymbol{E} \tag{3-94}$$

由式（3-93）同样可知，$\boldsymbol{V}$ 是对应于 $\boldsymbol{E}_M$ 的特征值为1的特征向量。对于 $\boldsymbol{M}_{\mathrm{S}}$ 中的任意一组基 $\boldsymbol{P}=\{\boldsymbol{p}_1 \quad \boldsymbol{p}_2 \quad \cdots \quad \boldsymbol{p}_r\}$ 中的任意向量 $\boldsymbol{p}_i$，都有式（3-93）成立；而对于 $\boldsymbol{M}_{\mathrm{S}}^{\perp}$ 中的任意一组基 $\boldsymbol{P}^{\perp}=\{\boldsymbol{p}_1^{\perp} \quad \boldsymbol{p}_2^{\perp} \quad \cdots \quad \boldsymbol{p}_r^{\perp}\}$，不难得到

$$\boldsymbol{E}_M\boldsymbol{p}_i^{\perp}=\boldsymbol{M}^{\mathrm{T}}(\boldsymbol{M}\boldsymbol{M}^{\mathrm{T}})^{-1}\boldsymbol{M}\boldsymbol{p}_i^{\perp}=\boldsymbol{0}\cdot\boldsymbol{p}_i^{\perp} \tag{3-95}$$

式（3-95）说明1是 $\boldsymbol{E}_M$ 的 r 重特征值，0是 $\boldsymbol{E}_M$ 的 $n-r$ 重特征值，因此其特征矩阵为 $\boldsymbol{P}_e=[\boldsymbol{p}_1 \quad \boldsymbol{p}_2 \quad \cdots \quad \boldsymbol{p}_r \mid \boldsymbol{p}_1^{\perp} \quad \boldsymbol{p}_2^{\perp} \quad \cdots \quad \boldsymbol{p}_r^{\perp}]$。因为 $\boldsymbol{M}$ 与 $\boldsymbol{T}$ 是 $\boldsymbol{M}_{\mathrm{S}}$ 空间的两组基，不难得到

$$\boldsymbol{T}^{\mathrm{T}}=\boldsymbol{M}^{\mathrm{T}}(\boldsymbol{M}\boldsymbol{M}^{\mathrm{T}})^{-1}\boldsymbol{M}\cdot\boldsymbol{T}^{\mathrm{T}} \tag{3-96}$$

将式（3-96）作等价变换，可得

$$(\boldsymbol{E}_M-\boldsymbol{E})\boldsymbol{T}^{\mathrm{T}}=\boldsymbol{0} \tag{3-97}$$

$\mathrm{rank}(\boldsymbol{E}_M-\boldsymbol{E})=n-r$，因此式（3-97）有 r 个线性无关的解向量，记为 $r_i=[0 \quad \cdots \quad 1 \quad \cdots \quad 0 \quad r_{r+1}^{(i)} \quad \cdots \quad r_n^{(i)}]$，$i=1,2,\cdots,r$，$R=[\boldsymbol{r}_1^{\mathrm{T}} \quad \boldsymbol{r}_2^{\mathrm{T}} \quad \boldsymbol{r}_r^{\mathrm{T}}]^{\mathrm{T}}$，并记 $\boldsymbol{T}$ 的前 r 列为 $\boldsymbol{T}_r$，则有

$$\boldsymbol{T}=\boldsymbol{T}_r\cdot\boldsymbol{R} \tag{3-98}$$

式（3-98）共有 $r\times(n-r)$ 个独立的方程，若要使所有的方程都成立，则 $\boldsymbol{T}$ 至少要有 $r\times(n-r)$ 个独立的变量。例如，当 $n=3$，$r=2$ 时，只需要有两个独立的变量即可使得式（3-98）成立。换言之，通过对单个矢量的观测（有 e_{s}、σ_{s} 两个独立变量）可以完全修正掉三个误差因素的影响。

通过上面的分析，可以得到命题3。

命题3：若矩阵 $\boldsymbol{M}_1$、$\boldsymbol{M}_2$ 对应的线性变换是线性空间 $\mathbf{R}^n$ 中的信息等量压缩映射，则在它们的像子空间上存在一个信息等量映射 $\boldsymbol{M}$，使得两个像子空间的元素可以互相确定。

将命题 3 的结论推广至一般的空间，就可以得到命题 4。

命题 4：若映射 f_1、f_2 是集合 A 上的信息等量压缩映射，则在它们的像集 $f_1(A)$、$f_2(A)$ 上存在一个信息等量映射 f，使得两像集中的元素可以互相确定。

命题 4 说明，在设计观测器时，只需要设计与控制系统是信息等量压缩的观测器就能满足要求，而不必设计全维的观测器，这能降低观测器的复杂程度。

根据前面的分析，由式（3-67）、式（3-70）可见，最终影响落点偏差的只是失准角 $\boldsymbol{\alpha}$ 在 $\boldsymbol{n}_{\mathrm{L}}$、$\boldsymbol{n}_{\mathrm{H}}$ 张成的子空间 $\boldsymbol{N}_{\mathrm{S}}=\operatorname{span}\{\boldsymbol{n}_{\mathrm{L}} \quad \boldsymbol{n}_{\mathrm{H}}\}$ 上的投影 $\boldsymbol{\alpha}_{\mathrm{S}}$，因此根据式（3-64），只需选择 $\boldsymbol{h}_1$、$\boldsymbol{h}_2$，使得 $\boldsymbol{H}$ 与 $\boldsymbol{N}$ 代表的线性映射是信息等量压缩映射即可，这样观测信息 $\boldsymbol{w}$ 中就包含了所有的有用信息，如图 3-2 所示。

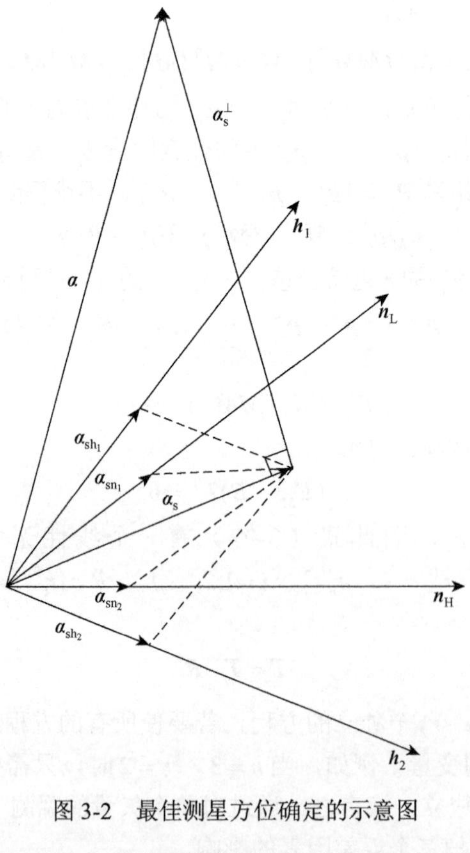

图 3-2　最佳测星方位确定的示意图

图 3-2 中，失准角 $\boldsymbol{\alpha}$ 的全部信息由 $\boldsymbol{\alpha}_{\mathrm{S}}$ 与 $\boldsymbol{\alpha}_{\mathrm{S}}^{\perp}$ 组成，影响到落点偏差的仅是 $\boldsymbol{\alpha}_{\mathrm{S}}$ 部分。若 $\boldsymbol{H}$ 与 $\boldsymbol{N}$ 是信息等量压缩映射，那么单星方案就能测到 $\boldsymbol{\alpha}_{\mathrm{S}}$ 的全部信息；双星方案虽然能够测到 $\boldsymbol{\alpha}$ 的全部信息，但在修正中用到的仅是 $\boldsymbol{\alpha}_{\mathrm{S}}$ 部分，$\boldsymbol{\alpha}_{\mathrm{S}}^{\perp}$ 属于无用信息，因此与单星方案具有同样的精度。用更通俗的话解释，就是描述导弹落点

精度的只有两个指标 ΔL、ΔH，这两个指标只是失准角 $\boldsymbol{\alpha}$ 部分信息的反映；测量单颗恒星可以获得两个测量量 ξ、η，这两个测量量也是失准角 $\boldsymbol{\alpha}$ 部分信息的反映；通过选择最佳导航星，可以使得 ξ、η 中包含 ΔL、ΔH 中所包含的失准角 $\boldsymbol{\alpha}$ 的全部信息，因此能够达到双星方案同样的精度。

3.3.2　初始误差显著时的最佳导航星解析确定方法

虽然测星时平台的失准角受诸多误差因素的影响，但在某些特定条件下初始误差（包含初始定位、定向、对准等）占其主要部分。例如，潜射弹道导弹发射前，可能潜艇已在水下作长时间潜航，又没有外部信息可供重新对准使用，从而导致初始误差远远超过陀螺漂移、平台控制引起的误差；对陆基弹道导弹，为达到快速机动发射的目的，可能射前定位、定向、对准精度不高，这也会导致初始误差占失准角的主要部分。本节先来研究这种情况，研究中假设平台的失准角完全由初始对准（含定向）误差引起。

在上述假设下，根据 3.1.2 节的推导，失准角与初始对准误差满足如下关系：

$$\begin{bmatrix}\alpha_x\\ \alpha_y\\ \alpha_z\end{bmatrix}=\begin{bmatrix}\cos\varphi_{\mathrm{r}}\cos\psi_{\mathrm{r}} & \sin\varphi_{\mathrm{r}} & -\cos\varphi_{\mathrm{r}}\sin\psi_{\mathrm{r}}\\ -\sin\varphi_{\mathrm{r}}\cos\psi_{\mathrm{r}} & \cos\varphi_{\mathrm{r}} & \sin\varphi_{\mathrm{r}}\sin\psi_{\mathrm{r}}\\ \sin\psi_{\mathrm{r}} & 0 & \cos\psi_{\mathrm{r}}\end{bmatrix}\begin{bmatrix}\varepsilon_{0x}\\ \varepsilon_{0y}\\ \varepsilon_{0z}\end{bmatrix} \tag{3-99}$$

星敏感器的测量方程为

$$\begin{bmatrix}\xi\\ \eta\end{bmatrix}=\begin{bmatrix}-\sin\psi_0 & 0 & \cos\psi_0\\ \sin\varphi_0\cos\psi_0 & -\cos\varphi_0 & \sin\varphi_0\sin\psi_0\end{bmatrix}\begin{bmatrix}\alpha_x\\ \alpha_y\\ \alpha_z\end{bmatrix}=\begin{bmatrix}\boldsymbol{h}_1^{\mathrm{T}}\\ \boldsymbol{h}_2^{\mathrm{T}}\end{bmatrix}\begin{bmatrix}\alpha_x\\ \alpha_y\\ \alpha_z\end{bmatrix} \tag{3-100}$$

纯惯性制导的精度与初始对准误差满足如下关系：

$$\begin{bmatrix}\Delta L\\ \Delta H\end{bmatrix}=\begin{bmatrix}n_{\mathrm{L1}} & n_{\mathrm{L2}} & n_{\mathrm{L3}}\\ n_{\mathrm{H1}} & n_{\mathrm{H2}} & n_{\mathrm{H3}}\end{bmatrix}\begin{bmatrix}\varepsilon_{0x}\\ \varepsilon_{0y}\\ \varepsilon_{0z}\end{bmatrix} \tag{3-101}$$

结合式（3-99）、式（3-101）可得

$$\begin{bmatrix}\Delta L\\ \Delta H\end{bmatrix}=\begin{bmatrix}q_{11} & q_{12} & q_{13}\\ q_{21} & q_{22} & q_{23}\end{bmatrix}\begin{bmatrix}\alpha_x\\ \alpha_y\\ \alpha_z\end{bmatrix}=\begin{bmatrix}\boldsymbol{q}_1^{\mathrm{T}}\\ \boldsymbol{q}_2^{\mathrm{T}}\end{bmatrix}\begin{bmatrix}\alpha_x\\ \alpha_y\\ \alpha_z\end{bmatrix} \tag{3-102}$$

式中，

$$\begin{cases} q_{11} = n_{\mathrm{L1}}\cos\varphi_{\mathrm{r}}\cos\psi_{\mathrm{r}} + n_{\mathrm{L2}}\sin\varphi_{\mathrm{r}} - n_{\mathrm{L3}}\cos\varphi_{\mathrm{r}}\sin\psi_{\mathrm{r}} \\ q_{12} = -n_{\mathrm{L1}}\sin\varphi_{\mathrm{r}}\cos\psi_{\mathrm{r}} + n_{\mathrm{L2}}\cos\varphi_{\mathrm{r}} + n_{\mathrm{L3}}\sin\varphi_{\mathrm{r}}\sin\psi_{\mathrm{r}} \\ q_{13} = n_{\mathrm{L1}}\sin\psi_{\mathrm{r}} + n_{\mathrm{L3}}\cos\psi_{\mathrm{r}} \\ q_{21} = n_{\mathrm{H1}}\cos\varphi_{\mathrm{r}}\cos\psi_{\mathrm{r}} + n_{\mathrm{H2}}\sin\varphi_{\mathrm{r}} - n_{\mathrm{H3}}\cos\varphi_{\mathrm{r}}\sin\psi_{\mathrm{r}} \\ q_{22} = -n_{\mathrm{H1}}\sin\varphi_{\mathrm{r}}\cos\psi_{\mathrm{r}} + n_{\mathrm{H2}}\cos\varphi_{\mathrm{r}} + n_{\mathrm{H3}}\sin\varphi_{\mathrm{r}}\sin\psi_{\mathrm{r}} \\ q_{23} = n_{\mathrm{H1}}\sin\psi_{\mathrm{r}} + n_{\mathrm{H3}}\cos\psi_{\mathrm{r}} \end{cases}$$

根据信息等量压缩原理，最佳导航星应该满足：

$$\boldsymbol{h}_1 \times \boldsymbol{h}_2 = \frac{\boldsymbol{q}_1 \times \boldsymbol{q}_2}{|\boldsymbol{q}_1 \times \boldsymbol{q}_2|} \quad 或 \quad \boldsymbol{h}_1 \times \boldsymbol{h}_2 = -\frac{\boldsymbol{q}_1 \times \boldsymbol{q}_2}{|\boldsymbol{q}_1 \times \boldsymbol{q}_2|} \tag{3-103}$$

对式（3-103）的左侧，根据式（3-100）可知

$$\boldsymbol{h}_1 \times \boldsymbol{h}_2 = [\cos\varphi_0\cos\psi_0 \quad \sin\varphi_0 \quad \cos\varphi_0\sin\psi_0]^{\mathrm{T}} \tag{3-104}$$

求出 $\boldsymbol{q}_1$、$\boldsymbol{q}_2$ 后，根据式（3-103）即可解出最佳导航星的方位 e_{sopt}、σ_{sopt}。

简单假设下，若星敏感器安装在平台的 xOy 平面内，且通过先偏航后俯仰的方式调平台对星。将 $\psi_0 = 0°$ 代入式（3-104）中，可得

$$\boldsymbol{h}_1 \times \boldsymbol{h}_2 = [\cos\varphi_0 \quad \sin\varphi_0 \quad 0]^{\mathrm{T}} \tag{3-105}$$

记

$$\boldsymbol{Q}_{\mathrm{c}} = [Q_{\mathrm{c1}} \quad Q_{\mathrm{c2}} \quad Q_{\mathrm{c3}}] = \boldsymbol{q}_1 \times \boldsymbol{q}_2 \tag{3-106}$$

式中，

$$\begin{cases} Q_{\mathrm{c1}} = (n_{\mathrm{H1}}n_{\mathrm{L3}} - n_{\mathrm{H3}}n_{\mathrm{L1}})\sin\varphi_{\mathrm{r}} + (n_{\mathrm{H3}}n_{\mathrm{L2}} - n_{\mathrm{H2}}n_{\mathrm{L3}})\cos\varphi_{\mathrm{r}}\cos\psi_{\mathrm{r}} + (n_{\mathrm{H1}}n_{\mathrm{L2}} - n_{\mathrm{H2}}n_{\mathrm{L1}})\cos\varphi_{\mathrm{r}}\sin\psi_{\mathrm{r}} \\ Q_{\mathrm{c2}} = (n_{\mathrm{H1}}n_{\mathrm{L3}} - n_{\mathrm{H3}}n_{\mathrm{L1}})\cos\varphi_{\mathrm{r}} - (n_{\mathrm{H3}}n_{\mathrm{L2}} - n_{\mathrm{H2}}n_{\mathrm{L3}})\sin\varphi_{\mathrm{r}}\cos\psi_{\mathrm{r}} - (n_{\mathrm{H1}}n_{\mathrm{L2}} - n_{\mathrm{H2}}n_{\mathrm{L1}})\sin\varphi_{\mathrm{r}}\sin\psi_{\mathrm{r}} \\ Q_{\mathrm{c3}} = -(n_{\mathrm{H1}}n_{\mathrm{L2}} - n_{\mathrm{H2}}n_{\mathrm{L1}})\cos\psi_{\mathrm{r}} + (n_{\mathrm{H3}}n_{\mathrm{L2}} - n_{\mathrm{H2}}n_{\mathrm{L3}})\sin\psi_{\mathrm{r}} \end{cases}$$

根据式（3-103）、式（3-105）、式（3-106），可得

$$\begin{cases} \psi_{\mathrm{r}} = \arctan\left(\dfrac{n_{\mathrm{H1}}n_{\mathrm{L2}} - n_{\mathrm{H2}}n_{\mathrm{L1}}}{n_{\mathrm{H3}}n_{\mathrm{L2}} - n_{\mathrm{H2}}n_{\mathrm{L3}}}\right) \\ \varphi_{\mathrm{r}} = -\arctan\left(\dfrac{n_{\mathrm{H1}}n_{\mathrm{L3}} - n_{\mathrm{H3}}n_{\mathrm{L1}}}{(n_{\mathrm{H1}}n_{\mathrm{L3}} - n_{\mathrm{H3}}n_{\mathrm{L1}})\cos\psi_{\mathrm{r}} + (n_{\mathrm{H2}}n_{\mathrm{L1}} - n_{\mathrm{H1}}n_{\mathrm{L2}})\sin\psi_{\mathrm{r}}}\right) - \varphi_0 \end{cases} \tag{3-107}$$

由于有式（3-108）成立

$$\begin{cases} \sigma_{\mathrm{s}} = -\psi_{\mathrm{r}} \\ e_{\mathrm{s}} = \varphi_{\mathrm{r}} + \varphi_0 \end{cases} \tag{3-108}$$

因此，最佳导航星的方位可表示为

$$\begin{cases}\sigma_s = -\arctan\left(\dfrac{n_{H1}n_{L2} - n_{H2}n_{L1}}{n_{H3}n_{L2} - n_{H2}n_{L3}}\right) \\ e_s = -\arctan\left(\dfrac{n_{H1}n_{L3} - n_{H3}n_{L1}}{(n_{H2}n_{L3} - n_{H3}n_{L2})\cos\psi_r + (n_{H2}n_{L1} - n_{H1}n_{L2})\sin\psi_r}\right)\end{cases} \tag{3-109}$$

根据式（3-103），可知最佳导航星方位还存在另一个解

$$\begin{cases}\sigma_s' = \sigma_s - \pi \\ e_s' = -e_s\end{cases} \tag{3-110}$$

3.3.3　半解析确定方法

对于初始误差并不显著的一般情况，设影响失准角的误差向量为$\boldsymbol{K}$，根据各误差的模型不难得到如下关系式：

$$\boldsymbol{\alpha} = \boldsymbol{N}_\alpha \cdot \boldsymbol{K} \tag{3-111}$$

此时星敏感器的测量方程可以写作

$$\begin{bmatrix}\xi \\ \eta\end{bmatrix} = \boldsymbol{H\alpha} = \boldsymbol{HN}_\alpha \boldsymbol{K} \tag{3-112}$$

另设导弹的落点偏差与误差向量$\boldsymbol{K}$存在如下关系式：

$$\begin{bmatrix}\Delta L \\ \Delta H\end{bmatrix} = \begin{bmatrix}\partial L / \partial \boldsymbol{K}^{\mathrm{T}} \\ \partial H / \partial \boldsymbol{K}^{\mathrm{T}}\end{bmatrix}\boldsymbol{K} = \boldsymbol{C} \cdot \boldsymbol{K} \tag{3-113}$$

根据式（3-96）可知最佳测星方位应满足如下关系式：

$$(\boldsymbol{HN}_\alpha)^{\mathrm{T}} = \boldsymbol{C}^{\mathrm{T}}(\boldsymbol{CC}^{\mathrm{T}})^{-1}\boldsymbol{C} \cdot (\boldsymbol{HN}_\alpha)^{\mathrm{T}} \tag{3-114}$$

将式（3-114）作等价变换，可得

$$[(\boldsymbol{N}_\alpha \boldsymbol{N}_\alpha^{\mathrm{T}})^{-1}\boldsymbol{N}_\alpha \boldsymbol{C}^{\mathrm{T}}(\boldsymbol{CC}^{\mathrm{T}})^{-1}\boldsymbol{CN}_\alpha^{\mathrm{T}} - \boldsymbol{E}_2] \cdot \boldsymbol{H}^{\mathrm{T}} = \boldsymbol{0} \tag{3-115}$$

式（3-115）为最佳测星方位应该满足的等式。根据3.3.1节的分析可知，当考虑的误差因素多于三个时，式（3-115）没有准确解，只有最佳意义下的解，下面求其最小二乘意义下的解。

令

$$\boldsymbol{N}(\boldsymbol{x}) = [(\boldsymbol{N}_\alpha \boldsymbol{N}_\alpha^{\mathrm{T}})^{-1}\boldsymbol{N}_\alpha \boldsymbol{C}^{\mathrm{T}}(\boldsymbol{CC}^{\mathrm{T}})^{-1}\boldsymbol{CN}_\alpha^{\mathrm{T}} - \boldsymbol{E}_2] \cdot \boldsymbol{H}^{\mathrm{T}}$$

$\boldsymbol{N}(\boldsymbol{x})$为一个$3\times 2$的矩阵，可见方程（3-115）是一个超定方程。记

$$\boldsymbol{F}(\boldsymbol{x}) = [N(1,1) \quad N(1,2) \quad N(2,1) \quad N(2,2) \quad N(3,1) \quad N(3,2)]^{\mathrm{T}} \tag{3-116}$$

则求方程（3-115）的最小二乘解可等价于求函数$f(\boldsymbol{x})$的最小值

$$f(\boldsymbol{x}) = \| \boldsymbol{F}(\boldsymbol{x}) \|_2^2 \tag{3-117}$$

式中，$\|\cdot\|_2$ 表示 2-范数。因为自变量 $\boldsymbol{x}$ 要满足恒星的高低角和方位角约束，所以上述问题是一个带约束的非线性最小二乘估计问题，可以用信赖域反射算法求解，解算步骤简述如下[3]。

步骤 1：设定 $0<\mu<\eta<1$，迭代精度 $\varepsilon>0$；选取初始迭代值 $\boldsymbol{x}_0$，信赖域半径 Δ_0；初始迭代值 $\boldsymbol{x}_0$ 可以取为 3.3.2 节解析法得到的结果。

步骤 2：计算 $f(\boldsymbol{x})$ 在 $\boldsymbol{x}_k$ 处的值 f_k 及此处的梯度 $\boldsymbol{g}_k$；若 $\|\boldsymbol{g}_k\|_2\leqslant\varepsilon$，则迭代结束，否则计算 Hessian 矩阵 $\boldsymbol{H}_k$，得到信赖域模型如下：

$$\begin{cases}\min \quad \Psi_k(\boldsymbol{s})=f_k+\boldsymbol{g}_k^{\mathrm{T}}\cdot\boldsymbol{s}+\dfrac{1}{2}\boldsymbol{s}^{\mathrm{T}}\cdot\boldsymbol{H}_k\cdot\boldsymbol{s} \\ \text{s.t.} \quad \|\boldsymbol{s}\|_2<\Delta_k\end{cases} \tag{3-118}$$

步骤 3：求解信赖域模型，得到最优解，即位移 $\boldsymbol{s}_k$。

步骤 4：判断解位移 $\boldsymbol{s}_k$ 后变量是否在边界内；若在，则执行步骤 5，否则根据反射机制更新 $\boldsymbol{s}_k$：

$$\boldsymbol{s}_k=\min\{\Psi_k^*(\boldsymbol{s}_k),\ \Psi_k^*(-D_k^{-2}\boldsymbol{g}_k),\ \Psi_k^*(\boldsymbol{s}_k^R)\} \tag{3-119}$$

步骤 5：根据所求最优解 $\boldsymbol{s}_k$，求 $f(\boldsymbol{x}_k+\boldsymbol{s}_k)$ 以及 $\Psi(\boldsymbol{s}_k)$，计算实际下降量和预测下降量的比值

$$\rho_k=\frac{f(\boldsymbol{x}_k)-f(\boldsymbol{x}_k+\boldsymbol{s}_k)}{f(\boldsymbol{x}_k)-\Psi(\boldsymbol{x}_k)} \tag{3-120}$$

步骤 6：根据 ρ_k，更新迭代点 $\boldsymbol{x}_{k+1}$。若 $\rho_k>\mu$，则 $\boldsymbol{x}_{k+1}=\boldsymbol{x}_k+\Delta_k$；否则，$\boldsymbol{x}_{k+1}=\boldsymbol{x}_k$。

步骤 7：根据 ρ_k，更新信赖域半径 Δ_{k+1}。若 $\rho_k>\eta$，则 $\Delta_{k+1}=2\Delta_k$；若 $\mu<\rho_k\leqslant\eta$，则 $\Delta_{k+1}=\Delta_k$；若 $\rho_k\leqslant\mu$，则 $\Delta_{k+1}=\dfrac{1}{2}\Delta_k$。

更新后，转至步骤 2，继续进行迭代，直至 $\|\boldsymbol{g}_k\|_2\leqslant\varepsilon$，得到最优解 $\boldsymbol{x}^*=\boldsymbol{x}_{k+1}$。

3.3.4 数值确定法

在单星调平台方案的应用中，一方面要保证导弹命中精度，同时提高导弹的快速发射能力，尽量缩短确定最佳导航星的时间；另一方面，单星调平台方案落点精度指标是关于测星方位的复杂非线性函数，难以从解析的方法入手进行解决，从而满足时间指标的要求。针对上述两个方面的要求，在比较多种优化方法的优劣之后，采用不计算梯度的直接法——单纯形法来实现最佳导航星的快速确定。

单纯形法由美国斯坦福大学教授 Dantzig 在 1947 年提出，之后 Nelder 等对单

纯形法进行改进，使得单纯形法在理论上变得更加成熟，操作上更为有效和实用。目前，单纯形法作为一种能在非线性无约束最优化问题中实现全局优化的有效算法，在线性规划、非线性规划、神经网络等多个方面和领域获得了广泛的应用。下面介绍单纯形法实现的基本原理和过程。

以非线性模型中的 n 个待估参数构成 n 维空间，其中 $n+1$ 个点 $\boldsymbol{X}_0,\boldsymbol{X}_1,\cdots,\boldsymbol{X}_n$ 满足 $\{\boldsymbol{X}_j-\boldsymbol{X}_0 \mid j=1,\cdots,n\}$ 线性无关，各顶点对应的目标函数表示为 $f(\boldsymbol{X}_i)$，$i=0,1,\cdots,n$。以这 $n+1$ 个点为顶点构成一个多面体，即 n 维单纯形，初始单纯形 $\boldsymbol{S}_0$ 在给定初始点 $\boldsymbol{X}_0$（称为单纯形法的基点）的基础上产生，通过对其 $n+1$ 个顶点的目标函数值进行比较后，按照一定的规则，进行诸如反射、扩张、压缩和收缩等一系列动作，进而将当前单纯形翻滚、变形，从而改变单纯形的顶点，产生一系列新的单纯形 $\boldsymbol{S}_1,\boldsymbol{S}_2,\boldsymbol{S}_3,\cdots$，使单纯形的基点逐渐向目标函数最小的方向移动。设置收敛阈值 ε，计算收敛误差 Error，满足收敛条件 Error＜ε 时停止，取当前单纯形的“最好”顶点作为函数最小值时的 $\boldsymbol{X}^*$（目标函数 $f(\boldsymbol{X}^*)$ 最小）的近似解。从这一点来说，单纯形法也是一种试验最优化方法，纯粹从试验的角度来寻找最优解。

单纯形法迭代寻优的具体操作过程如下所述。

首先在给定一个 n 维基点 $\boldsymbol{X}_0$ 的基础上，构造任意两顶点的距离都等于 Δd 的 n 维初始单纯形 $\boldsymbol{S}_0$。先计算

$$\begin{cases} d_1=\dfrac{\Delta d}{n\sqrt{2}}(\sqrt{n+1}+n-1) \\ d_2=\dfrac{\Delta d}{n\sqrt{2}}(\sqrt{n+1}-1) \end{cases} \tag{3-121}$$

在此基础上，各顶点取为

$$\begin{cases} \boldsymbol{X}_1=\boldsymbol{X}_0+\begin{bmatrix} d_1 & d_2 & \cdots & d_2 \end{bmatrix}^{\mathrm{T}} \\ \boldsymbol{X}_2=\boldsymbol{X}_0+\begin{bmatrix} d_2 & d_1 & \cdots & d_2 \end{bmatrix}^{\mathrm{T}} \\ \qquad\qquad\vdots \\ \boldsymbol{X}_n=\boldsymbol{X}_0+\begin{bmatrix} d_2 & d_2 & \cdots & d_1 \end{bmatrix}^{\mathrm{T}} \end{cases} \tag{3-122}$$

由 $n+1$ 个顶点 $\boldsymbol{X}_0,\boldsymbol{X}_1,\cdots,\boldsymbol{X}_n$ 即可得到当前的单纯形 $\boldsymbol{S}_0$。

其次介绍单纯形的迭代变换过程。假设当前的单纯形为 $\boldsymbol{S}_k$，各个顶点表示为 $\boldsymbol{X}_0,\boldsymbol{X}_1,\cdots,\boldsymbol{X}_n$，各点对应的目标函数表示为 $f(\boldsymbol{X}_i)$，$i=1,2,\cdots,n$。记 $\boldsymbol{X}_l$ 为目标函数值最好的点，即“最好点”；$\boldsymbol{X}_h$ 为目标函数值最差的点，即“最坏点”；$\boldsymbol{X}_g$ 为目标函数值较差的点，即“次坏点”，则有

$$\begin{cases} f(\boldsymbol{X}_l)=\min\{f(\boldsymbol{X}_i)\mid i=0,1,\cdots,n\} \\ f(\boldsymbol{X}_h)=\max\{f(\boldsymbol{X}_i)\mid i=0,1,\cdots,n\} \\ f(\boldsymbol{X}_g)=\max\limits_{i\neq h}\{f(\boldsymbol{X}_i)\mid i=0,1,\cdots,n\} \end{cases} \tag{3-123}$$

计算 $n+1$ 个顶点中去掉“最坏点” $\boldsymbol{X}_h$ 后的形心

$$\bar{\boldsymbol{X}}=\frac{1}{n}\sum_{i\neq h}\boldsymbol{X}_i \tag{3-124}$$

计算 $\bar{\boldsymbol{X}}$ 对应的目标函数 $f(\bar{\boldsymbol{X}})$，判断是否满足终止条件，即计算

$$\text{Error}=\sqrt{\frac{1}{n+1}\sum_{i=0}^{n}[f(\boldsymbol{X}_i)-f(\bar{\boldsymbol{X}})]^2} \tag{3-125}$$

若 Error $<\varepsilon$ 则停止迭代，取当前单纯形的“最好点” $\boldsymbol{X}_l$ 作为极小点 $\boldsymbol{X}^*$ 的近似。否则计算“最坏点” $\boldsymbol{X}_h$ 关于形心 $\bar{\boldsymbol{X}}$ 的反射点

$$\boldsymbol{X}^{\mathrm{r}}=2\bar{\boldsymbol{X}}-\boldsymbol{X}_h \tag{3-126}$$

计算其对应的目标函数值 $f(\boldsymbol{X}^{\mathrm{r}})$，比较 $f(\boldsymbol{X}^{\mathrm{r}})$、$f(\boldsymbol{X}_l)$、$f(\boldsymbol{X}_g)$、$f(\boldsymbol{X}_h)$ 的大小，有如下四种情况：

（1）当 $f(\boldsymbol{X}^{\mathrm{r}})<f(\boldsymbol{X}_l)$，即 $\boldsymbol{X}^{\mathrm{r}}$ 比“最好点” $\boldsymbol{X}_l$ 还要好时，计算扩张点

$$\boldsymbol{X}^{\mathrm{e}}=\bar{\boldsymbol{X}}+\gamma(\boldsymbol{X}^{\mathrm{r}}-\bar{\boldsymbol{X}}) \tag{3-127}$$

式中，$\gamma>1$ 为扩张系数。计算 $\boldsymbol{X}^{\mathrm{e}}$ 对应的目标函数 $f(\boldsymbol{X}^{\mathrm{e}})$，如果 $f(\boldsymbol{X}^{\mathrm{e}})<f(\boldsymbol{X}_l)$，则以 $\boldsymbol{X}^{\mathrm{e}}$ 取代“最坏点” $\boldsymbol{X}_h$ 构成新单纯形 $\boldsymbol{S}_{k+1}$；若 $f(\boldsymbol{X}^{\mathrm{e}})\geqslant f(\boldsymbol{X}_l)$，则以 $\boldsymbol{X}^{\mathrm{r}}$ 取代“最坏点” $\boldsymbol{X}_h$ 构成新单纯形 $\boldsymbol{S}_{k+1}$。

（2）当 $f(\boldsymbol{X}_l)\leqslant f(\boldsymbol{X}^{\mathrm{r}})<f(\boldsymbol{X}_g)$，即 $\boldsymbol{X}^{\mathrm{r}}$ 的效果虽不优于“最好点” $\boldsymbol{X}_l$，但优于“次坏点” $\boldsymbol{X}_g$ 时，以 $\boldsymbol{X}^{\mathrm{r}}$ 取代“最坏点” $\boldsymbol{X}_h$ 构成新单纯形 $\boldsymbol{S}_{k+1}$ 即可。

（3）当 $f(\boldsymbol{X}_g)\leqslant f(\boldsymbol{X}^{\mathrm{r}})<f(\boldsymbol{X}_h)$，即 $\boldsymbol{X}^{\mathrm{r}}$ 的效果虽不优于“次坏点” $\boldsymbol{X}_g$，但优于“最坏点” $\boldsymbol{X}_h$ 时，计算收缩点 $\boldsymbol{X}^{\mathrm{c}}$：

$$\boldsymbol{X}^{\mathrm{c}}=\bar{\boldsymbol{X}}+\beta(\boldsymbol{X}^{\mathrm{r}}-\bar{\boldsymbol{X}}) \tag{3-128}$$

式中，$0<\beta<1$ 为收缩系数。计算目标函数 $f(\boldsymbol{X}^{\mathrm{c}})$：如果 $f(\boldsymbol{X}^{\mathrm{c}})<f(\boldsymbol{X}_h)$，则以 $\boldsymbol{X}^{\mathrm{c}}$ 取代“最坏点” $\boldsymbol{X}_h$ 构成新单纯形 $\boldsymbol{S}_{k+1}$；否则如果 $f(\boldsymbol{X}^{\mathrm{c}})\geqslant f(\boldsymbol{X}_h)$，则将当前单纯形各顶点向“最好点” $\boldsymbol{X}_l$ 收缩，即

$$\boldsymbol{X}_i\Leftarrow\boldsymbol{X}_l+\frac{1}{2}(\boldsymbol{X}_i-\boldsymbol{X}_l) \tag{3-129}$$

式中，$i=0,1,\cdots,n$ 且 $i\neq l$，即得到新单纯形 $\boldsymbol{S}_{k+1}$。

（4）当 $f(\boldsymbol{X}^{\mathrm{r}})>f(\boldsymbol{X}_h)$，即 $\boldsymbol{X}^{\mathrm{r}}$ 的效果比“最坏点” $\boldsymbol{X}_h$ 还要差时，重新计算收缩点 $\boldsymbol{X}^{\mathrm{c}}$：

$$\boldsymbol{X}^{\mathrm{c}}=\bar{\boldsymbol{X}}+\beta(\boldsymbol{X}_h-\bar{\boldsymbol{X}}) \tag{3-130}$$

式中，$0<\beta<1$ 为收缩系数，其后的处理方法同第③种情况。

经过上述过程，得到新的单纯形 $\boldsymbol{S}_{k+1}$ 后，即可进行下一次迭代变换，直到满足收敛条件 Error＜ε 。求函数 $f(\boldsymbol{X})$ 的极小点 $\boldsymbol{X}^*$ 的单纯形法流程图如图 3-3 所示。

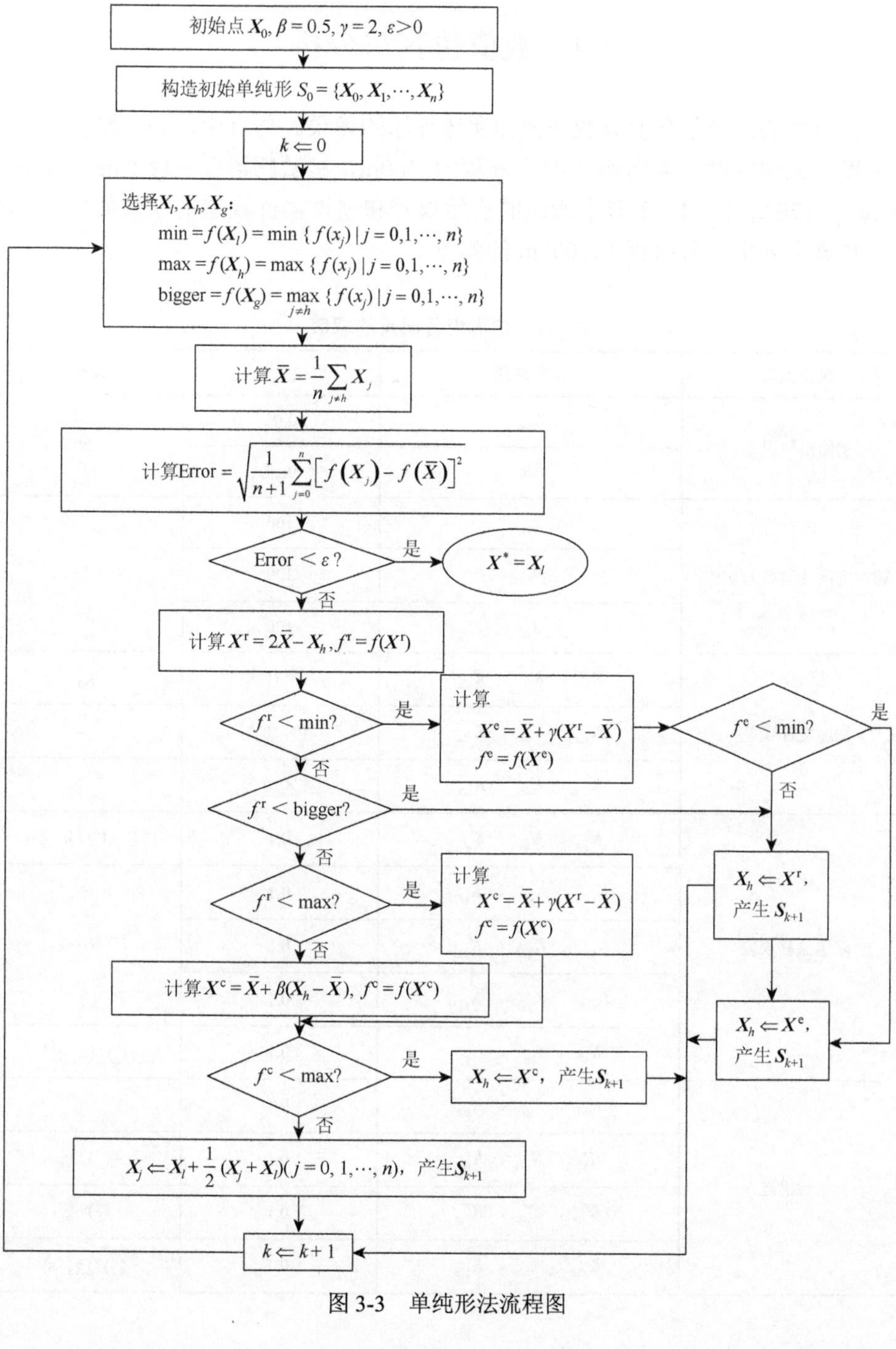

图 3-3　单纯形法流程图

在最佳导航星方位的快速确定问题中，自变量为星体的高低角和方位角，因此采用二维单纯形法即可解决问题。

3.4 数值仿真与分析

本节将通过数值仿真来验证前面所述算法的效果。仿真中，假定发射点的大地经度、大地纬度、射向均为0°，高程为 400m，星敏感器在平台上的安装角为 $[\varphi_0,\psi_0]=[20°,0°]$。3.1.2 节中所述的初始误差和惯性器件误差的取值如表 3-1 所示，仿真中采用一条射程 12000km 的弹道。

表 3-1 仿真中各误差的取值

误差类型	误差名称	取值（3σ）	单位
初始定位误差	$\Delta\lambda_0$	0.01	°
	ΔB_0	0.01	
初始定向（对准）误差	ε_{0x}	100	″
	ε_{0y}	300	
	ε_{0z}	100	
加速度计误差	K_{a0x}、K_{a0y}、K_{a0z}	1×10^{-5}	g_0
	K_{a1x}、K_{a1y}、K_{a1z}	1×10^{-5}	—
	K_{a2x}、K_{a2y}、K_{a2z}	1×10^{-6}	$1/g_0$
陀螺漂移误差	K_{g0x}、K_{g0y}、K_{g0z}	0.1	(°)/h
	K_{g11x}、K_{g11y}、K_{g11z}	0.1	(°)/(h·g_0)
	K_{g12x}、K_{g12y}、K_{g12z}	0.1	
	K_{g13x}、K_{g13y}、K_{g13z}	0.1	
	K_{g2x}、K_{g2y}、K_{g2z}	0.1	(°)/(h·g_0^2)
平台静差	K_{p0x}、K_{p0y}、K_{p0z}	0.1	′
	K'_{p1x}、K'_{p1y}、K'_{p1z}	0.1	(′)/g_0
	K''_{p1x}、K''_{p1y}、K''_{p1z}	0.1	(′)/g_0
	K_{p2x}、K_{p2y}、K_{p2z}	0.1	(′)/(g_0^2·s)

3.4.1 失准角特性分析

首先对惯性平台失准角的特性进行分析。失准角是由初始误差和惯性导航工具误差产生的，初始误差中包含定位误差、定向（对准）误差，惯性导航工具误差包含陀螺漂移误差、平台静差。按照上述仿真条件进行 500 次抽样仿真，得到的结果如图 3-4 所示。

从图 3-4 中可以看出，x 方向的失准角均在 ±150″以内，正的最大值为 141.58″，负的最小值为–134.49″；y 方向的失准角相对要大一些，范围在 ±400″以内，正的最大值为 362.60″，负的最小值为 310.99″；z 方向的失准角也均在 ±150″以内，正的最大值为 145.28″，负的最小值为–135.05″。任选上述抽样中三个样本，对各误差产生的失准角进行分析，如表 3-2 所示。

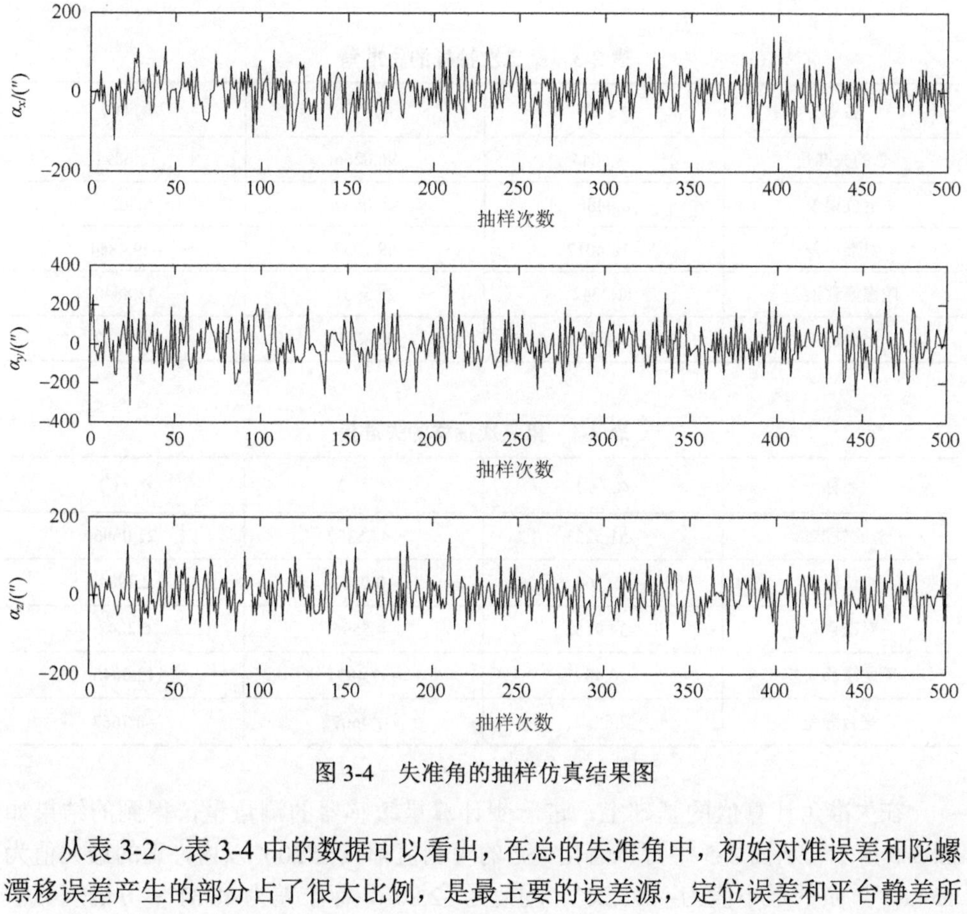

图 3-4　失准角的抽样仿真结果图

从表 3-2～表 3-4 中的数据可以看出，在总的失准角中，初始对准误差和陀螺漂移误差产生的部分占了很大比例，是最主要的误差源，定位误差和平台静差所占比例很小。需要注意的是，根据平台静差的误差模型［式（3-44）］可见，静差是随着视加速度的变化而时变的，表 3-2～表 3-4 给出的是关机时刻的失准角，此时视加速度较小，因此平台静差较小，但在导弹的主动段飞行过程中平台静差导致的失准角可能较大。

表 3-2　第一次抽样的失准角

名称	α_x /(″)	α_y /(″)	α_z /(″)
总的失准角	81.1366	−60.3260	−21.5879
定位误差	9.9914	−0.1382	7.7422
对准误差	−7.1200	−45.8423	11.9155
陀螺漂移误差	77.9170	−13.1086	−41.6073
平台静差	0.3481	−1.2369	0.3616

表 3-3　第二次抽样的失准角

名称	α_x /(″)	α_y /(″)	α_z /(″)
总的失准角	−3.6044	96.0266	18.6894
定位误差	6.0486	−0.0837	5.5051
对准误差	−18.4017	69.1937	−29.4844
陀螺漂移误差	11.2342	26.5931	42.8840
平台静差	2.4855	0.3235	−0.2152

表 3-4　第三次抽样的失准角

名称	α_x /(″)	α_y /(″)	α_z /(″)
总的失准角	−51.5223	−43.5337	21.0606
定位误差	1.1764	−0.0163	2.2984
对准误差	−34.9152	−4.5596	6.2242
陀螺漂移误差	−20.4392	−37.4971	13.3046
平台静差	2.6557	−1.4607	−0.7667

在失准角计算值的基础上，进一步计算星敏感器的测量量，得到的结果如图 3-5 所示。从图 3-5 中可以看出，ξ 的观测值都在 ± 200″ 以内，正的最大值为 134.84″，负的最小值为 −195.20″，均值为 −2.80″，标准差为 48.31″；η 的观测值

都在±300″以内，正的最大值为264.97″，负的最小值为–249.53″，均值为4.35″，标准差为101.46″。

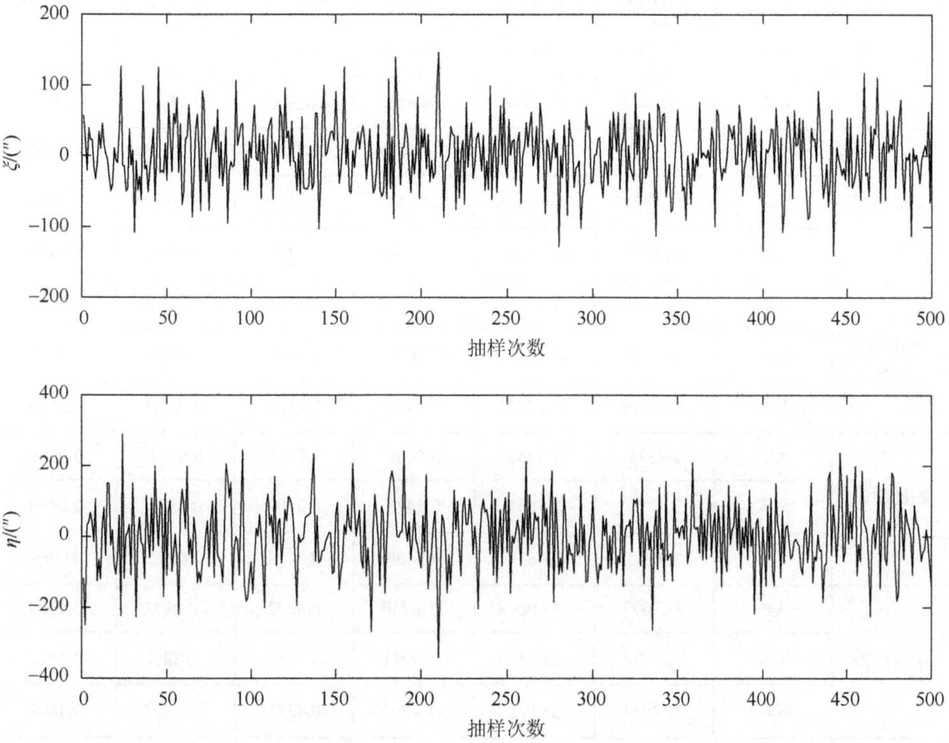

图 3-5　星敏感器的观测量

为验证环境函数矩阵计算的正确性，本章同样进行了数值仿真。仿真中，分别用差分法和积分法计算环境函数矩阵，并将基于环境函数矩阵得到的测星点弹道运动状态误差与弹道积分的结果作比较，结果如表 3-5 所示。表 3-5 中，$\Delta\boldsymbol{X}$ 为与弹道积分结果的差值；$\boldsymbol{S}_{\mathrm{D}}$ 为求差法求得的环境函数矩阵的计算结果；$\boldsymbol{S}_{\mathrm{I}}$ 为积分法求得的环境函数矩阵的计算结果；$\boldsymbol{K}$ 为包含各类误差的向量。

表 3-5　环境函数与弹道积分的结果比较

误差项	计算方法	ΔX /m	ΔY /m	ΔZ /m	ΔV_x /(m/s)	ΔV_y /(m/s)	ΔV_z /(m/s)
所有误差	$\Delta\boldsymbol{X}$	451.9305	–111.4750	514.4961	1.3536	–2.5984	3.7142
	$\boldsymbol{S}_{\mathrm{D}}\boldsymbol{K}$	451.8029	–111.4462	514.5803	1.3500	–2.5975	3.7160
	$\boldsymbol{S}_{\mathrm{I}}\boldsymbol{K}$	452.0618	–111.5552	514.4627	1.3573	–2.5993	3.7123

续表

误差项	计算方法	ΔX /m	ΔY /m	ΔZ /m	ΔV_x /(m/s)	ΔV_y /(m/s)	ΔV_z /(m/s)
定位误差	$\boldsymbol{\Delta X}$	350.6880	18.3883	350.6880	−0.2610	0.4122	−0.2610
	$\boldsymbol{S}_{\mathrm{D}}\boldsymbol{K}$	350.7136	18.4023	350.6764	−0.2605	0.4125	−0.2611
	$\boldsymbol{S}_{\mathrm{I}}\boldsymbol{K}$	350.6608	18.3998	350.6608	−0.2610	0.4122	−0.2610
对准误差	$\boldsymbol{\Delta X}$	56.5510	−64.1122	135.7856	0.7230	−1.2196	2.9357
	$\boldsymbol{S}_{\mathrm{D}}\boldsymbol{K}$	56.4361	−64.0826	135.8537	0.7199	−1.2187	2.9371
	$\boldsymbol{S}_{\mathrm{I}}\boldsymbol{K}$	56.6417	−64.1494	135.8066	0.7246	−1.2199	2.9352
陀螺漂移误差	$\boldsymbol{\Delta X}$	18.5240	−32.7250	15.5620	0.4161	−0.9295	0.5512
	$\boldsymbol{S}_{\mathrm{D}}\boldsymbol{K}$	18.4823	−32.7168	15.5947	0.4147	−0.9292	0.5521
	$\boldsymbol{S}_{\mathrm{I}}\boldsymbol{K}$	18.5379	−32.7436	15.5682	0.4164	−0.9295	0.5510
加速度计误差	$\boldsymbol{\Delta X}$	2.4371	1.9636	0.5469	0.0499	0.0252	0.0069
	$\boldsymbol{S}_{\mathrm{D}}\boldsymbol{K}$	2.4372	1.9631	0.5478	0.0499	0.0252	0.0069
	$\boldsymbol{S}_{\mathrm{I}}\boldsymbol{K}$	2.4380	1.9638	0.5469	0.0499	0.0252	0.0069
平台静差	$\boldsymbol{\Delta X}$	23.7697	−35.0098	11.8730	0.4272	−0.8873	0.4803
	$\boldsymbol{S}_{\mathrm{D}}\boldsymbol{K}$	23.7338	−35.0122	11.9041	0.4259	−0.8872	0.4811
	$\boldsymbol{S}_{\mathrm{I}}\boldsymbol{K}$	23.7834	−35.0258	11.8803	0.4273	−0.8872	0.4802

由表 3-5 中的数据可以看出，在计算测星点的运动状态误差时，环境函数的计算结果与弹道积分的结果非常接近，表明了环境函数矩阵计算的正确性；计算环境函数矩阵时，差分法与积分法的结果相差很小，但计算耗时差别较大，计算一次环境函数矩阵差分法耗时 64.18s，而积分法仅需 0.17s，因此后面的结果选用积分法计算环境函数矩阵。

3.4.2 复合制导效果分析

1. 显著初始误差条件下的最佳导航星确定算法

首先验证显著初始误差条件下最佳导航星确定算法的有效性，即 3.3.2 节中的算法。

仿真中选用了 6000km 和 12000km 两种射程的弹道，误差只考虑初始对准误差，分别用遍历法、单纯形法和解析法三种方法确定最佳导航星，以进行比较。遍历法是在 $-90° \leqslant e_s \leqslant 90°$ 、$-180° < \sigma_s \leqslant 180°$ 的全维空间内按一定步长进行搜索的，步长取为 $1°$ 。单纯形法中初始顶点取为 $\boldsymbol{X}_0 = [e_{s0} \quad \sigma_{s0}]^T = [20° \quad 0°]^T$，取各顶点间距 $\Delta d = 10°$ 构造初始单纯形，迭代终止条件 $\varepsilon = 0.1m$ 。

利用这三种方法确定出的最佳导航星方位如表 3-6 所示，表 3-6 中 CEP_{INS} 表示纯惯性制导精度，CEP_{COM} 表示复合制导精度。由图 3-6～图 3-13 可知，遍历法中不同测星方位下的复合制导精度如图 3-6、图 3-8 所示，复合制导 CEP 的等值线如图 3-7、图 3-9 所示；利用单纯形法确定最佳导航星方位时，迭代过程中单纯形法最优顶点的变化如图 3-10、图 3-11 所示，收敛误差如图 3-12、图 3-13 所示。

表 3-6　显著初始误差条件下不同弹道的最佳导航星方位

弹道	方法	e_s / (°)	σ_s / (°)	CEP_{INS} / m	CEP_{COM} / m	t / s
6000km	遍历法	38	0	2628.89	6.78	2963.05
	单纯形法	37.6093	−0.0360	2628.89	0.16	12.09
	解析法	37.6009	−0.0404	2628.89	0.003	0.0008
12000km	遍历法	30	0	3198.36	4.02	2985.53
	单纯形法	30.0226	−0.1291	3198.36	0.11	13.22
	解析法	30.0264	−0.1318	3198.36	0.001	0.0003

由仿真结果可知，在仅考虑初始误差的条件下，采用解析法得到的结果与采用遍历法、单纯形法得到结果是一致的，验证了本章提出的信息等量压缩原理和解析法的正确性。由最佳导航星的结果可见，导航星的方位角 $\sigma_s \approx 0°$ ，说明星敏感器安装在平台的 xOy 平面内、在初始误差比较显著的条件下，最佳导航星在射面附近。

从所得最佳导航星方位和对应的复合制导效果来看，遍历法采用固定步长进行搜索，因此所能达到的精度有限，而解析法和单纯形法则无此限制，其最佳导航星方位可以达到很高的精度。比较三种方法的计算耗时，均是在主流 PC 上用 MATLAB 语言编程所得的结果。相比之下，遍历法耗时 50min 左右，解析法则在极短的时间内即可完成，因此在显著初始误差条件下可以用本章提出的解析法辅助快速确定最佳导航星方位。

由表 3-6 可见，仿真中仅考虑了初始定向误差，因此星光制导可以修正误差的全部影响，修正后的精度接近 0m，当然这在考虑所有误差因素时是不可能达到的。

由图 3-6～图 3-9 的仿真结果可见，在全天区范围内遍历搜索时，单星调平台方案对应的复合制导精度存在两个极小值点，也就是有两颗最佳导航星。从图 3-6～图 3-9 中可以明显看出，两颗最佳导航星的位置与发射点近似在同一直线上，即 $e_s' = -e_s$、$\sigma_s' = \sigma_s - \pi$，这与式（3-110）的分析结论是一致的。由图 3-6～图 3-9 还可以看出，复合制导的精度相对于 $\sigma_s \approx 0°$ 线是近似对称的。

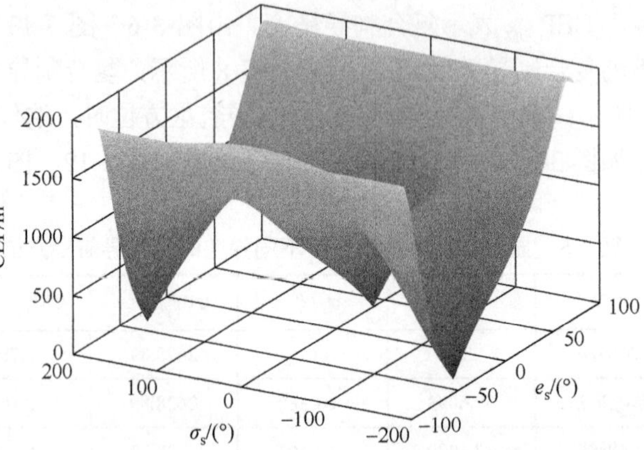

图 3-6　6000km 的复合制导 CEP 变化图（见书后彩图）

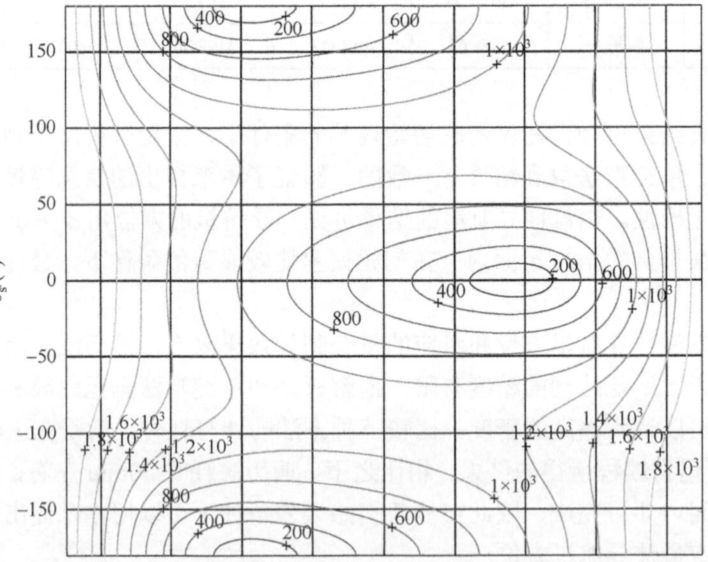

图 3-7　6000km 的复合制导 CEP 等值线图（见书后彩图）

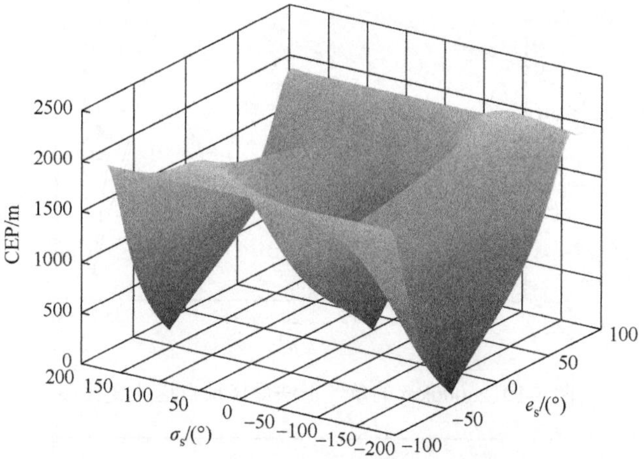

图 3-8　12000km 的复合制导 CEP 变化图（见书后彩图）

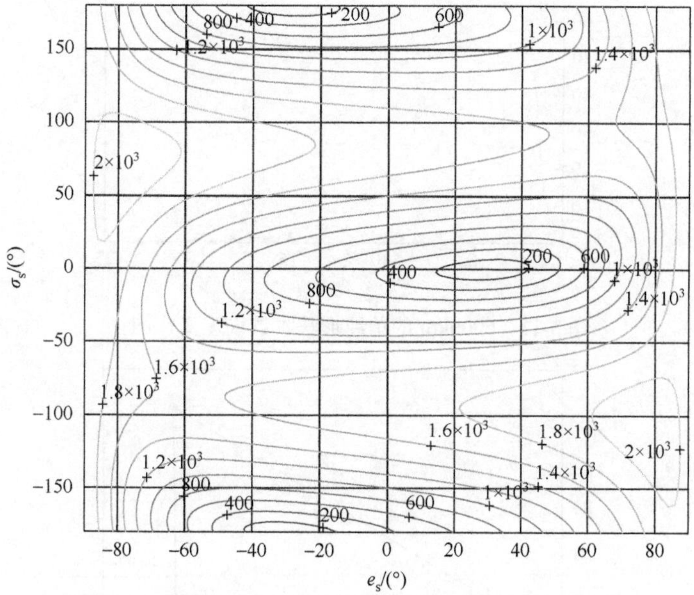

图 3-9　12000km 的复合制导 CEP 等值线图（见书后彩图）

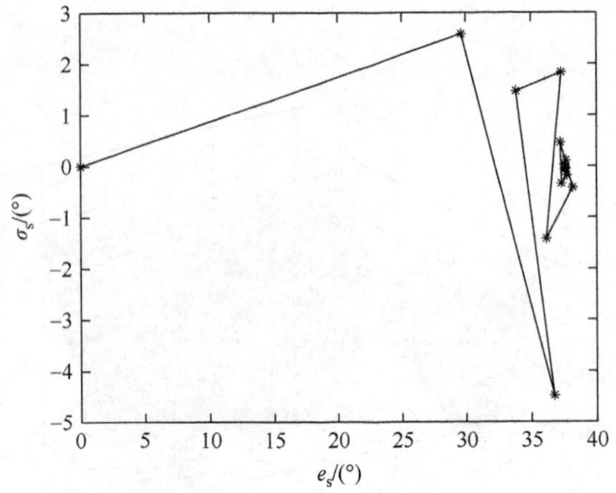

图 3-10　6000km 的单纯形法最优顶点迭代变化图

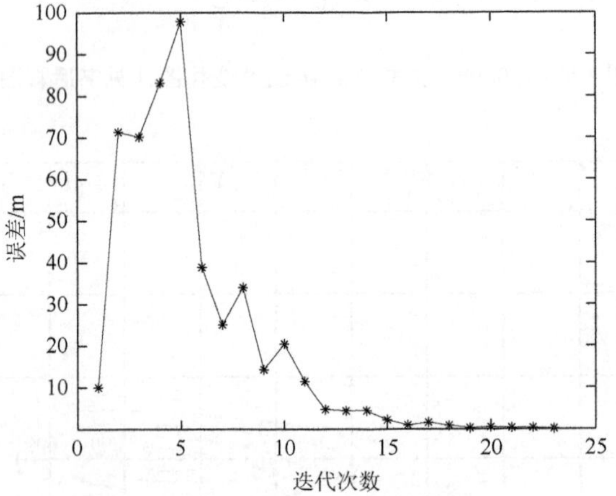

图 3-11　6000km 的单纯形法收敛误差变化图

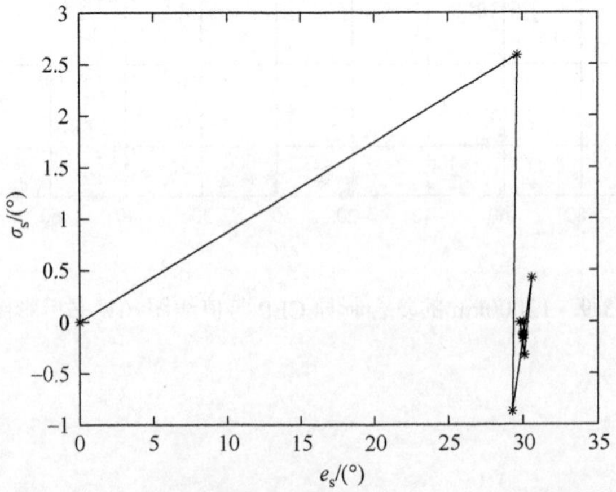

图 3-12　12000km 的单纯形法最优顶点迭代变化图

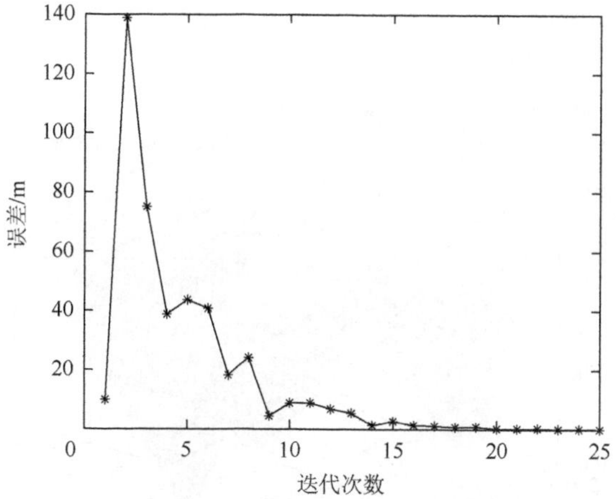

图 3-13　12000km 的单纯形法收敛误差变化图

由图 3-10～图 3-13 可见，求解过程中单纯形收敛速度很快，且算法具有较大的搜索范围，同时可以通过控制收敛域达到较高的精度。

2. 一般条件下的最佳导航星确定算法

考虑初始定位误差、初始定向（对准）误差、陀螺漂移误差、平台静差等各种误差因素后，得到的一般条件下、不同弹道下的最佳导航星方位如表 3-7 所示。遍历法中不同测星方位下的复合制导精度及等值线如图 3-14～图 3-17 所示；利用单纯形法确定最佳导航星方位时，迭代过程中单纯形最优顶点和收敛误差的变化如图 3-18～图 3-21 所示。

表 3-7　一般条件下不同弹道下的最佳导航星方位

弹道	方法	e_s / (°)	σ_s / (°)	CEP_{INS} / m	CEP_{COM} / m	t / s
6000km	遍历法	30	0	2969.37	962.56	2950.06
	单纯形法	29.7025	0.4894	2969.36	962.48	5.87
	半解析法	16.8154	0.0057	2968.35	1004.88	4.29
12000km	遍历法	20	2	3933.62	1554.90	2968.34
	单纯形法	19.7759	2.6463	3934.34	1554.66	5.56
	半解析法	23.4638	−0.0220	3936.53	1574.59	3.05

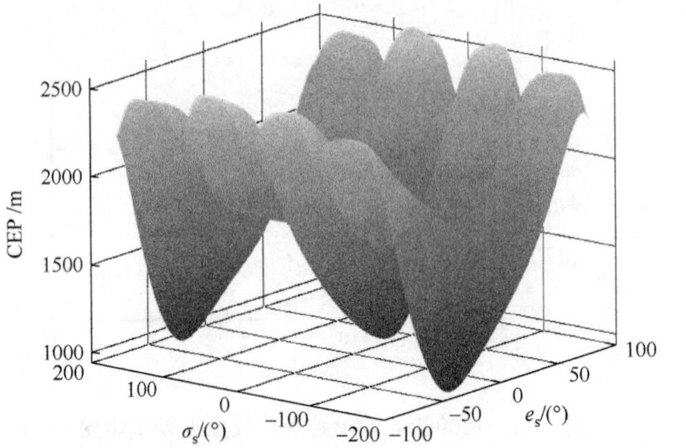

图 3-14　6000km 的复合制导 CEP 变化图

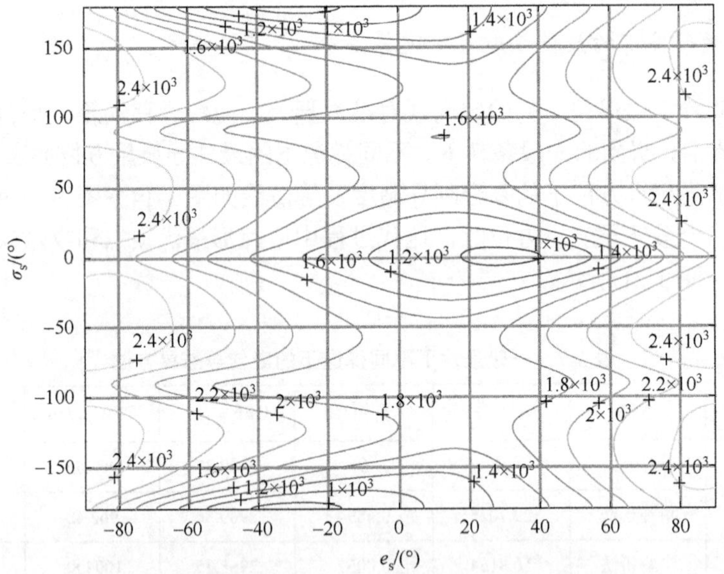

图 3-15　6000km 的复合制导 CEP 等值线图

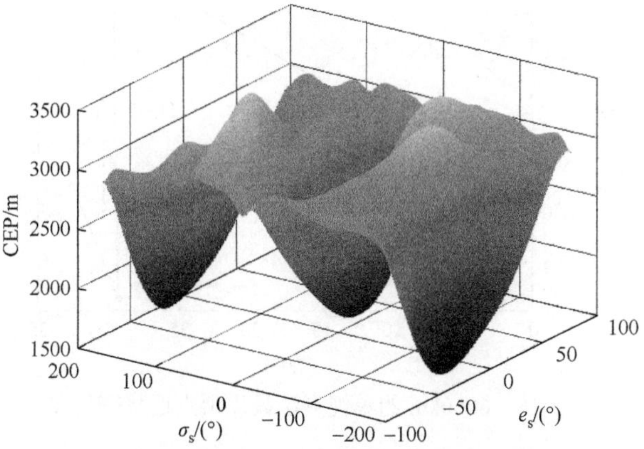

图 3-16　12000km 的复合制导 CEP 变化图

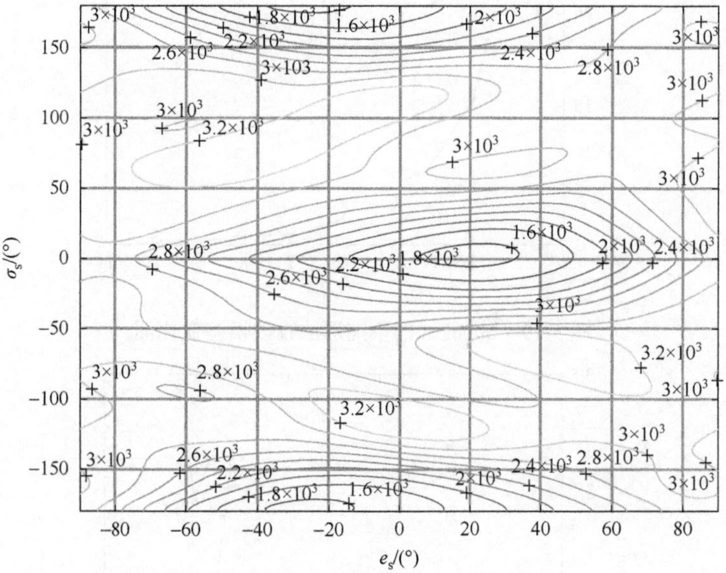

图 3-17　12000km 的复合制导 CEP 等值线图

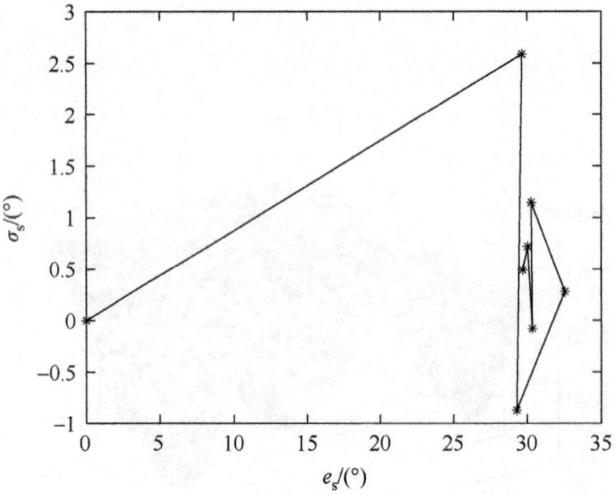

图 3-18　6000km 的单纯形法最优顶点迭代变化图

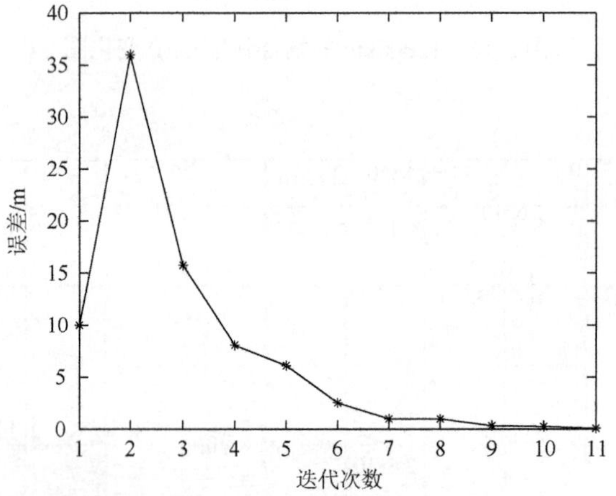

图 3-19　6000km 的单纯形法收敛误差变化图

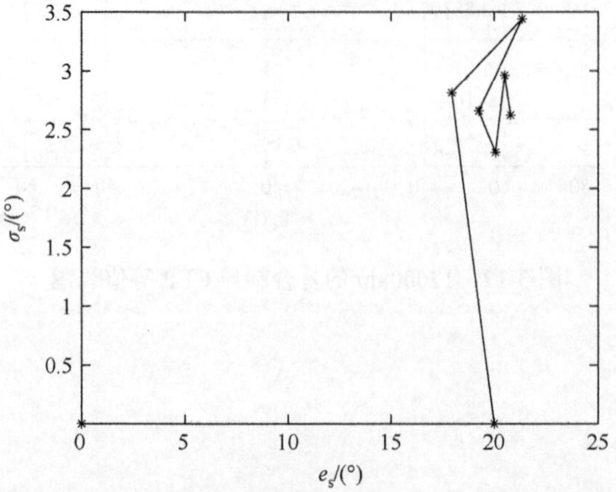

图 3-20　12000km 的单纯形法最优顶点迭代变化图

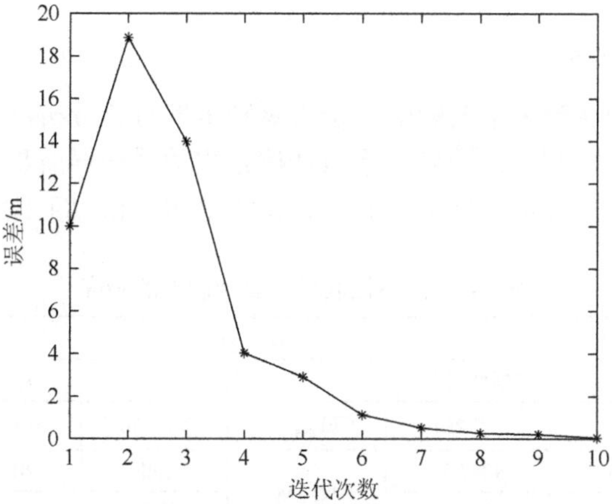

图 3-21　12000km 的单纯形法收敛误差变化图

由表 3-7 中结果可见，遍历法与单纯形法的结果比较接近，验证了单纯形法的正确性；而半解析法的计算结果与上述两种方法有一定差异，复合制导的精度表明半解析法并未找到最佳导航星。分析数据发现，半解析法得到的结果是式(3-115)在 2-范数平方意义下的最小值，即使得 $f(\boldsymbol{x})=\|\boldsymbol{F}(\boldsymbol{x})\|_2^2$ 最小。以 12000km 射程的弹道为例，半解析法的结果对应的值为 $\|\boldsymbol{F}(\boldsymbol{x}_3)\|_2^2=3.86\times10^{-4}$，而单纯形法的结果对应的值为 $\|\boldsymbol{F}(\boldsymbol{x}_2)\|_2^2=3.57\times10^{-3}$；6000km 射程弹道的结果类似。由此可以认为，信赖域反射算法找到了式（3-115）的最小二乘解，但此最小二乘解并非最佳导航星，最佳导航星应该是其他意义下的最佳解。由最佳导航星的结果可见，导航星的方位角 $\sigma_s \approx 0°$，说明星敏感器安装在平台的 xOy 平面内时，一般条件下最佳导航星也在射面附近。当选择不同的导航星时，平台斜调的角度不同，因此发射惯性坐标系中的视加速度在平台坐标系各轴上的分量不同，导致纯惯性制导的精度略有差别。

相比之下，遍历法耗时 50min 左右，单纯形法与半解析法的计算耗时相当，半解析法耗时略少，都远低于遍历法。

由图 3-14～图 3-17 的仿真结果可见，与显著初始误差条件下的结果类似，在全天区范围内遍历搜索时，一般条件下的单星调平台方案对应的复合制导精度也存在两个极小值点，也就是有两颗最佳导航星。从图 3-14～图 3-17 中可以明显看出，两颗最佳导航星的位置与发射点近似在同一直线上，即 $e_s'=-e_s$、$\sigma_s'=\sigma_s-\pi$，这与式（3-110）的分析结论是一致的。由图 3-14～图 3-17 还可以看出，复合制导的精度相对于 $\sigma_s=0°$ 呈现大致的对称性。

从图 3-18～图 3-21 可以看出，综合考虑各项误差因素时，利用单纯形法确定最佳导航星方位时收敛速度很快，且算法具有较大的搜索范围，同时可以通过控制收敛域达到较高的精度。

3. 复合制导精度

综合考虑各种误差因素的影响，采用蒙特卡罗打靶分析法，计算出失准角和星敏感器测量量后，利用最佳修正系数和确定出的最佳导航星进行落点修正，抽样 500 组误差系数计算落点偏差和 CEP，结果如表 3-8、图 3-22～图 3-24 所示。

表 3-8　纯惯性制导和复合制导的精度

落点偏差	制导方式					
	纯惯性制导			复合制导		
	均值/m	标准差/m	CEP_{INS} / m	均值/m	标准差/m	CEP_{COM} / m
纵向	−29.50	4047.09	3995.90	7.48	2019.42	1597.97
横向	18.59	2872.46		27.04	719.79	

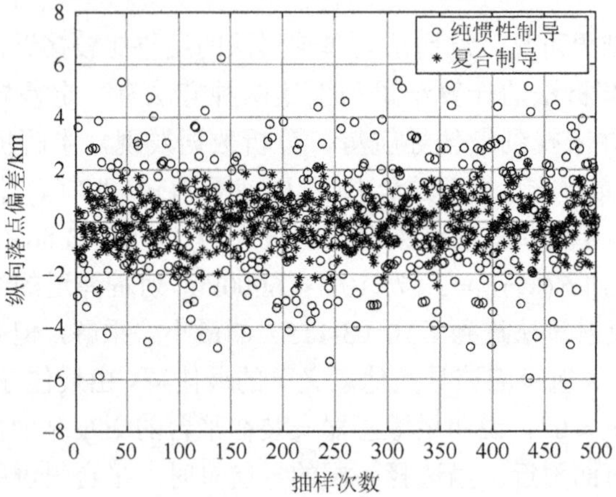

图 3-22　纵向修正结果

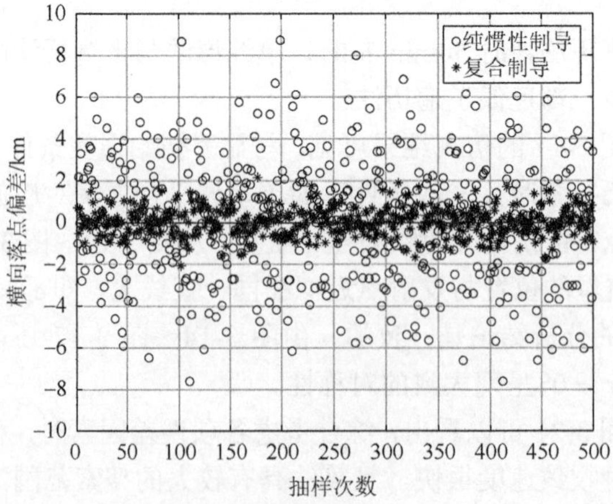

图 3-23　横向修正结果

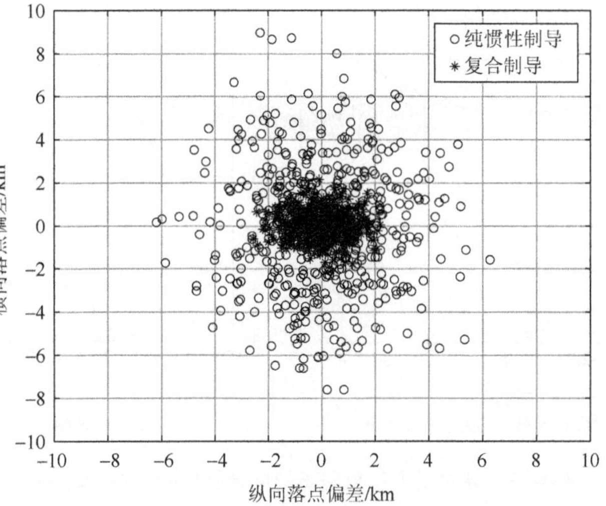

图 3-24　纯惯性制导与复合制导落点偏差的比较图

由表 3-8 中的数据可见，纯惯性制导的 CEP 为 3995.90m，复合制导的 CEP 为 1597.97m，复合制导的综合落点偏差减小到纯惯性制导的 40%，即精度提高了 1.5 倍。按照纵向偏差与横向偏差分析，纵向偏差减小到原来的 50%，横向偏差减小到原来的 25%，说明星光修正对横向偏差效果更明显。比较表 3-7 与表 3-8 中的数据，可以验证 3.2 节中各公式的正确性；同时也可以发现，由仿真数据统计得到的 CEP 要比 3.3 节中用解析公式估算得到的 CEP 略大，纯惯性制导的 CEP 增大了 61.56m，复合制导的 CEP 增大了 43.31m。

图 3-22～图 3-24 绘出了两种制导方法下横向、纵向以及总的落点偏差分布情况，可见复合制导具有较好的修正效果，特别是横向修正效果更明显。

4. 导航星偏离最佳方位的影响分析

导弹实际发射时，可能在理论最佳导航星方位不存在可用的真实导航星，只能从星库中选择其附近的某颗恒星，即实际导航星偏离最佳方位，由此会引起复合制导精度的降低，本节分析其影响。以 12000km 射程弹道，最佳导航星方位 $e_s = 19.7759°$ 、$\sigma_s = 2.6463°$ 为例进行分析。令实际可用导航星的高低角、方位角分别偏离最佳方位一定角度，研究导航星偏离对修正效果的影响，结果如图 3-25、图 3-26 所示，其中图（a）中的两条线分别表示纯惯性制导精度与复合制导精度，图（b）表示复合制导精度减小到的相对水平，即 CEP_{COM}/CEP_{INS}。

由图 3-25、图 3-26 可以看出，当高低角不变时，纯惯性制导和复合制导的精度随方位角偏离最佳方位的增大而增大，正负向偏离引起的变化几乎对称，修正效果随着偏离角度的增大而变差；当方位角不变时，纯惯性制导的精度随高低角

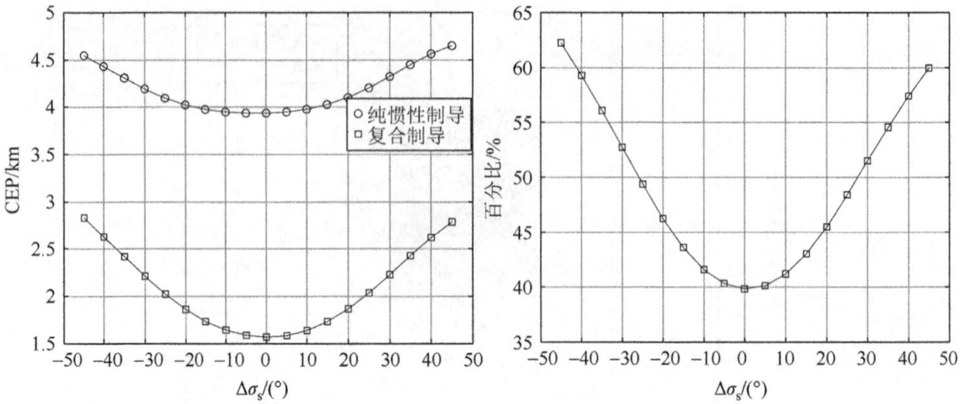

(a) 纯惯性制导精度与复合制导精度　　(b) 复合制导精度减小到的相对水平

图 3-25　导航星方位角偏离最佳导航星的影响 ($\Delta e_s = 0°$)

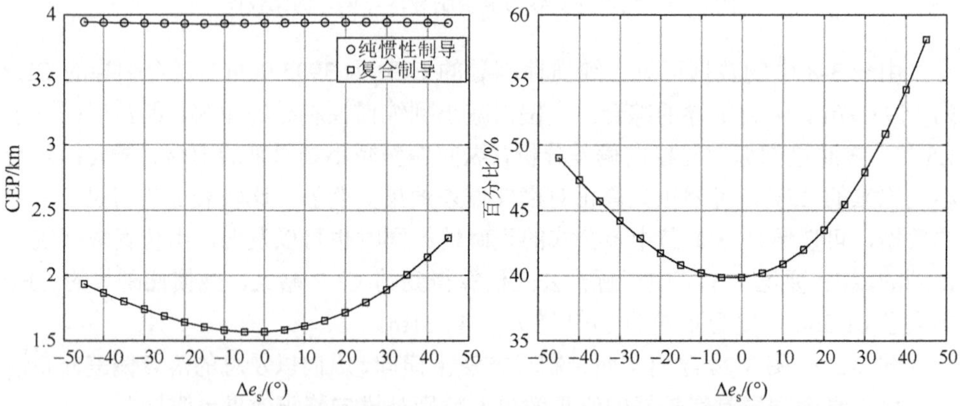

(a) 纯惯性制导精度与复合制导精度　　(b) 复合制导精度减小到的相对水平

图 3-26　导航星高低角偏离最佳导航星的影响 ($\Delta\sigma_s = 0°$)

的变化而变化不大，但复合制导的精度随着高低角偏离最佳方位的增大而增大，且正向偏离引起的变化要大于负向，修正效果随着偏离角度的增大而变差。分析发现，不考虑强光源规避等问题时，实际可用导航星距离理论最佳方位应在7°以内。对本算例而言，当高低角 e_s 偏离 7° 时，复合制导的 CEP 由 1.55km 增大到 1.565km，精度减小到的相对水平由原来 39.42%增大到 39.81%；当方位角 σ_s 偏离 7° 时，复合制导的 CEP 为 1.598km，精度减小到的相对水平增大到 40.56%。可见，方位角偏离的影响要大于高低角，但总体而言，偏离 7° 对复合制导精度的影响并不显著。

3.4.3　影响最佳导航星方位的因素分析

根据前面的分析，只有在观测最佳导航星时，单星方案才能与双星方案达到同样的精度，因此确定最佳导航星是星光-惯性复合制导方案中非常重要的环节，本节分析哪些因素会影响最佳导航星的方位。仿真中所用的算例都是 12000km 射程的弹道。

1. 射向对最佳导航星方位的影响

实际发射时，导弹的射向具有任意性，射向对最佳导航星方位的影响如表 3-9 所示。

表 3-9　不同射向下的最佳导航星方位

A_0/(°)	e_s /(°)	σ_s /(°)	CEP_{INS}/m	CEP_{COM}/m
0	19.7759	2.6463	3934.34	1554.66
30	17.5828	0.8580	4029.67	1545.19
60	18.2208	−0.9192	4021.36	1534.66
90	21.3558	−2.4713	3916.35	1522.44
120	23.5306	−1.0459	3818.55	1514.61
150	22.7824	1.9249	3847.66	1532.10
180	19.7047	2.5582	3982.40	1569.27
−150	17.6492	0.5185	4092.71	1600.75
−120	17.8903	−1.5991	4085.78	1618.83
−90	21.6486	−3.0988	3967.73	1612.98
−60	23.3023	−1.6292	3838.93	1585.07
−30	23.5085	1.8288	3829.65	1563.34

由表 3-9 中结果可见，射向对最佳导航星方位及复合制导精度的影响不大：高低角的变化范围是 5.95°，方位角的变化范围是 5.75°；复合制导精度的变化范围是 104m；最佳导航星都是位于射面附近的。

2. 发射点位置对最佳导航星方位的影响

实际发射时，可能在不同的区域发射导弹，表 3-10 给出了在我国四个典型区域发射导弹时最佳导航星方位的变化情况。

表 3-10　不同发射点位置下的最佳导航星方位

区域	地理位置/(°)		最佳导航星/(°)		落点 CEP/m	
	L_0	B_0	e_s	σ_s	CEP_{INS}	CEP_{COM}
区域 1	125°E	40°N	20.3197	2.2606	3947.57	1544.84
区域 2	120°E	30°N	19.8397	2.1405	3943.40	1548.85
区域 3	110°E	20°N	19.7047	2.5582	3940.05	1552.05
区域 4	100°E	35°N	19.9480	2.0795	3945.33	1546.90

由表 3-10 中结果可见，发射点位置对最佳导航星方位及复合制导精度的影响不大：最佳导航星的高低角、方位角的变化范围都在 1.0°以内，复合制导精度的变化范围在 10m 以内。

3. *误差系数对最佳导航星方位的影响*

为研究最佳导航星方位的变化规律，现分析误差系数对最佳导航星方位的影响。首先分析误差系数大小对最佳导航星方位的影响，分别将误差系数取为表 3-1 中数值的 0.7 倍、0.8 倍、0.9 倍、1.0 倍、1.1 倍、1.2 倍、1.3 倍，得到的结果如表 3-11 所示。

表 3-11　不同误差系数下的最佳导航星方位

误差系数	e_s /(°)	σ_s /(°)	CEP_{INS}/m	CEP_{COM}/m
0.7	19.7759	2.6463	2754.04	1088.26
0.8	19.7759	2.6463	3147.47	1243.73
0.9	19.7759	2.6463	3540.91	1399.19
1.0	19.7759	2.6463	3934.34	1554.66
1.1	19.7759	2.6463	4327.78	1710.12
1.2	19.7759	2.6463	4721.21	1865.59
1.3	19.7759	2.6463	5114.64	2021.05

由表 3-11 中结果可见，当误差系数同时按比例变化时，最佳导航星方位与误差系数值的大小无关，导航星方位不变；但纯惯性制导和复合制导的精度随着误差系数的增大而增大，这是显而易见的。

下面分析某类误差对最佳导航星方位的影响。仿真中将定位误差、定向（含对准）误差、陀螺漂移误差、加速度计误差、平台静差这 5 类误差分别取为 0（此类误差取 0 时，其余误差系数不变），得到的结果如表 3-12 所示。

表 3-12　不考虑某类误差时的最佳导航星方位

不考虑的某类误差	e_s /(°)	σ_s /(°)	CEP_{INS}/m	CEP_{COM}/m
标准情况	19.7759	2.6463	3934.34	1554.66
定位误差	19.6748	−0.2106	3784.07	1367.74
定向误差	16.4743	11.1205	2074.36	1408.36
陀螺漂移误差	24.7738	16.5905	3648.39	1402.97
加速度计误差	20.7926	2.6226	3932.28	1550.17
平台静差	23.4049	2.0595	3691.49	958.83

由表 3-12 中结果可见，加速度计误差、定位误差对最佳导航星方位影响不大；定向误差、陀螺漂移误差、平台静差则对最佳导航星方位影响较大。这从物理规律上是容易解释的。如前面所述，平台静差是与飞行过程中导弹的加速度有关的，虽然在测星时其表现值较小，但主动段飞行过程中却有可能较大，因此表 3-12 中忽略平台静差后，复合制导的精度大幅提高。

为此，对只考虑定向误差和陀螺漂移误差的情况进行分析（其余误差全部置零），得到的结果如表 3-13 所示。

由表 3-13 中结果可以看出：当只考虑初始定向误差时，计算出的最佳导航星方位与考虑全部误差时相差较大；只考虑三个初始定向误差，复合制导能够修正误差的全部影响，复合制导的精度接近于 0m，这与表 3-6 中的结论是一致的；当只考虑陀螺漂移误差时，确定出的最佳导航星方位与考虑全部误差时比较接近；当同时考虑陀螺漂移误差和初始定向误差时，最佳导航星的高低角与考虑全部误差时的值也比较接近。

表 3-13　只考虑定向误差和陀螺漂移误差时的最佳导航星方位

误差因数	e_s /(°)	σ_s /(°)	CEP_{INS}/m	CEP_{COM}/m
定向误差	30.0226	−0.1291	3198.36	0.11
陀螺漂移误差	23.2042	−0.1303	1265.30	135.22
定向误差＋陀螺漂移误差	24.0404	0.0596	3518.50	560.59

通过 3.3.1 节对失准角的分析可知，陀螺漂移误差是产生失准角的主要因素之一，因此进一步分析了陀螺漂移误差系数的大小对最佳导航星方位的影响，结果如表 3-14 所示，仿真中仅考虑了陀螺漂移误差。由表 3-14 中结果可见，陀螺漂移误差系数成比例变化时，对最佳导航星方位的影响不大。

表 3-14　不同陀螺漂移误差系数下的最佳导航星方位

误差因数	误差系数	e_s /(°)	σ_s /(°)	CEP_{INS}/m	CEP_{COM}/m
陀螺漂移误差	0.001	20	0	1.27	0.14
	0.01	26.3172	0.5720	12.65	1.39
	0.1	22.7179	−0.1823	126.53	13.54
	1	23.2042	−0.1303	1265.30	135.22
	10	23.3732	−0.0484	12652.89	1351.81
	100	23.4377	−0.0122	1.27×10^5	1.35×10^4
	1000	23.4573	−0.0138	1.27×10^6	1.35×10^5

4. 星敏感器安装角对最佳导航星方位的影响

表 3-15 给出了星敏感器安装角对最佳导航星方位的影响。由结果可见，星敏感器安装角对最佳导航星方位有影响，但变化规律较复杂，不易总结规律性的结论。

表 3-15　不同星敏感器安装角下的最佳导航星方位

序号	星敏感器安装角		最佳导航星方位	
	φ_0 /(°)	ψ_0 /(°)	e_s /(°)	σ_s /(°)
1	10	−20	28.9679	12.3683
	10	−10	25.0507	8.7412
	10	0	21.1446	5.4826
	10	10	21.4348	3.8629
	10	20	26.5579	−6.1288
2	20	−20	30.6047	8.0148
	20	−10	21.8399	−0.5620
	20	0	19.7759	2.6463
	20	10	20.1792	7.4037
	20	20	18.8149	14.3779

综合上述仿真结果，可以得出如下结论：

（1）根据表 3-7、表 3-9、表 3-10 可知，从弹道特性而言，弹道射程对最佳导航星方位有明显影响，发射方位角、发射点位置对最佳导航星方位影响不大；因此可以事先根据射程编制最佳导航星方位的分布表，导弹发射时从分布表中获得最佳导航星的方位信息作为“基点”，供最佳导航星搜索程序使用，从而缩短最佳导航星搜寻时间[4]。

（2）根据表 3-11～表 3-14 可知，最佳导航星方位与各误差系数间的“相对大小”有关，当误差系数间的相对比例确定后，系数的“绝对大小”对最佳导航星方位影响不大；最佳导航星方位主要由造成失准角的误差因素决定，定位误差、加速度计误差对最佳导航星方位影响很小。利用上述特性，可以设计最佳导航星的快速确定算法。

（3）根据表 3-15、表 3-7 可知，星敏感器安装角对最佳导航星方位有影响，但变化规律较复杂；为简化设计，可以将星敏感器安装在平台的 xOy 平面内，此时最佳导航星在射面附近。

参 考 文 献

[1] 陈世年，李连仲. 控制系统设计[M]. 北京：宇航出版社，1996.

[2] 陈克俊，刘鲁华，孟云鹤. 远程火箭飞行动力学与制导[M]. 北京：国防工业出版社，2014.

[3] 范金燕，袁亚湘. 非线性方程组数值方法[M]. 北京：科学出版社，2018.

[4] 叶兵. 星光-惯性复合制导最佳星快速确定方法与精度分析[D]. 长沙：国防科技大学，2008.

第 4 章　平台星光-惯性复合制导精度影响因素分析

平台星光-惯性复合制导的精度受诸多因素的影响，包括实际可用导航星、最佳修正系数的影响因素选择、外部误差因素、扰动引力等，本章对这些问题加以分析。

4.1　基于恒星星库的最佳可用导航星确定方法

4.1.1　弹载导航星库生成

在第 2 章中已经介绍了恒星星库的相关内容，通用恒星星库中包含有数目巨大的恒星以及完备的恒星信息，无法直接用于星光-惯性复合制导，必须根据需要对恒星星库进行一定的裁剪和选择。星敏感器的工作条件是最重要的限制因素，一个星敏感器设计完成后只能测量一定亮度以上的恒星，而且在工作时还有一定条件的限制，如要规避太阳、月球等强光源，观测的恒星不能受到地球的遮挡、要规避星云星团等。此外，惯性平台框架角等还会对恒星在发射惯性坐标系的方位角和高低角有一定限制，经过上述处理后，就可以获得弹载导航星库。

1. 强光源规避

太阳、月球、大行星作为面光源和强光源，不仅会遮挡星光，还会干扰星敏感器对强光源周围恒星的测量，故测星过程中需要对它们进行规避。规避的方法是计算太阳、月球或大行星与恒星间的角距离，当角距离小于规定的值时，则剔除该恒星。下面以太阳为例进行分析。

太阳属于强光源，与其在一定夹角范围内的恒星都必须剔除。剔除的方法是计算恒星方向矢量与太阳方向矢量的夹角 α_{sun}，当夹角小于给定值 $\alpha_{\text{sun},0}$ 时，从星表中剔除恒星，故恒星是否剔除的判别公式为

$$\alpha_{\text{sun}} = \arccos(\boldsymbol{i}_{\text{s}} \cdot \boldsymbol{i}_{\text{sun}}) \leqslant \alpha_{\text{sun},0} \tag{4-1}$$

式中，$\boldsymbol{i}_{\text{s}}$、$\boldsymbol{i}_{\text{sun}}$ 分别是恒星和太阳的单位方向矢量，在地心惯性坐标系中计算比较方便，

$$\boldsymbol{i}_{\mathrm{s}}=\begin{bmatrix}\cos\delta_{\mathrm{s}}\cos\alpha_{\mathrm{s}}\\ \cos\delta_{\mathrm{s}}\sin\alpha_{\mathrm{s}}\\ \sin\delta_{\mathrm{s}}\end{bmatrix},\quad \boldsymbol{i}_{\mathrm{sun}}=\begin{bmatrix}\cos\delta_{\mathrm{sun}}\cos\alpha_{\mathrm{sun}}\\ \cos\delta_{\mathrm{sun}}\sin\alpha_{\mathrm{sun}}\\ \sin\delta_{\mathrm{sun}}\end{bmatrix} \tag{4-2}$$

其中，α_{s}、δ_{s} 是恒星的赤经、赤纬；α_{sun}、δ_{sun} 是太阳的赤经、赤纬。实际计算时，为避免反复求解反三角函数，可用式（4-3）代替式（4-1）：

$$\boldsymbol{i}_{\mathrm{s}}\cdot\boldsymbol{i}_{\mathrm{sun}}\geqslant\cos\alpha_{\mathrm{sun},0}=\mathrm{const} \tag{4-3}$$

月球规避的方法与太阳相同。对于亮度在 5.5Mv 以上的大行星，测星过程中一般也需要规避，因此除海王星（亮度为 7.8～7.9Mv）以外的其他大行星都需要考虑规避。

若已知任意时刻 t 的大行星及地球的轨道要素 $\sigma=(a,e,i,\Omega,\omega,f)$（各轨道要素分别为半长轴、偏心率、轨道倾角、升交点黄经、近心点角距、真近点角），则根据开普勒方程和轨道方程易求得大行星在 J2000.0 日心坐标系中的位置坐标为

$$\boldsymbol{r}=\begin{bmatrix}X\\ Y\\ Z\end{bmatrix}=r\cos f\cdot\begin{bmatrix}\cos\Omega\cos\omega-\sin\Omega\cos i\sin\omega\\ \sin\Omega\cos\omega+\cos\Omega\cos i\sin\omega\\ \sin i\sin\omega\end{bmatrix}+r\sin f\cdot\begin{bmatrix}-\cos\Omega\sin\omega-\sin\Omega\cos i\cos\omega\\ -\sin\Omega\sin\omega+\cos\Omega\cos i\cos\omega\\ \sin i\cos\omega\end{bmatrix} \tag{4-4}$$

式中，r 为日心距，计算公式为

$$r=\frac{a(1-e^2)}{1+e\cos f} \tag{4-5}$$

则大行星在 J2000.0 日心黄道坐标系中的地心矢量 $\boldsymbol{r}_{\mathrm{ep}}$ 为

$$\boldsymbol{r}_{\mathrm{ep}}=\boldsymbol{r}_{\mathrm{p}}-\boldsymbol{r}_{\mathrm{e}} \tag{4-6}$$

式中，$\boldsymbol{r}_{\mathrm{p}}$ 为除地球外的大行星在日心黄道坐标系的坐标位置；$\boldsymbol{r}_{\mathrm{e}}$ 为地球在日心黄道坐标系的坐标位置。

实际应用中，需要将 $\boldsymbol{r}_{\mathrm{ep}}$ 从 J2000.0 日心黄道坐标系转至 J2000.0 地心赤道坐标系，公式为

$$\boldsymbol{r}'_{\mathrm{ep}}=\boldsymbol{M}_1[\bar{\varepsilon}]\cdot\boldsymbol{r}_{\mathrm{ep}} \tag{4-7}$$

式中，$\bar{\varepsilon}$ 为平黄赤交角，计算公式为（单位"）

$$\begin{aligned}\bar{\varepsilon}=&\,84381.406-46.836769T-0.0001831T^2\\&+0.00200340T^3-0.000000576T^4-0.0000000434T^5\end{aligned} \tag{4-8}$$

T 为自 J2000.0 TDB（质心动力学时）起算的儒略世纪数。

已知大行星在 J2000.0 地心惯性坐标系中的位置矢量 $\boldsymbol{r}'_{\mathrm{ep}}$ 后，很容易求得其单位方向矢量

$$\boldsymbol{i}'_{\mathrm{ep}}=\frac{\boldsymbol{r}'_{\mathrm{ep}}}{r'_{\mathrm{ep}}} \tag{4-9}$$

借助于式（4-3），即可判断哪些恒星不可用。

2. 地平规避

导弹在自由段测星过程中，由于地球距离较近，会遮挡很大一部分星空，地球大气也会对穿透其中的星光产生折射作用，所以选星过程中需要对地球的遮挡进行规避。由于测星位置属于近地位置，直接计算地球遮挡的天球区域以排除赤经、赤纬（或高低角、方位角）不太方便，不能满足快速计算的要求，故在此使用一种天球换极的方法进行计算。

如图 4-1 所示，设发射点的位置为 O，测星位置为 R，地心为 O_E，$O\text{-}x_Ay_Az_A$ 表示发射惯性坐标系，$O\text{-}x_Py_Pz_P$ 表示换极后的新天极坐标系。新天极坐标系的原点在发射点 O，Oz_P 轴的方向与 RO_E 的方向平行，Ox_P 轴在 O、R、O_E 确定的平面内且垂直于 Oz_P 轴，Oy_P 轴由右手法则确定。

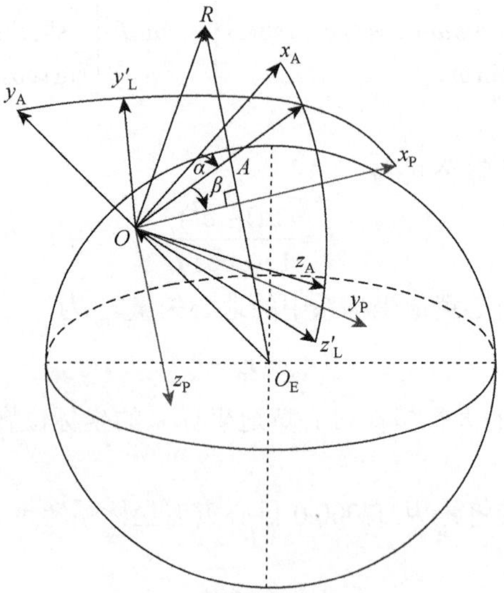

图 4-1　地平规避的几何关系

由图 4-1 可知，从地心到测星点的距离矢量为

$$\boldsymbol{O_E R} = \boldsymbol{O_E O} + \boldsymbol{OR} \tag{4-10}$$

式中，$\boldsymbol{O_E O}$ 为从地心到发射点的位置矢量；$\boldsymbol{OR}$ 为从发射点到测星点的位置矢量。

换极法的含义是让 $\boldsymbol{RO_E}$ 方向成为新的天极方向，即可将 O_E 看作新的天极，这样就可以把一定新的“赤纬”范围内的恒星全部排除掉。为此，定义两个方向角 α 和 β。α 表示 OX_L 轴与点 O、R、O_E 所确定平面的夹角，易知

$$\alpha = \arctan \frac{Z_{OR}}{X_{OR}} \tag{4-11}$$

式中，X_{OR}、Z_{OR} 表示 $\boldsymbol{OR}$ 在发射惯性坐标系中的坐标。方向角 β 如图 4-1 所示，可知

$$\beta + \angle ROA + \angle ARO = 90°$$

对 $\angle ROA$，有

$$\angle ROA = \arccos\left(\frac{\sqrt{X_{OR}^2 + Z_{OR}^2}}{OR}\right) \tag{4-12}$$

在 $\Delta O_E OR$ 中，有

$$\angle ARO = \arccos\left(\frac{OR^2 + {RO_{\mathrm{E}}}^2 - {OO_{\mathrm{E}}}^2}{2 \cdot OR \cdot RO_{\mathrm{E}}}\right) \tag{4-13}$$

由式（4-11）～式（4-13），可得

$$\beta = 90° - \arccos\left(\frac{\sqrt{X_{OR}^2 + Z_{OR}^2}}{OR}\right) - \arccos\left(\frac{OR^2 + RO_{\mathrm{E}}^2 - OO_{\mathrm{E}}^2}{2 \cdot OR \cdot RO_{\mathrm{E}}}\right) \tag{4-14}$$

新的天极坐标系可由如下方法获得：将发射惯性坐标系先绕 y_{A} 轴反转 α，将 x_{A} 轴转到由 O_{E}、R 和 O 确定的平面内；然后绕新坐标系的 z 轴反转 β，使 x 轴与新天极坐标系的 x_{P} 轴重合；再绕新的 x_{P} 轴旋转 90°，即得到新的天极坐标系，故新天极坐标系与发射惯性坐标系的方向余弦阵为

$$\boldsymbol{C}_{\mathrm{L}}^{\mathrm{P}} = \boldsymbol{M}_1\left[\frac{\pi}{2}\right] \cdot \boldsymbol{M}_3[-\beta] \cdot \boldsymbol{M}_2[-\alpha] = \begin{bmatrix} \cos\alpha\cos\beta & -\sin\beta & \sin\alpha\cos\beta \\ -\sin\alpha & 0 & \cos\alpha \\ -\cos\alpha\sin\beta & -\cos\beta & -\sin\alpha\sin\beta \end{bmatrix} \tag{4-15}$$

转极后的几何关系如图 4-2 所示。

惯性坐标系与新的天极坐标系中星光矢量的转换关系为

$$\boldsymbol{S}_{\mathrm{P}} = \begin{bmatrix} x_{\mathrm{P}} \\ y_{\mathrm{P}} \\ z_{\mathrm{P}} \end{bmatrix} = \boldsymbol{C}_{\mathrm{A}}^{\mathrm{P}} \cdot \boldsymbol{S}_{\mathrm{A}} \tag{4-16}$$

根据 $\boldsymbol{S}_{\mathrm{P}}$ 可以求得新的赤经和赤纬。

在转极后的天球坐标系中，地球的遮挡区域是以 z_{P} 轴的原点为中心，遮挡范围为新赤纬 $90° - \vartheta$ 以上的全部区域。角度 ϑ 的计算公式为

$$\vartheta = \vartheta_0 + \Delta\vartheta = \arcsin\frac{R_{\mathrm{E}} + h}{|\overline{O_{\mathrm{E}}R}|} + \Delta\vartheta \tag{4-17}$$

式中，h、$\Delta\vartheta$ 是预先给定的大气厚度与附加规避角度。

实际使用时，为减少计算量，可以按式（4-18）判断是否舍弃某颗恒星：

$$z_P \geqslant \cos\vartheta = \cos(\vartheta_0 + \Delta\vartheta) \tag{4-18}$$

式中，z_P 是星光方向单位矢量 $\boldsymbol{S}_P$ 的 z 方向坐标，根据式（4-16）可以得到。

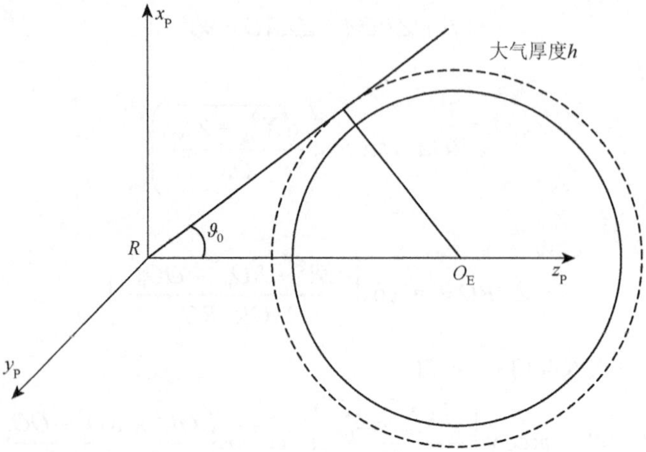

图 4-2　转极后的几何关系

3. *星云星团规避*

星云、星团作为面光源，选星过程中需要对其规避。星云是尘埃、氢气、氦气或其他电离气体聚集的星际云，根据星云的发光性质，可将星云分为发射星云、反射星云、暗星云三种。发射星云是受到极近恒星激发而发光的，这些恒星所发出的紫外线会电离星云内的氢气，使星云发光，故发射星云多呈红色，极少数发射星云是受到更高的能量激发，进而造成其他元素电离，于是呈绿色或蓝色。反射星云是靠反射附近的恒星光线而发光的，多呈蓝色，且亮度较低，反射星云附近的这些恒星，没有足够的能量使星云内物质电离，但有足够的亮度可以被星云内尘埃散射，因此反射星云显示出的光谱频率与照亮它的恒星相似。暗星云周围没有恒星，且本身不发光，但可以吸收和散射来自视方向的光线，故只能在密集的星空中，依靠明亮的弥散星云衬托而被发现。

星团是指恒星数目超过 10 颗以上，并且相互之间存在引力作用的星群，由十几颗到几十万颗恒星组成。结构松散、形状不规则的星团称为疏散星团；整体呈圆形、中心密集的星团称为球状星团。一个疏散星团一旦不受互相之间引力的约束，组成的恒星会继续在相似的路径上运动，这样的集团称为星协或移动星群（例如，大熊座移动星群）。

本书采用法国 Steinicke 于 2016 年完成并发表的修订星云星团总表（revised new general catalogue and index catalogue，RNGC）。RNGC 使用的历元为地球动力学时（TT）J2000.0，使用的坐标系统为 J2000.0 地心惯性坐标系。为规避星云星团，可依据星敏感器的技术指标，如提取 RNGC 中亮度高于 5.5Mv 的天体，制作亮星云星团星表，共计 114 颗。

星云、星团的自行和恒星自行相比很小，可以近似认为在惯性坐标系中静止不动，故可以将涉及星云、星团规避的恒星从原始星表中直接剔除。剔除方法是计算恒星方向矢量与星云/星团中心方向矢量的夹角 α_{Ne}，当夹角小于给定值 $\alpha_{\mathrm{Ne},0}$ 时，则从星表中剔除恒星。恒星是否剔除的判别公式为

$$\alpha_{\mathrm{Ne}}=\arccos(\boldsymbol{i}_{\mathrm{s}}\cdot\boldsymbol{i}_{\mathrm{Ne}})\leqslant\alpha_{\mathrm{Ne},0} \tag{4-19}$$

式中，$\boldsymbol{i}_{\mathrm{s}}$、$\boldsymbol{i}_{\mathrm{Ne}}$ 分别是恒星和星云/星团在惯性坐标系中的方向矢量，有

$$\boldsymbol{i}_{\mathrm{s}}=\begin{bmatrix}\cos\delta_{\mathrm{s}}\cos\alpha_{\mathrm{s}}\\ \cos\delta_{\mathrm{s}}\sin\alpha_{\mathrm{s}}\\ \sin\delta_{\mathrm{s}}\end{bmatrix},\quad \boldsymbol{i}_{\mathrm{Ne}}=\begin{bmatrix}\cos\delta_{\mathrm{Ne}}\cos\alpha_{\mathrm{Ne}}\\ \cos\delta_{\mathrm{Ne}}\sin\alpha_{\mathrm{Ne}}\\ \sin\delta_{\mathrm{Ne}}\end{bmatrix}$$

其中，α_{Ne}、δ_{Ne} 是星云/星团的赤经、赤纬。实际计算时，为避免反复求反三角函数，可用式（4-20）代替式（4-19）：

$$\boldsymbol{i}_{\mathrm{s}}\cdot\boldsymbol{i}_{\mathrm{Ne}}\geqslant\cos\alpha_{\mathrm{Ne},0}=\mathrm{const} \tag{4-20}$$

4. 弹载导航星库生成流程

实际应用中，除强光源、地平等规避因素，由于惯性平台物理实现等原因，还会对恒星在发射惯性坐标系的方位角和高低角有一定限制，经过上述处理后，就可以获得弹载导航星库。

数值分析发现，星云/星团规避与发射时刻无关，因此可以在将星表装载到弹上之前即实施规避。其他规避条件中，方位角规避掉的恒星数量最多，其次为地平、高低角、太阳、月球、大行星。为减少计算量，可以按照规避个数由多到少的次序实施计算；高低角的规避与方位角类似，且计算量较小，可以放在一起实施规避。按照上述次序得到的弹载导航星库生成流程图如图 4-3 所示。

4.1.2　最佳可用导航星确定方法

实际应用中，必须从恒星星库中选择实际存在的恒星作为导航星。由 2.4 节中的分析可知，不考虑太阳、月球规避时，若星敏感器测量星等的上限为 5.5Mv，则在距离理论最佳导航星方位 7°的角距范围内，可以找到导航星的概率为 100%。基于此，本书提出一种利用局部星库确定最佳可用导航星的方法，以提高选星效率，具体流程如图 4-4 所示。

确定最佳可用导航星可按如下步骤进行。

步骤 1：获取弹载导航星库。弹载导航星库是原始恒星数据库经过预处理、星云/星团规避、方位角约束规避、高低角约束规避、地平规避、强光源规避处理

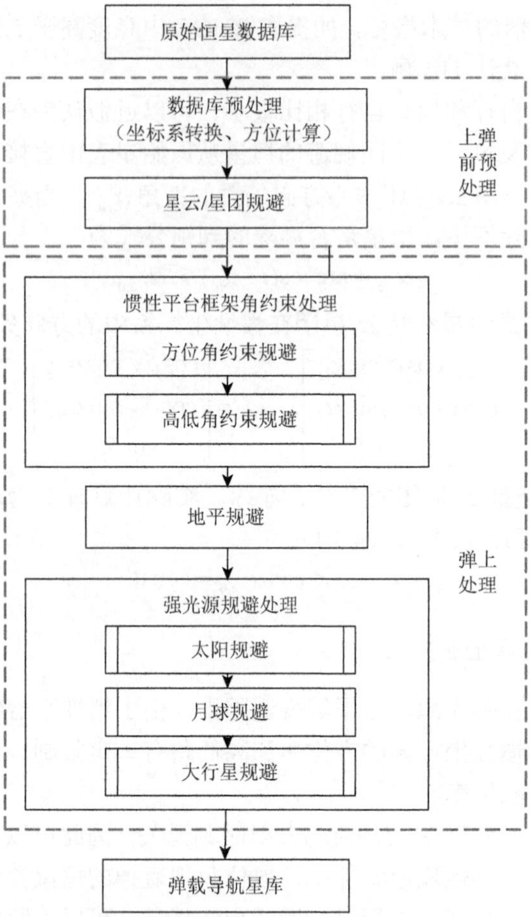

图 4-3　弹载导航星库生成流程图

过的恒星数据信息，信息中包括恒星的编号 ID、视星等 M_{v}、赤经 α_0、赤纬 δ_0、高低角 e_{s}、方位角 σ_{s}、J2000.0 地心惯性坐标系中的方向余弦、发射惯性坐标系中的方向余弦以及导航星的类型。

步骤 2：设定搜索最大容许恒星偏离角 $\Delta\alpha = 7°$（此角度的确定见 4.1.3 节的分析）。判断是否进行了强光源规避（此处以太阳为例），若是，转步骤 3；若否，转步骤 6。

步骤 3：根据从星历表中获得的太阳赤经 α_{sun}、赤纬 δ_{sun}，计算太阳在地心惯性坐标系中的单位方向矢量 $\boldsymbol{i}_{\mathrm{I}}$，

$$\boldsymbol{i}_{\mathrm{I}} = \begin{bmatrix} \cos\delta_{\mathrm{sun}}\cos\alpha_{\mathrm{sun}} \\ \cos\delta_{\mathrm{sun}}\sin\alpha_{\mathrm{sun}} \\ \sin\alpha_{\mathrm{sun}} \end{bmatrix} \tag{4-21}$$

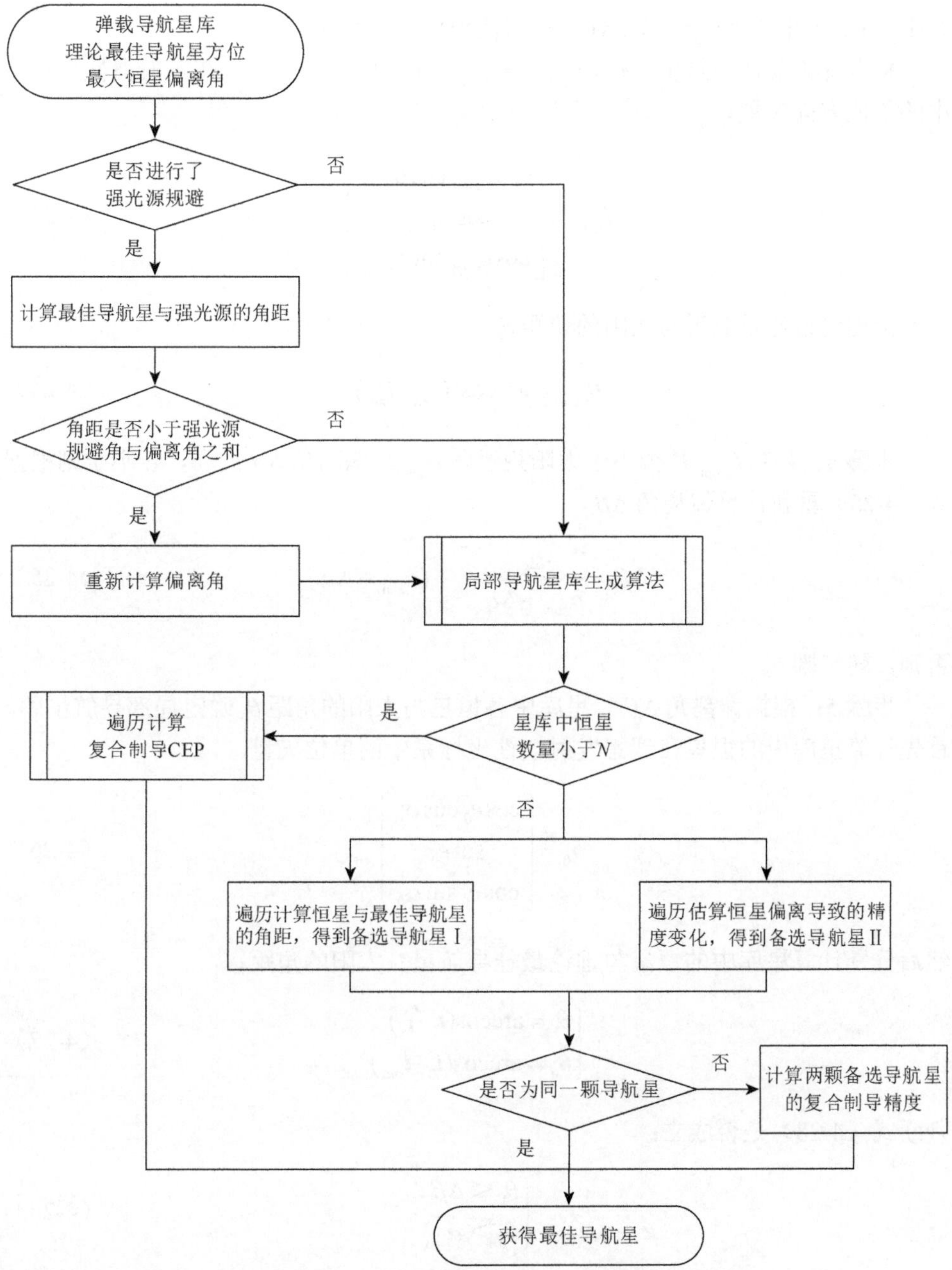

图 4-4　结合导航星库的最佳可用导航星确定流程

然后将地心惯性坐标系中的单位方向矢量转换到发射惯性坐标系中：

$$\boldsymbol{i}_{\text{sun}} = \boldsymbol{C}_{\text{I}}^{\text{A}} \cdot \boldsymbol{i}_{\text{I}} \tag{4-22}$$

式中，$\boldsymbol{C}_{\mathrm{I}}^{\mathrm{A}}$ 为地心惯性坐标系到发射惯性坐标系的转换矩阵。

根据理论最佳导航星方位$[e_{\mathrm{s,opt}} \quad \sigma_{\mathrm{s,opt}}]$，计算出最佳导航星在发射惯性坐标系中的单位方向矢量$\boldsymbol{i}_{\mathrm{s,opt}}$，

$$\boldsymbol{i}_{\mathrm{s,opt}} = \begin{bmatrix} \cos e_{\mathrm{s,opt}} \cos \sigma_{\mathrm{s,opt}} \\ \sin e_{\mathrm{s,opt}} \\ \cos e_{\mathrm{s,opt}} \sin \sigma_{\mathrm{s,opt}} \end{bmatrix} \tag{4-23}$$

计算出理论最佳导航星与太阳的角距θ_{s}，

$$\theta_{\mathrm{s,opt}} = \arccos(\boldsymbol{i}_{\mathrm{s,opt}} \cdot \boldsymbol{i}_{\mathrm{sun}}) \tag{4-24}$$

步骤 4：判断$\theta_{\mathrm{s,opt}}$是否小于太阳规避角α_{sun}与偏离角$\Delta\alpha$的和，若小于则根据式（4-25）重新计算偏离角$\Delta\beta$，

$$\Delta\beta = \frac{-\alpha_{\mathrm{sun}}}{\alpha_{\mathrm{sun}} + \Delta\alpha}\theta_{\mathrm{s}} + (\alpha_{\mathrm{sun}} + \Delta\alpha) \tag{4-25}$$

否则，转步骤 6。

步骤 5：根据偏离角$\Delta\beta$、星库中各恒星与太阳的角距θ_0确定局部导航星库。首先计算星库中的恒星在理想发射惯性坐标系中的单位矢量，

$$\boldsymbol{i}_0 = \begin{bmatrix} \cos e_0 \cos \sigma_0 \\ \sin e_0 \\ \cos e_0 \sin \sigma_0 \end{bmatrix} \tag{4-26}$$

然后分别计算星库中的恒星与理论最佳导航星、太阳的角距：

$$\begin{cases} \theta_{\mathrm{I}} = \arccos(\boldsymbol{i}_0 \cdot \boldsymbol{i}_{\mathrm{s}}) \\ \theta_0 = \arccos(\boldsymbol{i}_0 \cdot \boldsymbol{i}_{\mathrm{sun}}) \end{cases} \tag{4-27}$$

判断式（4-28）是否成立：

$$\begin{cases} \theta_{\mathrm{I}} < \Delta\beta \\ \theta_0 > \alpha_{\mathrm{sun}} \end{cases} \tag{4-28}$$

如果成立，说明该恒星在最佳导航星的偏离角范围之内，且在太阳规避角范围之外，故将该恒星放入局部导航星库中。计算完所有恒星后，获得用于确定最佳可用导航星的局部导航星库，转步骤 7。

步骤 6：根据偏离角$\Delta\alpha$和恒星星库确定出局部导航星库。首先利用式（4-26）、

式（4-27）计算出导航星库中恒星与最佳导航星的角距θ_{I}，然后判断θ_{I}是否小于偏离角$\Delta\alpha$，若小于则将该恒星放入局部导航星库中。计算完所有恒星后，获得用于确定最佳可用导航星的局部导航星库，转步骤7。

步骤7：计算局部导航星库中恒星的数量，若小于N颗（N为事前给定的某个整数），则利用遍历法确定最佳可用导航星，选星结束；若恒星数目大于N颗，则转步骤8。

步骤8：遍历局部导航星库中恒星与理论最佳导航星方位的角距θ_{I}，记角距最小的为第一颗备选导航星。

计算最佳导航星处的复合制导精度随导航星方位变化的偏导数，由偏导数可得其梯度：

$$\boldsymbol{d}_{\nabla}=\frac{\partial \mathrm{CEP}}{\partial e_{\mathrm{s}}}\boldsymbol{i}+\frac{\partial \mathrm{CEP}}{\partial \sigma_{\mathrm{s}}}\boldsymbol{j}$$

与梯度垂直的方向是复合制导精度变化最慢的方向，记为$\boldsymbol{d}_{\nabla}^{\perp}$，可得

$$\boldsymbol{d}_{\nabla}^{\perp}=-\frac{\partial \mathrm{CEP}}{\partial \sigma_{\mathrm{s}}}\boldsymbol{i}+\frac{\partial \mathrm{CEP}}{\partial e_{\mathrm{s}}}\boldsymbol{j}$$

对局部导航星库中任意一颗恒星，根据式（4-29）估算精度的变化量ΔCEP（ΔCEP为某颗恒星与理论最佳导航星两者复合制导CEP之差的估计值）：

$$\Delta \mathrm{CEP}=\sqrt{\left(\frac{\partial \mathrm{CEP}}{\partial \sigma_{\mathrm{s}}}\Delta e_{\mathrm{s}}\right)^{2}+\left(\frac{\partial \mathrm{CEP}}{\partial e_{\mathrm{s}}}\Delta \sigma_{\mathrm{s}}\right)^{2}} \tag{4-29}$$

式中，$\frac{\partial \mathrm{CEP}}{\partial e_{\mathrm{s}}}$、$\frac{\partial \mathrm{CEP}}{\partial \sigma_{\mathrm{s}}}$为最佳导航星处复合制导CEP对高低角、方位角的偏导数；Δe_{s}、$\Delta\sigma_{\mathrm{s}}$为导航星库中恒星与最佳导航星的高低角、方位角之差。记ΔCEP最小的为第二颗备选导航星。

判断第一颗、第二颗备选导航星是否为同一颗，若是，则该导航星为最佳可用导航星；否则，分别计算两颗导航星的复合制导精度，精度高的为最佳导航星。

4.1.3　仿真分析

1. 弹载导航星库生成

恒星在天球坐标系中基本呈均匀分布，地球在星敏感器视场中的遮挡范围也基本固定。由于物理实现等原因，对恒星在发射惯性坐标系中的方位角和高低角

会有一定限制。在此假定方位角有±45°的限制，高低角有±60°的限制，根据第 3 章的分析，理论最佳导航星在上述角度范围内。假设太阳规避角为 20°，月球规避角为 10°，地平附加规避角为 5°，大行星规避角为 2°，表 4-1 是对三个发射时刻下各种约束所规避掉的恒星数量的分析结果。

表 4-1　不同约束规避掉的恒星数量

发射时刻	2019/01/01 00:00:00	2019/03/10 08:00:00	2019/08/20 16:00:00
星云/星团	99	99	99
地平规避	933	977	926
太阳规避	76	68	52
月球规避	13	12	9
大行星规避	1	2	1
高低角规避	338	322	213
方位角规避	1557	1564	1615

由表 4-1 中结果可见，星云/星团规避与发射时刻无关，方位角规避掉的恒星数量最多，其次为地平规避、高低角规避、太阳规避、月球规避、大行星规避。为减少计算量，可以按照规避个数由多到少的次序实施计算。根据图 4-3 描述的弹载导航星库生成流程，对表 4-1 中的三个发射时刻进行数值仿真，得到结果如图 4-5～图 4-7 所示。

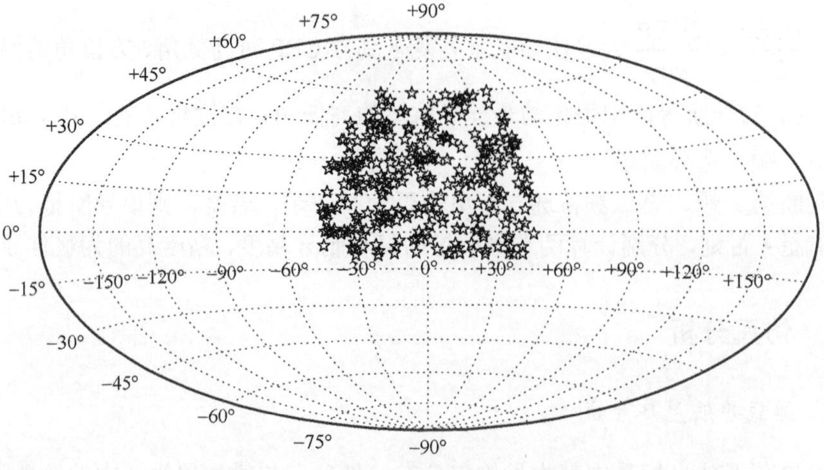

图 4-5　发射时刻 I 的弹载导航星库

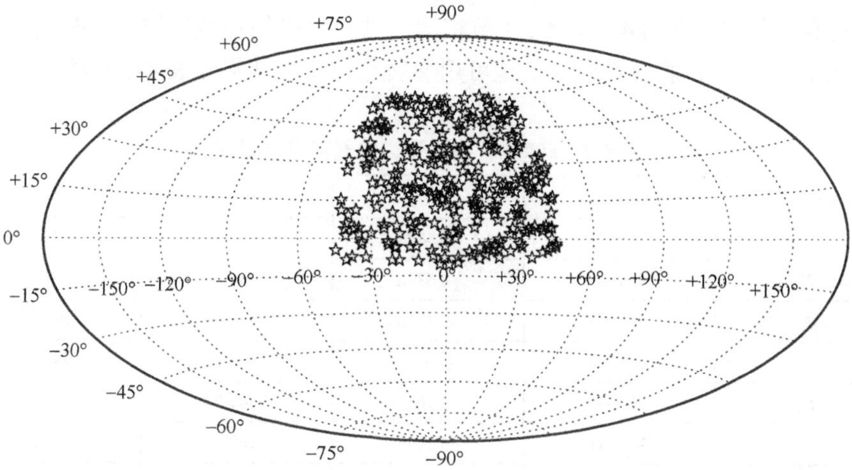

图 4-6　发射时刻Ⅱ的弹载导航星库

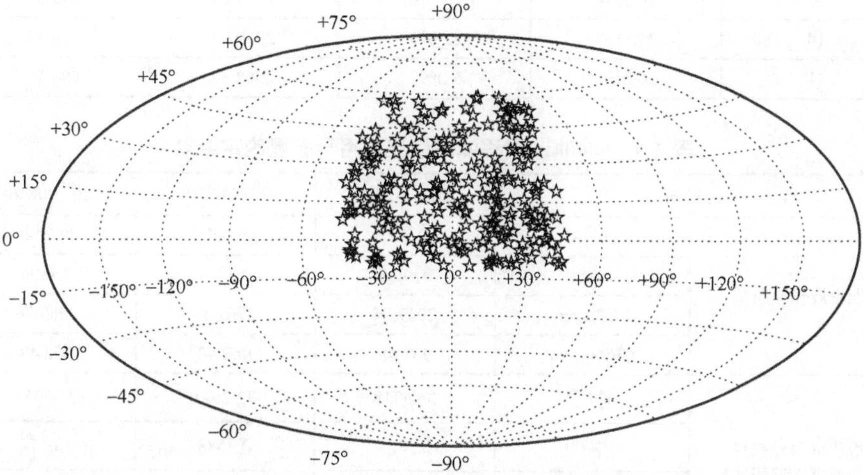

图 4-7　发射时刻Ⅲ的弹载导航星库

图 4-5 对应的发射日期是 2019 年 1 月 1 日，由于约束条件的影响，最终可用的导航星数量为 275 颗。图 4-6 对应的发射日期为 2019 年 3 月 10 日，最终可用的导航星数量为 292 颗。图 4-7 对应的发射日期为 2019 年 8 月 20 日，最终可用的导航星数量为 245 颗。根据更多的仿真统计得知，在本节设定的仿真条件下，弹载导航星库中的恒星数量一般为 200～300 颗。

2. 确定最佳可用导航星

下面通过数值仿真的方法，验证本节所提的最佳可用导航星确定方法的正确性。仿真参数选择与 3.4 节、4.1.3 节相同，结合生成的弹载导航星库分别确定出 6000km、12000km 射程弹道的最佳可用导航星，所得结果如表 4-2～表 4-4 所示。

表 4-2　6000km 射程弹道的局部导航星库

恒星编号	e_s/(°)	σ_s/(°)	CEP_{INS}/m	CEP_{COM}/m
1	29.4479	−6.5875	2967.91	1018.16
2	30.7566	−4.6376	2968.52	998.44
3	24.0987	−3.1320	2968.96	991.97
4	29.8098	−3.6311	2968.86	988.69
5	28.3389	−3.1059	2969.02	985.06
6	30.8511	−3.1932	2968.94	986.21
7	30.5718	0.7825	2969.34	973.21
8	32.8418	0.9406	2969.27	975.64
9	30.5298	1.7916	2969.23	975.01
10	31.5162	2.5029	2969.08	978.34
11	30.0105	5.0897	2968.39	994.10

表 4-3　6000km 射程弹道最佳可用导航星确定结果

发射日期		2019/01/01	2019/03/10	2019/08/20
理论最佳导航星	e_s/(°)	29.7025	29.7025	29.7025
	σ_s/(°)	0.4894	0.4894	0.4894
	CEP_{INS}/m	2969.36	2969.36	2969.36
	CEP_{COM}/m	962.48	962.48	962.48
最佳可用导航星（局部星库遍历法）	e'_s/(°)	30.5718	32.2593	25.6953
	σ'_s/(°)	0.7825	0.3548	1.0774
	CEP_{INS}/m	2969.34	2969.32	2969.22
	CEP_{COM}/m	962.56	963.60	968.45
最佳可用导航星（备选导航星Ⅰ）	e'_s/(°)	30.5718	32.2593	29.9265
	σ'_s/(°)	0.7825	0.3548	−3.8757
	CEP_{INS}/m	2969.34	2969.32	2968.79
	CEP_{COM}/m	962.56	963.60	980.34
最佳可用导航星（备选导航星Ⅱ）	e'_s/(°)	30.5718	32.2593	25.6953
	σ'_s/(°)	0.7825	0.3548	1.0774
	CEP_{INS}/m	2969.34	2969.32	2969.22
	CEP_{COM}/m	962.56	963.60	968.45

续表

发射日期		2019/01/01	2019/03/10	2019/08/20
最佳可用导航星（图 4-4 流程）	e_s' /(°)	30.5718	32.2593	25.6953
	σ_s' /(°)	0.7825	0.3548	1.0774
	CEP_{INS}/m	2969.34	2969.32	2969.22
	CEP_{COM}/m	962.56	963.60	968.45

表 4-4　12000km 射程弹道最佳可用导航星确定结果

发射日期		2019/01/01	2019/03/10	2019/08/20
理论最佳导航星	e_s/(°)	19.7759	19.7759	19.7759
	σ_s/(°)	2.6463	2.6463	2.6463
	CEP_{INS}/m	3934.34	3934.34	3934.34
	CEP_{COM}/m	1554.66	1554.66	1554.66
最佳可用导航星（局部星库遍历法）	e_s' /(°)	21.1012	19.4294	20.6019
	σ_s' /(°)	1.2677	3.2143	1.5499
	CEP_{INS}/m	3933.56	3935.18	3933.50
	CEP_{COM}/m	1567.42	1566.04	1566.61
最佳可用导航星（备选导航星 I）	e_s' /(°)	21.1012	19.4294	20.6019
	σ_s' /(°)	1.2677	3.2143	1.5499
	CEP_{INS}/m	3933.56	3935.18	3933.50
	CEP_{COM}/m	1567.42	1566.04	1566.61
最佳可用导航星（备选导航星 II）	e_s' /(°)	21.1012	19.4294	20.6019
	σ_s' /(°)	1.2677	3.2143	1.5499
	CEP_{INS}/m	3933.56	3935.18	3933.50
	CEP_{COM}/m	1567.42	1566.04	1566.61
最佳可用导航星（图 4-4 流程）	e_s' /(°)	21.1012	19.4294	20.6019
	σ_s' /(°)	1.2677	3.2143	1.5499
	CEP_{INS}/m	3933.56	3935.18	3933.50
	CEP_{COM}/m	1567.42	1566.04	1566.61

表 4-2 以 2019 年 1 月 1 日零时发射的 6000km 射程弹道为例，给出了基于图 4-3 确定的局部导航星库。结合图 4-5 可以看出，弹载导航星库有 275 颗导航星，而局部导航星库只有 11 颗备选导航星，说明基于与理论最佳导航星方位的最

大偏离角$\Delta\alpha \leqslant 7°$这个条件，可以将星库中的绝大部分恒星排除掉，从而缩短了确定最佳可用导航星的时间。

表 4-3、表 4-4 分别给出了 6000km、12000km 射程弹道最佳可用导航星的确定结果。表 4-3 和表 4-4 中“局部星库遍历法”是遍历局部星库中的所有恒星，得到的结果可以认为是准确值；“备选导航星Ⅰ”是与理论最佳导航星角距最小的恒星；“备选导航星Ⅱ”是通过估算公式得到的与理论最佳导航星的复合制导精度相差最小的恒星；表 4-3 和表 4-4 最后一行是根据图 4-4 中的流程得到的最佳可用导航星，即备选导航星Ⅰ与备选导航星Ⅱ中更优的导航星。上述四种结果都是考虑了各种选星约束后，在局部导航星库中选出的导航星。

由表 4-3 和表 4-4 中数据可知，与理论最佳导航星方位角距最小的不一定是最佳可用导航星；图 4-4 中描述的综合角距和制导精度变化的方法确定出的导航星与遍历法相同，证明此方法是有效的。从表 4-3 和表 4-4 中数据还可以看出（仅本算例），最佳可用导航星的方位与理论最佳方位的角距在 5° 以内，复合制导精度变化小于 15m，表明最佳可用导航星仍具有较好的修正结果。

3. 可用导航星偏离最佳导航星角度分析

由上面的分析可以看出，在最佳导航星方向上不一定存在可用导航星，本节将分析可用导航星偏离最佳导航星的角度，方法如下所述。

在发射惯性坐标系内，随机生成若干组最佳导航星的高低角和方位角，其中高低角在[−90°,90°]内均匀分布，方位角在[−180°,180°]内均匀分布。每一组高低角、方位角组合$[e_{Ni},\sigma_{Ni}]$代表一组可能的最佳导航星方位，其在发射惯性坐标系内的方向矢量为

$$\boldsymbol{V}_{Ni} = [\cos e_{Ni}\cos\sigma_{Ni} \quad \cos e_{Ni}\sin\sigma_{Ni} \quad \sin e_{Ni}]^{T}$$

对恒星星库中的任意一颗 5.5Mv 以上的恒星，设其高低角、方位角为$[e_{Sj},\sigma_{Sj}]$，则其在发射惯性坐标系中的方向矢量为

$$\boldsymbol{V}_{Sj} = [\cos e_{Sj}\cos\sigma_{Sj} \quad \cos e_{Sj}\sin\sigma_{Sj} \quad \sin e_{Sj}]^{T}$$

最佳导航星与可用导航星的夹角可根据式（4-30）计算：

$$\alpha_{ij} = \arccos(\boldsymbol{V}_{Ni}\cdot\boldsymbol{V}_{Sj}) \tag{4-30}$$

遍历j，然后可得到最佳导航星与可用导航星的最小角距。

抽样 100000 组样本，结果如图 4-8、图 4-9、表 4-5、表 4-6 所示。

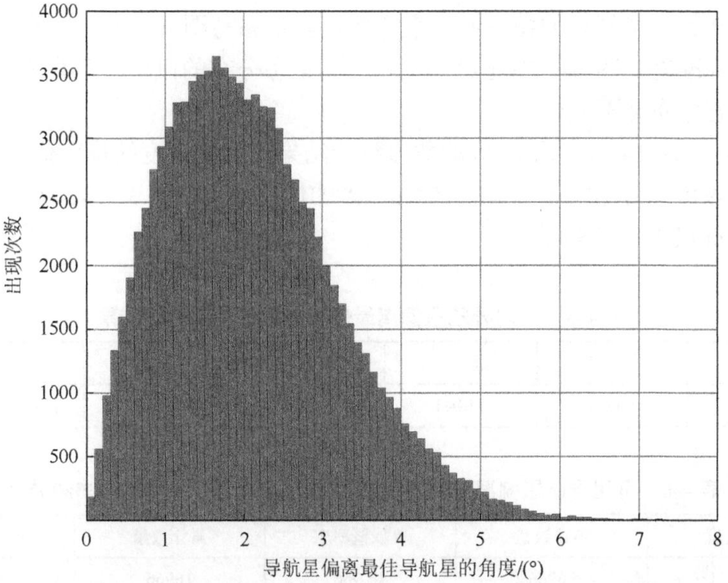

图 4-8 可用导航星偏离最佳导航星角度统计直方图（100000 次）

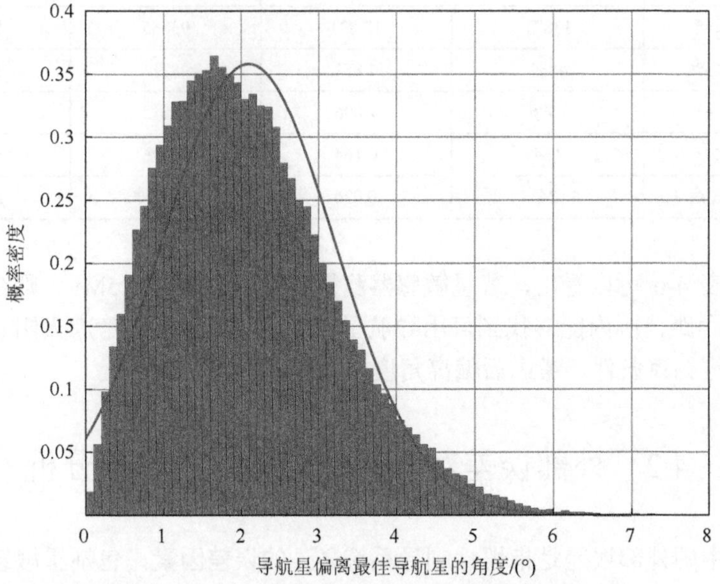

图 4-9 可用导航星偏离最佳导航星角度概率密度直方图

图 4-8、图 4-9 分别给出了可用导航星偏离最佳导航星角度的统计直方图和概率密度直方图，其中每一个直方条代表 0.1°。图 4-8 中所有次数的总和为 100000 次，可见大部分的角度偏差为 0°～6°，主要集中在 1°～3°，大于 5°和小于 1°的相对较

少。图 4-9 给出了拟合的概率密度直方图，其形态与图 4-8 基本一致。根据统计的均值和标准差，图 4-9 中还绘出了相应的正态分布的概率密度直方图，可见其分布与正态分布并不太一致。

表 4-5、表 4-6 给出了相应的数值统计结果。偏离角度的最大值为 7.4221°，均值为 2.0949°。由表 4-6 可知，$1° \leqslant \alpha < 2°$的情况最多，占 34.242%；而偏离角大于 6°的情况仅占 0.188%。

表 4-5　可用导航星偏离最佳导航星的基本分析结果

项目	最大值	最小值	均值	标准差	3σ 区间
数值/(°)	7.4221	0.0041	2.0949	1.1139	[−1.2467，5.4365]

表 4-6　可用导航星偏离最佳导航星角度的统计分析结果（100000 次）

偏离角度	单项数量	单项概率/%	累计数量	累计概率/%
$0° \leqslant \alpha < 1°$	16966	16.966	16966	16.966
$1° \leqslant \alpha < 2°$	34242	34.242	51208	51.208
$2° \leqslant \alpha < 3°$	28836	28.836	80044	80.044
$3° \leqslant \alpha < 4°$	13821	13.821	93865	93.865
$4° \leqslant \alpha < 5°$	4851	4.851	98716	98.716
$5° \leqslant \alpha < 6°$	1096	1.096	99812	99.812
$6° \leqslant \alpha < 7°$	164	0.164	99976	99.976
$\alpha \geqslant 7°$	24	0.024	100000	100.000

根据表 4-6 可以看出，若星敏感器测量星等的上限为 5.5Mv，则在距最佳导航星 7°的角距范围内能够找到可用导航星。上述分析中没有考虑太阳、月球、地球的遮挡等约束条件，考虑后偏离角度要大得多。

4.2　外部误差对复合制导精度的影响分析

本节中的外部误差是指惯性制导系统之外的误差因素，包括星敏感器的测量误差、星敏感器的安装误差以及时钟误差。

4.2.1　星敏感器的测量误差

记星敏感器的测量误差为$\boldsymbol{\varepsilon}_{\mathrm{s}} = [\varepsilon_\xi \quad \varepsilon_\eta]^{\mathrm{T}}$，它不会影响平台失准角，但是会影

响星敏感器测量信息对平台失准角的反映。根据式（3-64），考虑星敏感器测量误差的测量方程为

$$\begin{bmatrix} \xi \\ \eta \end{bmatrix} = \begin{bmatrix} -\sin\psi_0 & 0 & \cos\psi_0 \\ \sin\varphi_0\cos\psi_0 & -\cos\varphi_0 & \sin\varphi_0\sin\psi_0 \end{bmatrix} \begin{bmatrix} \alpha_x \\ \alpha_y \\ \alpha_z \end{bmatrix} + \begin{bmatrix} \varepsilon_\xi \\ \varepsilon_\eta \end{bmatrix} \tag{4-31}$$

将式（4-31）记为矩阵形式，可得

$$\boldsymbol{w} = \boldsymbol{H}\boldsymbol{\alpha} + \boldsymbol{\varepsilon}_{\mathrm{s}} \tag{4-32}$$

根据式（3-67），考虑星敏感器测量误差时，将误差向量 $\boldsymbol{K}$ 扩维为 $\tilde{\boldsymbol{K}}$，将平台失准角 $\boldsymbol{\alpha}$ 与误差向量 $\tilde{\boldsymbol{K}}$ 的关系表示为

$$\boldsymbol{\alpha} = \tilde{\boldsymbol{N}}_\alpha \cdot \tilde{\boldsymbol{K}} \tag{4-33}$$

式中，$\tilde{\boldsymbol{K}} = [\varDelta_0 \quad \boldsymbol{\varepsilon}_0 \quad \boldsymbol{D}_{\mathrm{a}} \quad \boldsymbol{D}_{\mathrm{g}} \quad \boldsymbol{D}_{\mathrm{p}} \quad \boldsymbol{\varepsilon}_{\mathrm{s}}]^{\mathrm{T}}$，各分量分别对应初始定位误差、初始定向（对准）误差、加速度计误差、陀螺漂移误差、平台控制回路静态误差、星敏感器测量误差；$\tilde{\boldsymbol{N}}_\alpha = [\boldsymbol{D}_\Delta \quad \boldsymbol{D}_{\mathrm{d}} \quad \boldsymbol{D}_{\mathrm{a}} \quad \boldsymbol{D}_{\mathrm{g}} \quad \boldsymbol{D}_{\mathrm{p}} \quad \underset{3\times2}{\boldsymbol{0}}]$ 是与误差向量相对应的误差系数矩阵。

基于星光测量量修正落点偏差的方程为

$$\begin{bmatrix} \Delta L_{\mathrm{s}} \\ \Delta H_{\mathrm{s}} \end{bmatrix} = \begin{bmatrix} u_{1\xi} & u_{1\eta} \\ u_{2\xi} & u_{2\eta} \end{bmatrix} \begin{bmatrix} \xi \\ \eta \end{bmatrix} = \begin{bmatrix} \boldsymbol{u}_{\mathrm{L}}^{\mathrm{T}} \\ \boldsymbol{u}_{\mathrm{H}}^{\mathrm{T}} \end{bmatrix} \begin{bmatrix} \xi \\ \eta \end{bmatrix} \tag{4-34}$$

将式（4-32）、式（4-33）代入式（4-34），记 $\tilde{\boldsymbol{c}}_{\mathrm{k}} = \boldsymbol{H}\tilde{\boldsymbol{N}}_\alpha$，可得

$$\begin{bmatrix} \Delta L_{\mathrm{s}} \\ \Delta H_{\mathrm{s}} \end{bmatrix} = \begin{bmatrix} \boldsymbol{u}_{\mathrm{L}}^{\mathrm{T}}\tilde{\boldsymbol{c}}_{\mathrm{k}} \\ \boldsymbol{u}_{\mathrm{H}}^{\mathrm{T}}\tilde{\boldsymbol{c}}_{\mathrm{k}} \end{bmatrix} \tilde{\boldsymbol{K}} + \begin{bmatrix} \boldsymbol{u}_{\mathrm{L}}^{\mathrm{T}} \\ \boldsymbol{u}_{\mathrm{H}}^{\mathrm{T}} \end{bmatrix} \boldsymbol{\varepsilon}_{\mathrm{s}} \tag{4-35}$$

记 $\tilde{\boldsymbol{n}}_{\mathrm{L}}^{\mathrm{T}} = \begin{bmatrix} \boldsymbol{C}_{\mathrm{L}}^{\mathrm{K}} & \underset{1\times2}{\boldsymbol{0}} \end{bmatrix}$，$\tilde{\boldsymbol{n}}_{\mathrm{H}}^{\mathrm{T}} = \begin{bmatrix} \boldsymbol{C}_{\mathrm{H}}^{\mathrm{K}} & \underset{1\times2}{\boldsymbol{0}} \end{bmatrix}$，$\tilde{\boldsymbol{C}}_{\mathrm{k}} = \tilde{\boldsymbol{c}}_{\mathrm{k}} + \begin{bmatrix} \underset{2\times41}{\boldsymbol{0}} & \underset{2\times2}{\boldsymbol{E}} \end{bmatrix}$，则星光修正后的落点偏差为

$$\begin{bmatrix} \delta L \\ \delta H \end{bmatrix} = \begin{bmatrix} \Delta L - \Delta L_{\mathrm{s}} \\ \Delta H - \Delta H_{\mathrm{s}} \end{bmatrix} = \begin{bmatrix} \tilde{\boldsymbol{n}}_{\mathrm{L}}^{\mathrm{T}} - \boldsymbol{u}_{\mathrm{L}}^{\mathrm{T}}\tilde{\boldsymbol{C}}_{\mathrm{k}} \\ \tilde{\boldsymbol{n}}_{\mathrm{H}}^{\mathrm{T}} - \boldsymbol{u}_{\mathrm{H}}^{\mathrm{T}}\tilde{\boldsymbol{C}}_{\mathrm{k}} \end{bmatrix} \tilde{\boldsymbol{K}} \tag{4-36}$$

仿照 3.2 节的推导过程，可以得到含有星敏感器测量误差时最佳修正系数的表达式为

$$\begin{cases} \boldsymbol{u}_{\mathrm{L}} = \left(\tilde{\boldsymbol{C}}_{\mathrm{k}}\tilde{\boldsymbol{R}}\tilde{\boldsymbol{C}}_{\mathrm{k}}^{\mathrm{T}}\right)^{-1}\tilde{\boldsymbol{C}}_{\mathrm{k}}\tilde{\boldsymbol{R}}\tilde{\boldsymbol{n}}_{\mathrm{L}} \\ \boldsymbol{u}_{\mathrm{H}} = \left(\tilde{\boldsymbol{C}}_{\mathrm{k}}\tilde{\boldsymbol{R}}\tilde{\boldsymbol{C}}_{\mathrm{k}}^{\mathrm{T}}\right)^{-1}\tilde{\boldsymbol{C}}_{\mathrm{k}}\tilde{\boldsymbol{R}}\tilde{\boldsymbol{n}}_{\mathrm{H}} \end{cases} \tag{4-37}$$

4.2.2　星敏感器的安装误差

设星敏感器在平台上的安装角为 $[\varphi_0, \psi_0]$，即平台坐标系（P 系）分别先后绕

y_P、z_P 轴旋转 $-\psi_0$、φ_0 后与理想星敏感器坐标系（S′系）重合，P 系与 S′系的关系如图 4-10 所示。

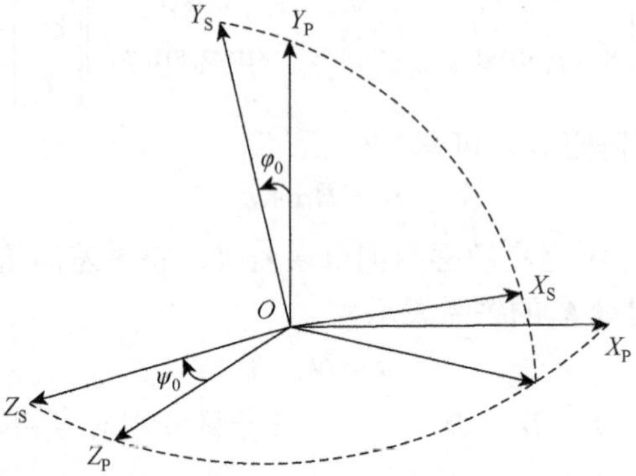

图 4-10　平台坐标系与理想星敏感器坐标系的关系图

P 系与 S′系的旋转变换矩阵为

$$C_P^{S'} = M_3[\varphi_0] \cdot M_2[-\psi_0] = \begin{bmatrix} \cos\varphi_0 \cos\psi_0 & \sin\varphi_0 & \cos\varphi_0 \sin\psi_0 \\ -\sin\varphi_0 \cos\psi_0 & \cos\varphi_0 & -\sin\varphi_0 \sin\psi_0 \\ -\sin\psi_0 & 0 & \cos\psi_0 \end{bmatrix} \tag{4-38}$$

记星敏感器在两个安装方向上的安装误差为 $\boldsymbol{\varepsilon}_m = \begin{bmatrix} \varepsilon_{\varphi_0} & \varepsilon_{\psi_0} \end{bmatrix}^T$。所选导航星 $[e_s, \sigma_s]$ 对应的单位方向矢量 $\boldsymbol{S}$ 在发射惯性坐标系中表示为

$$\boldsymbol{S}_I = \begin{bmatrix} \cos e_s \cos\sigma_s & \sin e_s & \cos e_s \sin\sigma_s \end{bmatrix}^T \tag{4-39}$$

平台斜调平对星后，理想情况（无星敏感器安装误差）下 $\boldsymbol{S}_I$ 在星敏感器体坐标系中对应的矢量为

$$\boldsymbol{S}_S' = [1 \quad 0 \quad 0]^T \tag{4-40}$$

考虑星敏感器安装误差时，由式（4-38）可知，平台坐标系（P 系）到实际星敏感器坐标系（S 系）的旋转变换矩阵为

$$\begin{aligned} C_P^S &= M_3[\varphi_0 + \varepsilon_{\varphi_0}] \cdot M_2[-(\psi_0 + \varepsilon_{\psi_0})] \\ &= \begin{bmatrix} \cos(\varphi_0 + \varepsilon_{\varphi_0})\cos(\psi_0 + \varepsilon_{\psi_0}) & \sin(\varphi_0 + \varepsilon_{\varphi_0}) & \cos(\varphi_0 + \varepsilon_{\varphi_0})\sin(\psi_0 + \varepsilon_{\psi_0}) \\ -\sin(\varphi_0 + \varepsilon_{\varphi_0})\cos(\psi_0 + \varepsilon_{\psi_0}) & \cos(\varphi_0 + \varepsilon_{\varphi_0}) & -\sin(\varphi_0 + \varepsilon_{\varphi_0})\sin(\psi_0 + \varepsilon_{\psi_0}) \\ -\sin(\psi_0 + \varepsilon_{\psi_0}) & 0 & \cos(\psi_0 + \varepsilon_{\psi_0}) \end{bmatrix} \end{aligned} \tag{4-41}$$

基于两种旋转方式的完备斜调平台方法，可得发射惯性坐标系（I系）与平台坐标系（P 系）之间的旋转矩阵为 $\boldsymbol{C}_{\mathrm{I}}^{\mathrm{P}}$，则 $\boldsymbol{S}_{\mathrm{I}}$ 在考虑星敏感器安装误差的实际星敏感器坐标系中可表示为

$$\boldsymbol{S}_{\mathrm{S}} = \boldsymbol{C}_{\mathrm{P}}^{\mathrm{S}}\boldsymbol{C}_{\mathrm{I}}^{\mathrm{P}}\boldsymbol{S}_{\mathrm{I}} \tag{4-42}$$

由此可得由星敏感器安装误差造成的星敏感器测量误差为

$$\boldsymbol{\varepsilon}_{\mathrm{s2}} = \boldsymbol{S}_{\mathrm{S}} - \boldsymbol{S}_{\mathrm{S}}' \tag{4-43}$$

将式（4-40）、式（4-42）代入式（4-43）中可得

$$\boldsymbol{\varepsilon}_{\mathrm{s2}} = \boldsymbol{C}_{\mathrm{P}}^{\mathrm{S}}\boldsymbol{C}_{\mathrm{I}}^{\mathrm{P}}\boldsymbol{S}_{\mathrm{I}} - \boldsymbol{S}_{\mathrm{S}}' \tag{4-44}$$

而理想测量量 $\boldsymbol{S}_{\mathrm{S}}'$ 满足

$$\boldsymbol{S}_{\mathrm{S}}' = \boldsymbol{C}_{\mathrm{P}}^{\mathrm{S}'}\boldsymbol{C}_{\mathrm{I}}^{\mathrm{P}}\boldsymbol{S}_{\mathrm{I}} \tag{4-45}$$

注意到式（4-40），记 $\boldsymbol{C}_{\mathrm{P}}^{\mathrm{S}} = \boldsymbol{C}_{\mathrm{P}}^{\mathrm{S}'} + \Delta\boldsymbol{C}_{\mathrm{P}}^{\mathrm{S}}$，则式（4-44）可写作

$$\boldsymbol{\varepsilon}_{\mathrm{s2}} = (\boldsymbol{C}_{\mathrm{P}}^{\mathrm{S}'} + \Delta\boldsymbol{C}_{\mathrm{P}}^{\mathrm{S}})\boldsymbol{C}_{\mathrm{I}}^{\mathrm{P}}\boldsymbol{S}_{\mathrm{I}} - \boldsymbol{S}_{\mathrm{S}}' = \Delta\boldsymbol{C}_{\mathrm{P}}^{\mathrm{S}}\boldsymbol{C}_{\mathrm{I}}^{\mathrm{P}}\boldsymbol{S}_{\mathrm{I}} \tag{4-46}$$

化简式（4-46），略去二阶以上的小量可得

$$\boldsymbol{\varepsilon}_{\mathrm{s2}} = \begin{bmatrix} \beta_{11} & \beta_{12} \\ \beta_{21} & \beta_{22} \\ \beta_{31} & \beta_{32} \end{bmatrix} \begin{bmatrix} \varepsilon_{\varphi_0} \\ \varepsilon_{\psi_0} \end{bmatrix} \tag{4-47}$$

式中，

$$\begin{cases}
\beta_{11} = c_{22}\cos\varphi_0\sin e_{\mathrm{s}} + c_{21}\cos\varphi_0\cos e_{\mathrm{s}}\cos\sigma_{\mathrm{s}} + c_{23}\cos\varphi_0\cos e_{\mathrm{s}}\sin\sigma_{\mathrm{s}} - c_{12}\sin\varphi_0\cos\psi_0\sin e_{\mathrm{s}} \\
\qquad -c_{32}\sin\varphi_0\sin\psi_0\sin e_{\mathrm{s}} - c_{11}\sin\varphi_0\cos\psi_0\cos e_{\mathrm{s}}\cos\sigma_{\mathrm{s}} - c_{13}\sin\varphi_0\cos\psi_0\cos e_{\mathrm{s}}\sin\sigma_{\mathrm{s}} \\
\qquad -c_{31}\sin\varphi_0\sin\psi_0\cos e_{\mathrm{s}}\cos\sigma_{\mathrm{s}} - c_{33}\sin\varphi_0\sin\psi_0\cos e_{\mathrm{s}}\sin\sigma_{\mathrm{s}} \\
\beta_{12} = c_{32}\cos\varphi_0\cos\psi_0\sin e_{\mathrm{s}} - c_{12}\cos\varphi_0\sin\psi_0\sin e_{\mathrm{s}} + c_{31}\cos\varphi_0\cos\psi_0\cos e_{\mathrm{s}}\sin\sigma_{\mathrm{s}} \\
\qquad -c_{11}\cos\varphi_0\sin\psi_0\cos e_{\mathrm{s}}\cos\sigma_{\mathrm{s}} + c_{33}\cos\varphi_0\cos\psi_0\cos e_{\mathrm{s}}\sin\sigma_{\mathrm{s}} - c_{13}\cos\varphi_0\sin\psi_0\cos e_{\mathrm{s}}\sin\sigma_{\mathrm{s}} \\
\beta_{21} = -c_{22}\sin\varphi_0\sin e_{\mathrm{s}} - c_{21}\sin\varphi_0\cos e_{\mathrm{s}}\cos\sigma_{\mathrm{s}} - c_{23}\sin\varphi_0\cos e_{\mathrm{s}}\sin\sigma_{\mathrm{s}} - c_{12}\cos\varphi_0\cos\psi_0\sin e_{\mathrm{s}} \\
\qquad -c_{32}\cos\varphi_0\sin\psi_0\sin e_{\mathrm{s}} - c_{11}\cos\varphi_0\cos\psi_0\cos e_{\mathrm{s}}\cos\sigma_{\mathrm{s}} - c_{13}\cos\varphi_0\cos\psi_0\cos e_{\mathrm{s}}\sin\sigma_{\mathrm{s}} \\
\qquad -c_{31}\cos\varphi_0\sin\psi_0\cos e_{\mathrm{s}}\cos\sigma_{\mathrm{s}} - c_{33}\cos\varphi_0\sin\psi_0\cos e_{\mathrm{s}}\sin\sigma_{\mathrm{s}} \\
\beta_{22} = -c_{32}\sin\varphi_0\cos\psi_0\sin e_{\mathrm{s}} + c_{12}\sin\varphi_0\sin\psi_0\sin e_{\mathrm{s}} - c_{31}\sin\varphi_0\cos\psi_0\cos e_{\mathrm{s}}\cos\sigma_{\mathrm{s}} \\
\qquad +c_{11}\sin\varphi_0\sin\psi_0\cos e_{\mathrm{s}}\cos\sigma_{\mathrm{s}} - c_{33}\sin\varphi_0\cos\psi_0\cos e_{\mathrm{s}}\sin\sigma_{\mathrm{s}} + c_{13}\sin\varphi_0\sin\psi_0\cos e_{\mathrm{s}}\sin\sigma_{\mathrm{s}} \\
\beta_{31} = 0 \\
\beta_{32} = -c_{12}\cos\psi_0\sin e_{\mathrm{s}} - c_{32}\sin\psi_0\sin e_{\mathrm{s}} - c_{11}\cos\psi_0\cos e_{\mathrm{s}}\cos\sigma_{\mathrm{s}} - c_{13}\cos\psi_0\cos e_{\mathrm{s}}\sin\sigma_{\mathrm{s}} \\
\qquad -c_{31}\sin\psi_0\cos e_{\mathrm{s}}\cos\sigma_{\mathrm{s}} - c_{33}\sin\psi_0\cos e_{\mathrm{s}}\sin\sigma_{\mathrm{s}}
\end{cases}$$

$\varepsilon_{\mathrm{s2}}$ 对落点精度的影响与星敏感器测量误差的影响机理是相同的，故根据式（4-47）将安装误差折合为测量误差后，按照 4.2.1 节的扩维方法来处理和分析其影响即可。

4.2.3 时钟误差

在导弹发射前，需要根据导航星方位和星敏感器安装角来调整平台指向，使星敏感器光轴对准所选的导航星。导航星的方位在发射坐标系中是随时间变化的，因此具体操作时是在断调平时刻将星敏感器光轴对准发射时刻恒星的方位。延迟继电器确定断调平时刻会产生偶然偏差，使得实际平台坐标系偏离理想平台坐标系，导致平台失准角，对复合制导精度造成影响，下面对其加以分析。

图 4-11 中，t_{L} 为导弹发射时刻；t'_{O} 为理想断调平时刻，斜调平台后得到的理想平台坐标系记为P′；t_{O} 为实际断调平时刻，斜调平台后得到的实际平台坐标系记为P。记所产生的时间误差为 ε_t，有

$$\varepsilon_t = t_{\mathrm{O}} - t'_{\mathrm{O}} \tag{4-48}$$

设时间误差 ε_t 造成的平台失准角为 $\boldsymbol{\alpha}_t = [\alpha_{tx} \quad \alpha_{ty} \quad \alpha_{tz}]^{\mathrm{T}}$，斜调平台的角速度为 ω_{p}，可得

（1）若 $\boldsymbol{C}_{\mathrm{I}}^{\mathrm{P}'}$ 采用 2-3 的转换方式，则

$$\begin{bmatrix} \alpha_{tx} \\ \alpha_{ty} \\ \alpha_{tz} \end{bmatrix} = \begin{bmatrix} 0 \\ 0 \\ \omega_{\mathrm{p}} \end{bmatrix} \varepsilon_t \tag{4-49}$$

（2）若 $\boldsymbol{C}_{\mathrm{I}}^{\mathrm{P}'}$ 采用 3-1 的转换方式，则

$$\begin{bmatrix} \alpha_{tx} \\ \alpha_{ty} \\ \alpha_{tz} \end{bmatrix} = \begin{bmatrix} \omega_{\mathrm{p}} \\ 0 \\ 0 \end{bmatrix} \varepsilon_t \tag{4-50}$$

记 $\boldsymbol{N}_t = \begin{bmatrix} 0 \\ 0 \\ \omega_{\mathrm{p}} \end{bmatrix}$ 或 $\begin{bmatrix} \omega_{\mathrm{p}} \\ 0 \\ 0 \end{bmatrix}$，则时间误差 ε_t 与其所造成的平台失准角 $\boldsymbol{\alpha}_t$ 的关系式为

$$\boldsymbol{\alpha}_t = \boldsymbol{N}_t \varepsilon_t \tag{4-51}$$

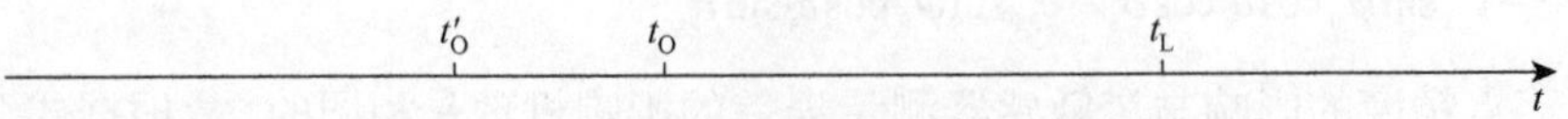

图 4-11　导弹发射前各时刻示意图

4.2.4　仿真分析

1. 星敏感器测量误差的影响

根据星敏感器测量误差模型，选取一组测量误差分布进行数值仿真。仿真中以射程 6000km 和 12000km 的两条弹道为例，其余误差分布与 3.4.1 节相同，结果如表 4-7、表 4-8 所示。

表 4-7　星敏感器测量误差对复合制导精度的影响（射程为 6000km）

$\varepsilon_\xi('',3\sigma)$	$\varepsilon_\eta('',3\sigma)$	$e_s/(°)$	$\sigma_s/(°)$	CEP_{INS}/m	CEP_{COM}/m	$\frac{CEP_{INS}-CEP_{COM}}{CEP_{INS}}$
0	0	29.7025	0.4894	2969.36	962.48	67.59%
	10	29.8604	0.3309	2969.36	967.30	67.42%
	20	29.8569	0.5703	2969.35	981.52	66.95%
	50	27.4755	0.2686	2969.33	1064.83	64.14%
10	0	30.0475	0.5051	2969.35	968.14	67.40%
	10	30.3835	0.5115	2969.35	973.03	67.23%
	20	30.0958	0.2171	2969.36	987.30	66.75%
	50	27.6977	0.7272	2969.32	1070.73	63.94%
20	0	30.2007	0.2156	2969.36	984.61	66.84%
	10	30.2619	0.5732	2969.35	989.52	66.66%
	20	30.0496	0.4100	2969.36	1003.74	66.20%
	50	27.6504	0.6065	2969.32	1087.73	63.37%
50	0	30.4978	0.3519	2969.36	1075.89	63.77%
	10	30.4227	0.3545	2969.36	1080.87	63.60%
	20	30.0788	0.3587	2969.36	1095.34	63.11%
	50	26.9897	0.3509	2969.31	1181.03	60.22%

表 4-8　星敏感器测量误差对复合制导精度的影响（射程为 12000km）

$\varepsilon_\xi('',3\sigma)$	$\varepsilon_\eta('',3\sigma)$	$e_s/(°)$	$\sigma_s/(°)$	CEP_{INS}/m	CEP_{COM}/m	$\frac{CEP_{INS}-CEP_{COM}}{CEP_{INS}}$
0	0	19.7759	2.6463	3934.34	1554.66	60.48%
	10	20.1972	2.7490	3934.63	1558.49	60.39%
	20	19.9605	2.5270	3934.24	1569.82	60.10%
	50	18.8980	2.5578	3933.91	1641.33	58.28%

续表

ε_ξ (″,3σ)	ε_η (″,3σ)	e_s/(°)	σ_s/(°)	CEP_{INS}/m	CEP_{COM}/m	$\frac{CEP_{INS}-CEP_{COM}}{CEP_{INS}}$
10	0	20.1029	2.5214	3934.28	1561.74	60.30%
	10	20.4674	2.6215	3934.55	1565.62	60.21%
	20	20.1316	2.8606	3934.78	1576.95	59.92%
	50	18.6532	2.7713	3934.17	1648.18	58.11%
20	0	19.7830	2.7706	3934.34	1582.47	59.78%
	10	19.8699	2.4026	3934.04	1586.33	59.68%
	20	19.6501	2.8773	3934.65	1597.64	59.40%
	50	18.7414	2.8553	3934.34	1668.23	57.60%
50	0	20.0975	3.0992	3935.15	1704.20	56.69%
	10	20.3183	2.6612	3934.55	1708.02	56.59%
	20	19.8351	2.5353	3934.20	1719.34	56.30%
	50	18.4387	2.8269	3934.20	1788.97	54.53%

表 4-7、表 4-8 分别给出了 6000km、12000km 射程下不同星敏感器测量误差对应的纯惯性制导、复合制导精度以及制导精度的相对提高百分比，根据表 4-7 和表 4-8 中结果可知：

（1）星敏感器测量误差对最佳导航星方位有一定影响，但影响并不大，两个算例的变化范围都在 4°以内；导弹射程越短、测量误差越大，相比于没有测量误差时的最佳导航星方位变化越大；最佳导航星方位的变化主要体现在高低角的变化，方位角几乎不变。为减小寻找最佳导航星的计算量和复杂度，当星敏感器的测量误差小于 20″(3σ) 时，寻找最佳导航星可以不用考虑星敏感器测量误差的影响，但评估复合制导的精度时需要考虑。

（2）在统计意义下，比较各种星敏感器测量误差条件下的落点精度，复合制导均优于纯惯性制导，也就是说采用星光修正的方法，在各种测量误差取值下均能起到很好的修正效果。

（3）随着测量误差的增大，复合制导的修正效果会变差，复合制导相对于纯惯性制导的精度提高百分比将减小。对 6000km 射程的弹道，最大测量误差条件下的复合制导精度相比于无测量误差时增大 218.55m，提高的百分比减小 7.37%；对 12000km 射程的弹道，最大测量误差条件下的复合制导精度相比于无测量误差时增大 234.31m，提高的百分比减小 5.95%。

（4）星敏感器两个输出坐标的测量精度影响并不相同，在本算例的仿真条件下，ξ 方向影响更大。

2. 星敏感器安装误差的影响

根据星敏感器安装误差模型，选取一组安装误差分布进行数值仿真。仿真中以射程 6000km 和 12000km 的两条弹道为例，不考虑星敏感器测量误差，其余误差分布与 3.4.1 节相同，结果如表 4-9、表 4-10 所示。

表 4-9　星敏感器安装误差对复合制导精度的影响（射程为 6000km）

$\varepsilon_{\varphi_0}(″,3\sigma)$	$\varepsilon_{\psi_0}(″,3\sigma)$	$e_s/(°)$	$\sigma_s/(°)$	CEP_{INS}/m	CEP_{COM}/m	$\frac{CEP_{INS}-CEP_{COM}}{CEP_{INS}}$
0	0	29.7025	0.4894	2969.35	962.48	67.59%
	10	30.1991	0.1848	2969.36	966.75	67.44%
	20	29.5328	0.4418	2969.36	979.34	67.02%
	50	27.9879	0.5763	2969.33	1054.54	64.49%
10	0	30.5074	0.7356	2969.34	968.24	67.39%
	10	30.0578	0.5986	2969.35	972.45	67.25%
	20	30.4542	0.4392	2969.35	985.17	66.82%
	50	27.7622	0.6698	2969.32	1060.47	64.29%
20	0	29.9184	0.5169	2969.35	984.69	66.84%
	10	29.8083	0.4298	2969.36	988.94	66.70%
	20	29.7059	0.2672	2969.36	1001.54	66.27%
	50	27.8124	0.4700	2969.33	1077.31	63.72%
50	0	30.4943	0.3497	2969.36	1075.89	63.77%
	10	29.9839	0.4548	2969.36	1080.30	63.62%
	20	29.4950	0.2597	2969.36	1093.13	63.19%
	50	27.9048	0.4440	2969.34	1170.41	60.58%

表 4-10　星敏感器安装误差对复合制导精度的影响（射程为 12000km）

$\varepsilon_{\varphi_0}(″,3\sigma)$	$\varepsilon_{\psi_0}(″,3\sigma)$	$e_s/(°)$	$\sigma_s/(°)$	CEP_{INS}/m	CEP_{COM}/m	$\frac{CEP_{INS}-CEP_{COM}}{CEP_{INS}}$
0	0	19.7759	2.6463	3934.34	1554.66	60.48%
	10	19.8832	2.7033	3934.46	1558.05	60.40%
	20	20.5067	2.5410	3934.45	1568.16	60.14%
	50	18.9044	2.8882	3934.44	1631.76	58.53%
10	0	20.3510	2.8799	3934.88	1561.77	60.31%
	10	19.7103	2.7854	3934.53	1565.22	60.22%
	20	20.1402	2.9276	3934.88	1575.23	59.97%
	50	18.5474	2.7806	3934.14	1638.63	58.35%

续表

ε_{φ_0} (″,3σ)	ε_{ψ_0} (″,3σ)	e_s/(°)	σ_s/(°)	CEP_{INS}/m	CEP_{COM}/m	$\frac{CEP_{INS}-CEP_{COM}}{CEP_{INS}}$
20	0	20.4941	3.0721	3935.22	1582.53	59.79%
	10	20.2186	2.8785	3934.83	1585.85	59.70%
	20	19.9383	2.4412	3934.11	1595.89	59.43%
	50	18.5747	2.4831	3933.67	1658.67	57.83%
50	0	19.9899	2.9288	3934.84	1704.15	56.69%
	10	20.4082	2.7749	3934.74	1707.56	56.60%
	20	19.9237	2.6796	3934.44	1717.56	56.35%
	50	18.9938	2.8196	3934.35	1780.13	54.75%

表 4-9、表 4-10 分别给出了 6000km、12000km 射程下不同星敏感器安装误差对应的纯惯性制导、复合制导精度以及制导精度的相对提高百分比，根据表 4-9 和表 4-10 中结果可知：

（1）星敏感器安装误差对最佳导航星方位有一定影响，但影响并不大，两个算例的变化范围都在 3°以内；导弹射程越短、安装误差越大，相比于没有安装误差时的最佳导航星方位变化越大；最佳导航星方位的变化主要体现在高低角的变化，方位角几乎不变。为减小寻找最佳导航星的计算量和复杂度，当星敏感器的安装误差小于 20″(3σ) 时，寻找最佳导航星可以不用考虑星敏感器安装误差的影响，但评估复合制导的精度时需要考虑。

（2）在统计意义下，比较各种星敏感器安装误差条件下的落点精度，复合制导均优于纯惯性制导，也就是说采用星光修正的方法，在各种安装误差取值下均能起到很好的修正效果。

（3）随着安装误差的增大，复合制导的修正效果会变差，复合制导相对于纯惯性制导的精度提高百分比将减小。对 6000km 射程的弹道，最大安装误差条件下的复合制导精度相比于无安装误差时增大 207.93m，提高的百分比减小 7.01%；对 12000km 射程的弹道，最大安装误差条件下的复合制导精度相比于无安装误差时增大 225.47m，提高的百分比减小 5.73%。

（4）星敏感器两个安装误差的影响并不相同，在本算例的仿真条件下误差 ε_{φ_0} 的影响更大。

上述结果与 4.2.4 节比较可以发现，星敏感器的测量误差与安装误差对最佳导航星方位、复合制导精度的影响非常相似。

3. 时钟误差的影响

时钟误差实际上相当于初始对准误差，可将其折合为初始对准误差考虑。设斜调平台的角速率 ω_p 为 1°/s，不考虑星敏感器测量误差和安装误差的影响，其余误差分布与 3.4.1 节相同。以射程为 6000km 和 12000km 的两条弹道为例，通过数值仿真的方法分析时钟误差的影响，得到的结果如表 4-11 所示。

表 4-11　时钟误差对复合制导精度的影响

射程/km	ε_t (ms, 3σ)	e_s/(°)	σ_s/(°)	CEP_{INS}/m	CEP_{COM}/m	$\frac{CEP_{INS}-CEP_{COM}}{CEP_{INS}}$
6000	0	29.7025	0.4894	2969.35	962.48	67.59%
	10	30.1686	0.3068	3262.62	970.85	70.24%
	20	30.0882	0.2434	3568.44	976.02	72.65%
	50	30.5591	0.5570	4497.48	982.79	78.15%
12000	0	19.7759	2.6463	3934.34	1554.66	60.48%
	10	20.0861	2.6133	4319.97	1565.07	63.77%
	20	19.8135	2.2316	4741.94	1571.85	66.85%
	50	20.2624	2.0257	6138.05	1581.23	74.24%

表 4-11 给出了 6000km、12000km 射程下不同时钟误差对应的纯惯性制导、复合制导精度以及制导精度的相对提高百分比，根据表 4-11 中结果可知：

（1）时钟误差对最佳导航星方位有一定影响，但影响很小，两个算例的变化范围都在 1°以内。为减小寻找最佳导航星的计算量和复杂度，当时钟误差小于 20ms(3σ)时，寻找最佳导航星可以不用考虑时钟误差的影响，但评估复合制导的精度时需要考虑。

（2）统计意义下，比较各种时钟误差下的落点精度，复合制导均优于纯惯性制导，也就是说采用星光修正的方法，在各种时钟误差取值下均能起到很好的修正效果。

（3）随着时钟误差的增大，纯惯性制导的精度显著变差，复合制导的精度也随之变差，但变化幅度较小，因此导致精度提高的百分比变大，即相对修正效果变好。与无时钟误差时相比，对 6000km 射程的弹道，50ms 时钟误差会导致纯惯性制导精度增大 1528.13m，复合制导精度增大 20.31m，提高的百分比增大 10.56%；对 12000km 射程的弹道，50ms 时钟误差会导致纯惯性制导精度增大 2203.71m，复合制导精度增大 26.57m，提高的百分比增大 13.76%。因为时钟误差可以等效折合为初始对准误差，这说明星光-惯性复合制导能够有效修正初始对准（定向）误差的影响，在初始对准精度降低的情况下，仍能保持复合制导精度近似不变。

（4）时钟误差对导弹制导精度有较明显的影响，因此发射时采用高精度的时钟，或者通过外部手段对时钟误差进行修正是有必要的。

4.3 误差模型对复合制导精度的影响分析

由 3.3 节的推导过程可知，最佳修正系数与误差向量 $\boldsymbol{K}$ 的选择及取值有关，通常 $\boldsymbol{K}$ 包括初始误差、惯性器件误差、平台控制误差等，其中对惯性器件误差和平台控制误差的建模往往是不准确的、误差模型系数的取值也有误差，下面分析它们对复合制导精度的影响。

4.3.1 误差向量选择对复合制导精度的影响

1. 平台静差的影响分析

通过 3.4 节中的分析可以发现，由于平台静差的性质，其在测星时刻的失准角中所占的比例很小（表 3-2），但其对纯惯性制导和复合制导精度的影响却较大（表 3-12），下面通过数值仿真的方法，分析其对最佳导航星方位及复合制导精度的影响。仿真分析了 6000km、12000km 两种射程的弹道，得到的结果如表 4-12 所示。表 4-12 中，“惯性导航模型”一列表示真实惯性导航模型中是否考虑平台静态误差；“计算模型”一列表示诸元计算时，复合制导的最佳导航星选择及最佳修正系数确定中是否考虑平台静态误差。

表 4-12 平台静差对最佳导航星方位以及复合制导精度的影响

射程/km	惯性导航模型	计算模型	$e_s/(°)$	$\sigma_s/(°)$	CEP_{INS}/m	CEP_{COM}/m	$\frac{CEP_{INS}-CEP_{COM}}{CEP_{INS}}$
6000	含有静差	含有静差	29.7025	0.4894	2969.36	962.48	67.59%
	含有静差	不含静差	29.9552	0.3974	2969.35	967.91	67.40%
	不含静差	不含静差	30.3165	0.4812	2838.38	551.02	80.59%
12000	含有静差	含有静差	19.7759	2.6463	3934.34	1554.66	60.48%
	含有静差	不含静差	23.2372	2.1180	3935.14	1563.35	60.27%
	不含静差	不含静差	23.8141	2.2431	3691.74	958.82	74.03%

表 4-12 给出了 6000km、12000km 射程下是否考虑平台静差对最佳导航星方位以及纯惯性制导、复合制导精度的影响，根据表中结果可知：

（1）惯性导航模型中含有平台静态误差时，最佳导航星选择时考虑或不考虑平台静态误差对最佳导航星方位有一定影响，且影响主要表现在最佳导航星的高低角，方位角影响不大。6000km 射程下的最佳导航星方位改变尚不大，12000km 射程下的最佳导航星高低角改变了 3.46°。

（2）惯性导航模型中含有平台静态误差时，计算最佳修正系数时考虑或不考虑平台静态误差对复合制导精度有一定影响，但影响很小。6000km 射程下的复合制导精度增大了 5.43m，12000km 射程下的复合制导精度增大了 8.69m。可见，如果计算能力允许，最佳导航星选择及最佳修正系数确定时应该考虑平台静差；如果计算能力不足，诸元计算时不考虑平台静差对复合制导精度的影响也不大。

（3）比较真实惯性导航模型中含有与不含平台静差两种情况可以发现，不含平台静差时纯惯性制导和复合制导精度都会提高，且复合制导精度提高的比例更大。6000km 射程下，制导精度提高的百分比增大 13.00%；12000km 射程下，制导精度提高的百分比增大 13.55%。因此，提高平台静态误差的设计精度对复合制导方案有非常重要的价值。

2. 平台动差的影响分析

目前，对于平台误差模型特别是平台的动态误差模型，尚在进一步的认识过程中，测量的手段和能力还不够高。平台的动态误差又是影响复合制导精度的重要误差源，故此下面分析其对最佳导航星、最佳修正系数以及复合制导精度的影响。

平台动态误差通过影响失准角影响弹道导弹的落点精度，其误差模型可以表示为[1]

$$\begin{bmatrix}\dot{\alpha}_{\mathrm{D}x}\\ \dot{\alpha}_{\mathrm{D}y}\\ \dot{\alpha}_{\mathrm{D}z}\end{bmatrix}=\begin{bmatrix}K_{\mathrm{D}0x}+K_{\mathrm{D}1x}\dot{W}_{x1}+K_{\mathrm{D}2x}\dot{W}_{x1}^2\\ K_{\mathrm{D}0y}+K_{\mathrm{D}1y}\dot{W}_{x1}+K_{\mathrm{D}2y}\dot{W}_{x1}^2\\ K_{\mathrm{D}0z}+K_{\mathrm{D}1z}\dot{W}_{x1}+K_{\mathrm{D}2z}\dot{W}_{x1}^2\end{bmatrix} \tag{4-52}$$

式中，$K_{\mathrm{D}0x}$、$K_{\mathrm{D}1x}$、$K_{\mathrm{D}2x}$ 分别为平台的零阶、一阶、二阶动态误差系数；$\dot{W}_{x1}$ 为视加速度在弹体轴 x_1 方向的投影。将式（4-52）作积分，则可以得到动态误差漂移角 $\boldsymbol{\alpha}_{\mathrm{D}}=[\alpha_{\mathrm{D}x}\quad \alpha_{\mathrm{D}y}\quad \alpha_{\mathrm{D}z}]^{\mathrm{T}}$ 随时间的变化关系为

$$\begin{bmatrix}\alpha_{\mathrm{D}x}\\ \alpha_{\mathrm{D}y}\\ \alpha_{\mathrm{D}z}\end{bmatrix}=\begin{bmatrix}K_{\mathrm{D}0x}t+K_{\mathrm{D}1x}W_{x1}+K_{\mathrm{D}2x}\int\dot{W}_{x1}^2\mathrm{d}t\\ K_{\mathrm{D}0y}t+K_{\mathrm{D}1y}W_{x1}+K_{\mathrm{D}2y}\int\dot{W}_{x1}^2\mathrm{d}t\\ K_{\mathrm{D}0z}t+K_{\mathrm{D}1z}W_{x1}+K_{\mathrm{D}2z}\int\dot{W}_{x1}^2\mathrm{d}t\end{bmatrix} \tag{4-53}$$

记

$$\boldsymbol{D}_{\mathrm{D}}=[K_{\mathrm{D}0x},K_{\mathrm{D}1x},K_{\mathrm{D}2x}.K_{\mathrm{D}0y},K_{\mathrm{D}1y}.K_{\mathrm{D}2y},K_{\mathrm{D}0z},K_{\mathrm{D}1z},K_{\mathrm{D}2z}] \tag{4-54}$$

$$\begin{cases} \boldsymbol{N}_{\mathrm{D}x} = \begin{bmatrix} 1 & \dot{W}_{x1} & \dot{W}_{x1}^2 \end{bmatrix} \\ \boldsymbol{N}_{\mathrm{D}y} = \begin{bmatrix} 1 & \dot{W}_{x1} & \dot{W}_{x1}^2 \end{bmatrix} \\ \boldsymbol{N}_{\mathrm{D}z} = \begin{bmatrix} 1 & \dot{W}_{x1} & \dot{W}_{x1}^2 \end{bmatrix} \end{cases} \tag{4-55}$$

则有

$$\boldsymbol{N}_{\mathrm{D}} = \begin{bmatrix} \int_0^{t_k} \underset{1\times3}{\boldsymbol{N}_{\mathrm{D}x}(\tau)\mathrm{d}\tau} & \underset{1\times3}{\boldsymbol{0}} & \underset{1\times3}{\boldsymbol{0}} \\ \underset{1\times3}{\boldsymbol{0}} & \int_0^{t_k} \underset{1\times3}{\boldsymbol{N}_{\mathrm{D}y}(\tau)\mathrm{d}\tau} & \underset{1\times3}{\boldsymbol{0}} \\ \underset{1\times3}{\boldsymbol{0}} & \underset{1\times3}{\boldsymbol{0}} & \int_0^{t_k} \underset{1\times3}{\boldsymbol{N}_{\mathrm{D}z}(\tau)\mathrm{d}\tau} \end{bmatrix} \tag{4-56}$$

式（4-53）可以写作

$$\boldsymbol{\alpha}_{\mathrm{D}} = \boldsymbol{N}_{\mathrm{D}} \cdot \boldsymbol{D}_{\mathrm{D}} \tag{4-57}$$

下面通过数值仿真的方法，分析平台动态误差对最佳导航星方位及复合制导精度的影响。仿真分析了 6000km、12000km 两种射程的弹道，得到的结果如表 4-13、表 4-14 所示。表 4-13 和表 4-14 中，“惯性导航模型”一列表示真实惯性导航模型中是否考虑平台动态误差；“计算模型”一列表示诸元计算时，复合制导的最佳导航星选择及最佳修正系数确定是否考虑平台动态误差。

表 4-13　平台动差对最佳导航星方位以及复合制导精度的影响（射程为 6000km）

误差系数 $K_{\mathrm{D}}(3\sigma)$	惯性导航模型	计算模型	e_s/(°)	σ_s/(°)	$\mathrm{CEP_{INS}}$/m	$\mathrm{CEP_{COM}}$/m	$\frac{\mathrm{CEP_{INS}}-\mathrm{CEP_{COM}}}{\mathrm{CEP_{INS}}}$
0	不含动差	不含动差	29.7025	0.4894	2969.36	962.48	67.59%
10^{-5}	含有动差	含有动差	30.7016	0.4343	2969.36	962.49	67.59%
		不含动差	29.7025	0.4894	2969.36	962.48	67.59%
10^{-4}	含有动差	含有动差	30.7061	0.4866	2969.37	962.49	67.58%
		不含动差	29.7025	0.4894	2969.37	962.50	67.59%
10^{-3}	含有动差	含有动差	29.8004	0.4537	2970.39	964.10	67.54%
		不含动差	29.7025	0.4894	2970.39	965.08	67.51%
10^{-2}	含有动差	含有动差	24.1898	0.6726	3069.27	1081.90	64.75%
		不含动差	29.7025	0.4894	3069.47	1194.60	61.08%

表 4-14　平台动差对最佳导航星方位以及复合制导精度的影响（射程为 12000km）

误差系数 $K_D(3\sigma)$	惯性导航模型	计算模型	$e_s/(°)$	$\sigma_s/(°)$	CEP_{INS}/m	CEP_{COM}/m	$\frac{CEP_{INS}-CEP_{COM}}{CEP_{INS}}$
0	不含动差	不含动差	19.7759	2.6463	3934.34	1554.66	60.48%
10^{-5}	含有动差	含有动差	20.2962	2.7829	3934.72	1554.63	60.49%
		不含动差	19.7759	2.6463	3934.34	1554.66	60.48%
10^{-4}	含有动差	含有动差	20.0519	2.3988	3934.13	1554.68	60.48%
		不含动差	19.7759	2.6463	3934.37	1554.72	60.48%
10^{-3}	含有动差	含有动差	20.6479	2.8713	3937.65	1558.14	60.43%
		不含动差	19.7759	2.6463	3937.03	1560.38	60.37%
10^{-2}	含有动差	含有动差	17.0102	2.9765	4190.49	1777.65	57.58%
		不含动差	19.7759	2.6463	4190.82	2048.57	51.11%

表4-13、表4-14给出了6000km、12000km射程下是否考虑平台动差对最佳导航星方位以及纯惯性制导、复合制导精度的影响，根据表4-13和表4-14中结果可知：

（1）在本仿真算例中，当平台动态误差系数 $K_D \leqslant 10^{-3}$ 时，平台动态误差对最佳导航星方位和复合制导精度的影响都比较小。不论诸元计算模型中是否考虑平台动态误差，对6000km射程的弹道，最佳导航星方位的变化小于1°，复合制导精度的变化小于3m，制导精度提高的百分比变化小于0.1%；对12000km射程的弹道，最佳导航星方位的变化小于1°，复合制导精度的变化小于6m，制导精度提高的百分比变化小于0.2%。可见，当平台动态误差很小时，为提高诸元计算的快速性，在最佳导航星选择和最佳修正系数确定时可以不用考虑平台动态误差项。

（2）当平台动态误差系数达到 10^{-2} 量级时，会对最佳导航星方位和复合制导精度产生明显影响。诸元计算模型中是否考虑平台动态误差，对最佳导航星方位的影响主要表现在高低角，6000km射程弹道变化5.51°，12000km射程弹道变化2.77°，可见射程越短影响越大。若诸元计算中不考虑平台动态误差，6000km射程弹道会导致复合制导精度降低112.7m，制导精度提高的百分比降低3.67%；12000km射程弹道会导致复合制导精度降低270.92m，制导精度提高的百分比降低6.47%，可见射程越远，影响越大。由以上分析可知，当平台动态误差角较大时，诸元计算中需要考虑该误差项。

4.3.2　惯性导航工具误差建模对复合制导精度的影响

由于实际应用中很难对加速度计误差、陀螺漂移误差和平台静态误差等因素建立准确的模型，导致实际采用的误差模型与真实模型总存在一定的偏差，这些偏差表现为误差模型的项数不同、误差模型的系数不准确等。这些偏差会对复合制导精度产生多大影响以及有哪些影响，对复合制导方案设计非常重要，因此有必要加以研究。

1. 误差模型项数的影响分析

惯性导航工具误差模型是为描述惯性导航系统测量误差的变化，人为设计的一种拟合数学模型，模型的项数与对惯性器件工作机理的认识程度、地面标定数据的多少等因素有关，与真实的惯性导航工具误差模型总是存在一定差异的。由 3.3 节可见，在星光-惯性复合制导方案中，最佳导航星方位的选择和最佳修正系数的确定都依赖于惯性导航工具误差模型，因此模型的不准确会影响最佳导航星选择和复合制导的精度。本节以陀螺为例，通过数值仿真模拟的手段，分析误差模型的高阶项（最后一项）对最佳修正系数的影响。具体而言，主要分析以下两种情况。

（1）诸元计算误差模型项数偏少：选择最佳导航星和确定最佳修正系数的误差模型项数较实际误差模型项数少（如确定最佳修正系数时陀螺的误差模型只取 4 项，而真实误差模型有 5 项）。

（2）诸元计算误差模型项数偏多：选择最佳导航星和确定最佳修正系数的误差模型项数较实际误差模型项数多（如确定最佳修正系数时陀螺的误差模型取 5 项，而真实误差模型仅有 4 项）。

仿真中以 6000km 和 12000km 两种射程为例，误差参数取值等条件与 3.4.1 节相同，不考虑平台动差以及星敏感器的测量与安装误差，得到的结果如表 4-15 所示。表 4-15 中，误差项数为 5 项表示取陀螺漂移误差模型［式（3-38）］中的全部项，误差项数为 4 项表示取陀螺漂移误差模型［式（3-38）］中的前 4 项。

表 4-15 陀螺漂移误差模型项数对最佳导航星方位以及复合制导精度的影响

射程/km	惯性导航模型误差项数	计算模型误差项数	$e_s/(°)$	$\sigma_s/(°)$	CEP_{INS}/m	CEP_{COM}/m	$\frac{CEP_{INS}-CEP_{COM}}{CEP_{INS}}$
6000	5	5	29.7025	0.4894	2969.36	962.48	67.59%
		4	30.6588	2.2089	2969.16	961.87	67.60%
	4	5	30.3546	0.3164	2969.36	962.36	67.59%
		4	30.1802	1.7543	2969.19	961.66	67.61%
12000	5	5	19.7759	2.6463	3934.34	1554.66	60.48%
		4	20.5832	9.2770	3957.34	1613.83	59.17%
	4	5	19.7770	2.6744	3931.53	1569.83	60.07%
		4	20.8813	8.6440	3924.37	1541.44	60.72%

由表 4-15 中的结果，可以得到以下结论：

（1）在 6000km 和 12000km 弹道中，无论诸元计算采用的陀螺漂移误差模型项数偏少或偏多，统计意义下星光-惯性复合制导的落点精度都要高于纯惯性制导，说明复合制导一直是有效的。

（2）陀螺漂移误差模型项数的选取对诸元计算最佳导航星方位的影响较大，且影响主要表现在最佳导航星的方位角，对高低角影响较小。6000km 射程下的最佳导航星方位角改变了 1.72°，12000km 射程下的最佳导航星方位角改变了 6.63°。

（3）计算最佳修正系数时陀螺漂移误差模型项数的选取对复合制导精度有一定影响，影响的大小与导弹的射程有关。6000km 射程下复合制导精度的变化小于 1m，12000km 射程下复合制导精度的变化达到 60m。可见，如果计算能力允许，最佳导航星选择及最佳修正系数确定时采用的诸元计算误差模型越准确越好。

（4）惯性导航真实模型与计算模型一致时，比较误差项数为 4 项和 5 项两种情况，可以发现，4 项的纯惯性制导和复合制导的精度都要高，且提高的幅度与射程有关。6000km 射程下纯惯性制导和复合制导精度的提高都小于 1m；12000km 射程下纯惯性制导精度提高 9.97m，复合制导精度提高 13.22m。

2. *误差模型系数的影响分析*

惯性导航工具误差模型的系数及其随机分布特征一般是通过地面大量的标定试验确定的，由于试验手段的限制，标定结果存在误差；且导弹在实际飞行过程中，飞行环境与地面标定环境的差异会导致误差系数产生天地不一致性。在星光-惯性复合制导方案中，最佳导航星方位的选择和最佳修正系数的确定都依赖于地面标定误差系数的先验信息，因此先验信息的不准确会影响最佳导航星选择和复合制导的精度。本节以陀螺漂移误差模型为例，通过数值仿真的方法，分析误差模型的系数对复合制导精度的影响。

仿真中以 6000km 和 12000km 两种射程为例，陀螺漂移误差系数的设定见表 4-16（表 4-16 中数据为 3 倍标准差），其他条件与 3.4.1 节相同，不考虑平台动差及星敏感器的测量与安装误差，得到的结果如表 4-16 所示。

表 4-16　陀螺漂移误差模型系数对最佳导航星方位以及复合制导精度的影响

射程/km	惯性导航模型误差系数	计算模型误差系数	e_s/(°)	σ_s/(°)	CEP_{INS}/m	CEP_{COM}/m	$\frac{CEP_{INS}-CEP_{COM}}{CEP_{INS}}$
6000	0.1	0.1	29.7025	0.4894	2969.36	962.48	67.59%
		0.01	38.6944	2.6789	2968.55	1036.45	65.09%
		0.001	38.1776	2.8347	2968.56	1105.96	62.74%
	0.01	0.1	30.0067	0.3173	2840.01	1341.64	52.76%
		0.01	38.0739	3.2344	2838.96	793.19	72.06%
		0.001	38.1457	3.5663	2838.81	793.24	72.06%

续表

射程/km	惯性导航模型误差系数	计算模型误差系数	e_s/(°)	σ_s/(°)	CEP_{INS}/m	CEP_{COM}/m	$\frac{CEP_{INS}-CEP_{COM}}{CEP_{INS}}$
6000	0.001	0.1	30.1600	0.5054	2838.66	1393.83	50.90%
		0.01	38.5822	2.6703	2837.76	799.75	71.82%
		0.001	38.0869	3.1228	2837.65	790.43	72.14%
12000	0.1	0.1	19.7759	2.6463	3934.34	1554.66	60.48%
		0.01	24.7586	15.1484	3988.99	1879.88	52.87%
		0.001	25.5164	16.3295	3997.07	2025.59	49.32%
	0.01	0.1	20.0145	2.3982	3680.61	2155.00	41.45%
		0.01	25.1266	15.7843	3654.99	1406.86	61.51%
		0.001	24.7403	16.5134	3652.44	1408.86	61.43%
	0.001	0.1	20.0939	2.2927	3678.04	2238.25	39.15%
		0.01	25.0284	15.8720	3650.97	1418.92	61.14%
		0.001	25.2771	16.1229	3650.22	1402.99	61.56%

由表 4-15 中的结果，可以得到以下结论：

（1）在 6000km 和 12000km 两种射程的弹道中，无论诸元计算采用的陀螺漂移误差模型系数偏大或偏小，统计意义下复合制导的落点精度都要高于纯惯性制导，说明复合制导一直是有效的。但在蒙特卡罗打靶仿真试验中，出现了若干条弹道的复合制导精度低于纯惯性制导的情形，说明复合制导仅是在统计意义下精度高于纯惯性制导，并非任意一条弹道的制导精度都要高。

（2）陀螺漂移误差模型系数对诸元计算最佳导航星方位的影响较大，且高低角、方位角都有比较明显的影响。6000km 射程下同组内的最佳导航星高低角最多改变了 8.99°，方位角改变了 3.25°；12000km 射程下同组内的最佳导航星高低角最多改变了 5.74°，方位角改变了 14.12°。结合表 4-15 中的数据可以发现，陀螺漂移误差对最佳导航星的方位角有较明显的影响；结合表 4-12～表 4-14 中的数据可以发现，平台误差模型对方位角的影响不大，主要影响最佳导航星的高低角。

（3）计算最佳修正系数时，陀螺漂移误差模型系数对复合制导精度有显著影响。6000km 射程下，同组内的复合制导精度最大增多 603.40m，制导精度提高的百分比减小 21.24%；12000km 射程下，同组内的复合制导精度最大增多 835.26m，制导精度提高的百分比减小 22.41%。上述制导精度变化最大的情形出现在真实惯性导航模型误差系数较小（0.001）时，真实惯性导航模型误差系数较大（0.1）时制导精度变化最小，说明陀螺精度越高，复合制导精度对误差模型系数越敏感。

（4）当惯性导航真实模型系数与计算模型系数一致时，比较系数取值 0.1、0.01、

0.001 的三种情况可以发现，当误差系数越小、陀螺精度越高时，纯惯性制导和复合制导的精度以及制导精度提高的百分比越高，提高的幅度与射程有关。比较系数取值 0.1 和 0.001 的两种情形，6000km 射程下纯惯性制导精度提高 131.71m，复合制导精度提高 172.05m，制导精度提高的百分比增大 4.55%；12000km 射程下纯惯性制导精度提高 284.12m，复合制导精度提高 151.67m，制导精度提高的百分比增大 1.08%。可见，随着射程增大，纯惯性制导精度提高得更多，而复合制导精度的提高量相对变小。另外，比较系数取值 0.01 和 0.001 的两种情形可以发现，纯惯性制导和复合制导的精度虽有提高，但提高的幅度很小，说明在本仿真算例的条件下，不提高其他误差项的精度，单纯提高陀螺的精度，到一定阶段后对提高制导精度的作用很小。

综合上述分析可见，如果计算能力允许，最佳导航星选择及最佳修正系数确定时采用的诸元计算误差模型越准确越好。

4.4　扰动引力对复合制导精度的影响分析

4.4.1　扰动引力的概念

在弹道学中，为方便计算，常用形状规则、质量分布均匀的自转物体作为真实地球的近似(通常称为正常地球)，如质量分布均匀的旋转圆球体或旋转椭球体。正常地球的引力位称为正常引力位 $V(x,y,z)$，真实地球的引力位称为真实引力位 $U(x,y,z)$。真实引力位 $U(x,y,z)$ 与正常引力位 $V(x,y,z)$ 的差别称为扰动引力位 $T(x,y,z)$，扰动引力位形成的引力场称为扰动引力场[2, 3]。

扰动引力位可理解为地球的质量分布与正常地球质量分布不一致所产生的引力位差。在地球和正常地球之外的空间，扰动引力位是一个调和函数，可以表示为球谐级数。如果真实地球与正常地球的质量相等，则扰动引力位的展开式为

$$T(r,\varphi,\lambda)=\frac{\mu}{r}\sum_{n=2}^{\infty}\left(\frac{a_{\mathrm{e}}}{r}\right)^{n}\sum_{m=0}^{n}(C_{nm}\cos m\lambda+S_{nm}\sin m\lambda)P_{nm}(\sin\varphi) \tag{4-58}$$

式中，r 为地心距；μ 为地球引力常数；a_{e} 为地球椭球的半长轴；φ、λ 分别为待求点的地心纬度与经度；$P_{nm}(\sin\varphi)$ 为正则化的勒让德函数；S_{nm}、C_{nm} 为正则化的球谐系数。

在用球谐级数表达式描述扰动引力时，理论上球谐级数的阶数应为 2～∞，但实际使用时只能截断到有限阶，因为截断阶数越大，位系数的数量也越大，会使实际计算非常复杂。

现代远程弹道导弹对地球引力计算精度的要求越来越高，因此必须考虑实际引力与正常引力之间的差别。扰动引力位对位置的梯度为扰动引力，即

$$\Delta g = \text{grad}T = \left(\frac{\partial T}{\partial r}, \frac{1}{r}\frac{\partial T}{\partial \varphi}, \frac{1}{r\cos\varphi}\frac{\partial T}{\partial \lambda}\right) \tag{4-59}$$

导弹在飞行过程中的扰动引力需要通过引力模型计算获得，目前常采用的方法包括：梯度法、斯托克斯积分法、点质量法以及球谐级数展开法等。

对应实际引力场，可以给出天文坐标的定义。天文地理坐标系也称天文坐标系，它的基准是铅垂线和大地水准面，其坐标包括天文经度、天文纬度和正高。天文坐标是基于天文子午面定义的。天文子午面是过地面任一点的铅垂线且与地球旋转轴平行的平面，天文子午面与大地水准面的交线称为天文子午线。将天文子午面定义为大地本初子午面，即过格林尼治天文台的大地子午面。表 4-17 给出了天文坐标和大地坐标的定义。

表 4-17　天文坐标和大地坐标的定义

坐标类型	坐标参数	含义
天文坐标	天文经度 λ_T	观测当地的天文子午面与本初子午面之间的夹角
	天文纬度 B_T	观测当地铅垂线与赤道面之间的夹角
	天文方位角 A_T	当地水平面，某一方向矢量与天文子午线切线方向的夹角
	正高 H^g	沿铅垂线到大地水准面的距离
大地坐标	大地经度 λ_0	大地子午面与起始子午面构成的二面角
	大地纬度 B_0	法线与参考椭球赤道面的夹角
	大地方位角 A_0	椭球某点切平面上，某一方向矢量与大地子午线切线的夹角
	大地高 H_0	法线到参考椭球面的距离

天文坐标与大地坐标之间的转换关系为

$$\begin{cases} \lambda_T = \lambda_0 + \eta \sec B_T \\ B_T = B_0 + \xi \\ A_T = A_0 + \eta \tan B_T \\ H^g = H_0 + N \end{cases} \tag{4-60}$$

式中，ξ、η 为垂线偏差；N 为大地水准面高。

4.4.2　扰动引力对惯性导航精度的影响

1. *初态误差的影响*

发射惯性坐标系（A 系）和平台坐标系（P 系）之间存在坐标指向误差和坐标原点位置误差，前者导致导航计算用的坐标发生了旋转，后者导致导航坐标发生了横移，两者的共同作用使得实际的导航坐标系不同于理论导航坐标系，如图 4-12 所示。

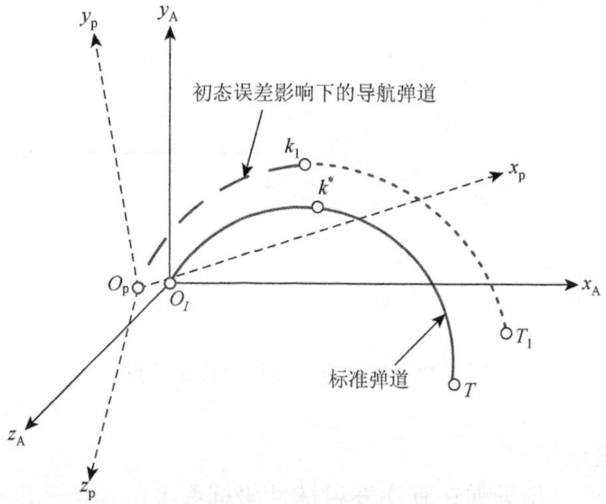

图 4-12　初态误差通过导航坐标框架影响弹道形状

从图 4-12 中可以发现，受初态误差的影响，实际导航弹道与标准弹道之间存在弹道变形。由于地球正常引力是位置的函数，显然同一时刻不同弹道上的正常引力计算值也会存在误差，而引力计算误差又会通过弹道积分影响下一时刻的导航参数。此外，由于初始位置误差和地球自转角速度投影误差的存在，初态误差还会导致初始速度误差的产生。

1）初始位置误差

初始位置误差仅与大地测量误差 $\Delta\lambda_0$、ΔB_0、ΔH_0 有关，且实际发射点与理论发射点之间相差不大，故初始定位误差可转为平面关系推导得出，如图 4-13 所示。

根据几何关系可以较容易得出发射点定位误差在东北天坐标系中的分量，然后将其投影到发射惯性坐标系中，即可得到初始定位误差 $\Delta\boldsymbol{r}(t_0)$ 为

$$
\begin{aligned}
\Delta\boldsymbol{r}(t_0) &= \begin{bmatrix} & r_{E0}\cos B_0\sin A_T & r_{E0}\cos A_T & 0 \\ O_{3\times3} & 0 & 0 & 1 \\ & r_{E0}\cos B_0\cos A_T & -r_{E0}\sin A_T & 0 \end{bmatrix}\boldsymbol{K} \\
&= \boldsymbol{N}_{r0}\cdot\boldsymbol{K}
\end{aligned}
\quad (4\text{-}61)
$$

式中，r_{E0} 为发射点的地心距；$\boldsymbol{N}_{r0}$ 为误差项对初始位置误差的影响矩阵；$\boldsymbol{K}=[\Delta\xi \quad \Delta\eta \quad \Delta A_0 \quad \Delta\lambda_0 \quad \Delta B_0 \quad \Delta H_0]^{\mathrm{T}}$ 为初态误差。

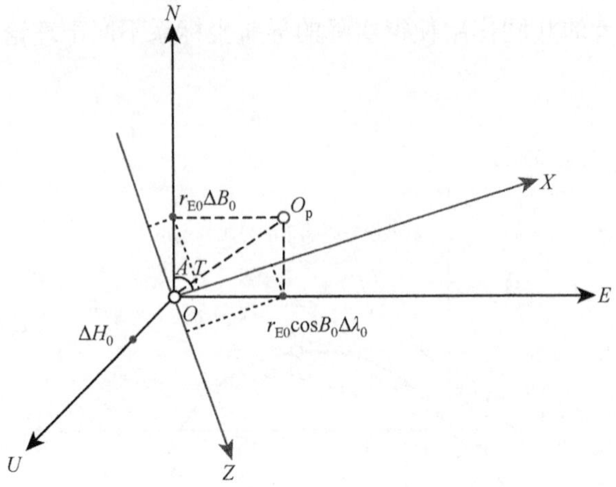

图 4-13　发射点定位误差投影关系

2）初始速度误差

初始速度误差是指导弹在真实发射惯性坐标系中的初始速度矢量与在标准发射惯性坐标系中的初始速度矢量之差，主要由发射点参数误差和导弹载体速度测量误差两个因素导致，分别用 $\Delta \boldsymbol{v}_{\mathrm{e}}$ 和 $\Delta \boldsymbol{v}_{\mathrm{rel}}$ 表示这两项误差，则有

$$\delta \boldsymbol{v}_{\mathrm{e}}(0) = \Delta \boldsymbol{v}_{\mathrm{e}} + \Delta \boldsymbol{v}_{\mathrm{rel}} \tag{4-62}$$

式中，

$$\Delta \boldsymbol{v}_{\mathrm{e}} = \frac{\partial \boldsymbol{v}_{\mathrm{e}0}}{\partial \xi}\Delta\xi + \frac{\partial \boldsymbol{v}_{\mathrm{e}0}}{\partial \eta}\Delta\eta + \frac{\partial \boldsymbol{v}_{\mathrm{e}0}}{\partial A_0}\Delta A_0 + \frac{\partial \boldsymbol{v}_{\mathrm{e}0}}{\partial B_0}\Delta B_0 + \frac{\partial \boldsymbol{v}_{\mathrm{e}0}}{\partial H_0}\Delta H_0 \tag{4-63}$$

其中，

$$\frac{\partial \boldsymbol{v}_{\mathrm{e}0}}{\partial \xi} = \begin{bmatrix} -\omega_{\mathrm{e}}(D_0 + H_0)\sin B_0 \sin A_0 \\ 0 \\ -\omega_{\mathrm{e}}(D_0 + H_0)\sin B_0 \cos A_0 \end{bmatrix} \tag{4-64}$$

$$\frac{\partial \boldsymbol{v}_{\mathrm{e}0}}{\partial \eta} = \begin{bmatrix} \omega_{\mathrm{e}}(D_0 + H_0)\sin B_0 \cos A_0 \\ 0 \\ -\omega_{\mathrm{e}}(D_0 + H_0)\sin B_0 \sin A_0 \end{bmatrix} \tag{4-65}$$

$$\frac{\partial \boldsymbol{v}_{\mathrm{e}0}}{\partial A_0} = \begin{bmatrix} \omega_{\mathrm{e}}(D_0 + H_0)\cos B_0 \cos A_0 \\ 0 \\ -\omega_{\mathrm{e}}(D_0 + H_0)\cos B_0 \sin A_0 \end{bmatrix} \tag{4-66}$$

$$\frac{\partial \boldsymbol{v}_{\mathrm{e}0}}{\partial B_0} = \left(\omega_{\mathrm{e}} \cos B_0 \frac{\partial D_0}{\partial B_0} - \omega_{\mathrm{e}}(D_0 + H_0)\sin B_0\right) \cdot \begin{bmatrix} \sin A_0 \\ 0 \\ \cos A_0 \end{bmatrix} \tag{4-67}$$

$$\frac{\partial D_0}{\partial B_0}=\frac{D_0^3(2\alpha_e-\alpha_e^2)}{2\alpha_e^2}\sin 2B_0 \tag{4-68}$$

$$\frac{\partial \boldsymbol{v}_{e0}}{\partial H_0}=\begin{bmatrix}\omega_e\cos B_0\sin A_0\\0\\\omega_e\cos B_0\cos A_0\end{bmatrix} \tag{4-69}$$

这里，ω_e为地球自转角速率；D_0为卯酉半径。

3）坐标指向误差

设理想发射点的天文经度与纬度为λ_T、B_T，初始定位误差用$\boldsymbol{\Delta}_T=[\Delta\lambda_T\quad \Delta B_T]^T$来描述，则实际平台坐标系P到地心惯性坐标系I的转换矩阵为

$$\boldsymbol{C}_P^I=\boldsymbol{C}_A^I\cdot\boldsymbol{C}_P^A \tag{4-70}$$

式中，发射惯性坐标系与地心惯性坐标系间的方向余弦阵为

$$\boldsymbol{C}_A^I=\boldsymbol{M}_3\left[\frac{\pi}{2}-(\lambda_T+\Delta\lambda_T)-\varOmega_G\right]\cdot\boldsymbol{M}_1[-(B_T+\Delta B_T)]\cdot\boldsymbol{M}_2\left[A_T+\frac{\pi}{2}\right] \tag{4-71}$$

其中，$\varOmega_G$为平春分点与发射时刻格林尼治天文台所在子午线的夹角。

地心惯性坐标系到理论平台坐标系的转换矩阵为

$$\boldsymbol{C}_I^{P'}=\boldsymbol{C}_{A'}^{P'}\cdot\boldsymbol{C}_I^{A'} \tag{4-72}$$

式中，

$$\boldsymbol{C}_I^{A'}=\boldsymbol{M}_2\left[-\left(\frac{\pi}{2}+A_T\right)\right]\cdot\boldsymbol{M}_1[B_T]\cdot\boldsymbol{M}_3\left[-\left(\frac{\pi}{2}-\lambda_T\right)+\varOmega_G\right] \tag{4-73}$$

因此，实际平台坐标系到理论平台坐标系的转换矩阵为

$$\boldsymbol{C}_P^{P'}=\boldsymbol{C}_I^{P'}\cdot\boldsymbol{C}_P^I=\boldsymbol{C}_{A'}^{P'}\cdot\boldsymbol{C}_I^{A'}\cdot\boldsymbol{C}_A^I\cdot\boldsymbol{C}_P^A \tag{4-74}$$

将$\boldsymbol{C}_I^{A'}\cdot\boldsymbol{C}_A^I$展开，略去高阶小量，可得

$$\boldsymbol{C}_I^{A'}\cdot\boldsymbol{C}_A^I=\boldsymbol{E}+\boldsymbol{D}_{\lambda_T}\cdot\Delta\lambda_T+\boldsymbol{D}_{B_T}\cdot\Delta B_T \tag{4-75}$$

式中，

$$\boldsymbol{D}_{\lambda_T}=\begin{bmatrix}0&\sin A_T\cos B_T&\sin B_T\\-\sin A_T\cos B_T&0&-\cos A_T\cos B_T\\-\sin B_T&\cos A_T\cos B_T&0\end{bmatrix} \tag{4-76}$$

$$\boldsymbol{D}_{B_T}=\begin{bmatrix}0&\cos A_T&0\\-\cos A_T&0&\sin A_T\\0&-\sin A_T&0\end{bmatrix} \tag{4-77}$$

将式（4-75）代入式（4-74）中可得

$$\boldsymbol{C}_P^{P'}=\boldsymbol{E}+\boldsymbol{C}_{A'}^{P'}\cdot\boldsymbol{D}_{\lambda_T}\cdot\boldsymbol{C}_P^A\cdot\Delta\lambda_T+\boldsymbol{C}_{A'}^{P'}\cdot\boldsymbol{D}_{B_T}\cdot\boldsymbol{C}_P^A\cdot\Delta B_T \tag{4-78}$$

继续展开，并记 $\boldsymbol{C}_{\mathrm{P}}^{\mathrm{A}}=(\boldsymbol{C}_{\mathrm{A'}}^{\mathrm{P'}})^{\mathrm{T}}=[c_{ij}]_{3\times3}$，将 $\boldsymbol{C}_{\mathrm{P}}^{\mathrm{A}}$ 代入式（4-78）可得

$$\boldsymbol{\varDelta}_{\lambda}=\boldsymbol{C}_{\mathrm{A'}}^{\mathrm{P'}}\cdot\boldsymbol{D}_{\lambda_{\mathrm{T}}}\cdot\boldsymbol{C}_{\mathrm{P}}^{\mathrm{A}}\cdot\Delta\lambda_{\mathrm{T}}=\begin{bmatrix}0 & \varDelta_{\lambda12} & \varDelta_{\lambda13}\\ -\varDelta_{\lambda12} & 0 & \varDelta_{\lambda23}\\ -\varDelta_{\lambda13} & -\varDelta_{\lambda23} & 0\end{bmatrix}\cdot\Delta\lambda_{\mathrm{T}} \tag{4-79}$$

式中，

$$\begin{cases}\varDelta_{\lambda12}=(c_{11}c_{22}-c_{12}c_{21})\sin A_{\mathrm{T}}\cos B_{\mathrm{T}}+(c_{11}c_{32}-c_{12}c_{31})\sin B_{\mathrm{T}}+(c_{22}c_{31}-c_{21}c_{32})\cos A_{\mathrm{T}}\cos B_{\mathrm{T}}\\ \varDelta_{\lambda13}=(c_{11}c_{23}-c_{13}c_{21})\sin A_{\mathrm{T}}\cos B_{\mathrm{T}}+(c_{11}c_{33}-c_{13}c_{31})\sin B_{\mathrm{T}}+(c_{23}c_{31}-c_{21}c_{33})\cos A_{\mathrm{T}}\cos B_{\mathrm{T}}\\ \varDelta_{\lambda23}=(c_{12}c_{23}-c_{13}c_{22})\sin A_{\mathrm{T}}\cos B_{\mathrm{T}}+(c_{12}c_{33}-c_{13}c_{32})\sin B_{\mathrm{T}}+(c_{23}c_{32}-c_{22}c_{33})\cos A_{\mathrm{T}}\cos B_{\mathrm{T}}\end{cases} \tag{4-80}$$

对于 ΔB_{T} 有如下关系式：

$$\boldsymbol{\varDelta}_{B}=\boldsymbol{C}_{\mathrm{A'}}^{\mathrm{P'}}\cdot\boldsymbol{D}_{B_{\mathrm{T}}}\cdot\boldsymbol{C}_{\mathrm{P}}^{\mathrm{A}}\cdot\Delta B_{\mathrm{T}}=\begin{bmatrix}0 & \varDelta_{B12} & \varDelta_{B13}\\ -\varDelta_{B12} & 0 & \varDelta_{B23}\\ -\varDelta_{B13} & -\varDelta_{B23} & 0\end{bmatrix}\cdot\Delta B_{\mathrm{T}} \tag{4-81}$$

式中，

$$\begin{cases}\varDelta_{B12}=(c_{11}c_{22}-c_{12}c_{21})\cos A_{\mathrm{T}}+(c_{21}c_{32}-c_{22}c_{31})\sin A_{\mathrm{T}}\\ \varDelta_{B13}=(c_{11}c_{23}-c_{13}c_{21})\cos A_{\mathrm{T}}+(c_{21}c_{33}-c_{23}c_{31})\sin A_{\mathrm{T}}\\ \varDelta_{B23}=(c_{12}c_{23}-c_{13}c_{22})\cos A_{\mathrm{T}}+(c_{22}c_{33}-c_{23}c_{32})\sin A_{\mathrm{T}}\end{cases} \tag{4-82}$$

记初始定位误差 $\boldsymbol{\varDelta}_{\mathrm{T}}$ 造成的平台失准角为 $\boldsymbol{\alpha}_0=[\alpha_{0x}\quad\alpha_{0y}\quad\alpha_{0z}]^{\mathrm{T}}$，可得

$$\boldsymbol{C}_{\mathrm{P}}^{\mathrm{P'}}=\begin{bmatrix}1 & \alpha_{0z} & -\alpha_{0y}\\ -\alpha_{0z} & 1 & \alpha_{0x}\\ \alpha_{0y} & -\alpha_{0x} & 1\end{bmatrix}=\underset{3\times3}{\boldsymbol{E}}+\begin{bmatrix}0 & \alpha_{0z} & -\alpha_{0y}\\ -\alpha_{0z} & 0 & \alpha_{0x}\\ \alpha_{0y} & -\alpha_{0x} & 0\end{bmatrix} \tag{4-83}$$

根据式（4-79）、式（4-81）和式（4-83）可得平台失准角相对于初始定位误差的偏导数为

$$\begin{cases}\partial\alpha_{0x}/\partial\Delta\lambda_{\mathrm{T}}=-\varDelta_{\lambda23}\\ \partial\alpha_{0y}/\partial\Delta\lambda_{\mathrm{T}}=\varDelta_{\lambda13}\\ \partial\alpha_{0z}/\partial\Delta\lambda_{\mathrm{T}}=-\varDelta_{\lambda12}\end{cases} \tag{4-84}$$

$$\begin{cases}\partial\alpha_{0x}/\partial\Delta B_{\mathrm{T}}=-\varDelta_{B23}\\ \partial\alpha_{0y}/\partial\Delta B_{\mathrm{T}}=\varDelta_{B13}\\ \partial\alpha_{0z}/\partial\Delta B_{\mathrm{T}}=-\varDelta_{B12}\end{cases} \tag{4-85}$$

记 $\boldsymbol{N}_{\mathrm{T}}=\begin{bmatrix}-\varDelta_{\lambda23} & -\varDelta_{B23}\\ \varDelta_{\lambda13} & \varDelta_{B13}\\ -\varDelta_{\lambda12} & -\varDelta_{B12}\end{bmatrix}$，则有

$$\boldsymbol{\alpha}_0=\boldsymbol{N}_{\mathrm{T}}\cdot\boldsymbol{\varDelta}_{\mathrm{T}} \tag{4-86}$$

将式（4-60）代入式（4-86）中，可得

$$\boldsymbol{\alpha}_0 = \boldsymbol{N}_0 \cdot \boldsymbol{\Delta}_0 \tag{4-87}$$

式中，$\boldsymbol{\Delta}_0 = [\Delta\xi \quad \Delta\eta \quad \Delta\lambda_0 \quad \Delta B_0]^{\mathrm{T}}$

$$\boldsymbol{N}_0 = \begin{bmatrix} \Delta_{B23} & \Delta_{\lambda 23}\sec B_{\mathrm{T}} & \Delta_{\lambda 23} & \Delta_{B23} \\ -\Delta_{B13} & -\Delta_{\lambda 13}\sec B_{\mathrm{T}} & -\Delta_{\lambda 13} & -\Delta_{B13} \\ \Delta_{B12} & \Delta_{\lambda 12}\sec B_{\mathrm{T}} & \Delta_{\lambda 12} & \Delta_{B12} \end{bmatrix} \tag{4-88}$$

初始对准误差和定向误差可以用平台坐标系相对于发射惯性坐标系三个轴的失准角来表示，记为$[\varepsilon_{0x} \quad \varepsilon_{0y} \quad \varepsilon_{0z}]^{\mathrm{T}}$，假定在调平台过程中采用先偏航再俯仰的转换方式，则有

$$\begin{bmatrix} \alpha_{\mathrm{dx}} \\ \alpha_{\mathrm{dy}} \\ \alpha_{\mathrm{dz}} \end{bmatrix} = \begin{bmatrix} \cos\varphi_{\mathrm{r}}\cos\psi_{\mathrm{r}} & \sin\varphi_{\mathrm{r}} & \cos\varphi_{\mathrm{r}}\sin\psi_{\mathrm{r}} \\ -\sin\varphi_{\mathrm{r}}\cos\psi_{\mathrm{r}} & \cos\varphi_{\mathrm{r}} & -\sin\varphi_{\mathrm{r}}\sin\psi_{\mathrm{r}} \\ -\sin\psi_{\mathrm{r}} & 0 & \cos\psi_{\mathrm{r}} \end{bmatrix} \begin{bmatrix} \alpha'_{\mathrm{dx}} \\ \alpha'_{\mathrm{dy}} \\ \alpha'_{\mathrm{dz}} \end{bmatrix} = \boldsymbol{C}_{\mathrm{A}}^{\mathrm{P'}} \begin{bmatrix} \varepsilon_{0x} \\ \varepsilon_{0y} \\ \varepsilon_{0z} \end{bmatrix} \tag{4-89}$$

若记$\boldsymbol{N}_{\mathrm{d}} = \boldsymbol{C}_{\mathrm{A}}^{\mathrm{P'}}$，$\boldsymbol{\alpha}_{\mathrm{d}} = [\alpha_{\mathrm{dx}} \quad \alpha_{\mathrm{dy}} \quad \alpha_{\mathrm{dz}}]^{\mathrm{T}}$，$\boldsymbol{\varepsilon}_0 = [\varepsilon_{0x} \quad \varepsilon_{0y} \quad \varepsilon_{0z}]^{\mathrm{T}}$，则有

$$\boldsymbol{\alpha}_{\mathrm{d}} = \boldsymbol{N}_{\mathrm{d}} \cdot \boldsymbol{\varepsilon}_0 \tag{4-90}$$

2. 主动段扰动引力的影响

扰动引力相比于正常引力属于小量，因此飞行过程中的实际弹道十分接近标准弹道，可将实际弹道的引力加速度在同一时刻标准弹道对应位置上展开，略去高阶项有

$$\boldsymbol{g}(\boldsymbol{r}) - \boldsymbol{g}^*(\boldsymbol{r}^*) = \boldsymbol{g}(\boldsymbol{r}^*) + \left(\frac{\partial \boldsymbol{g}}{\partial \boldsymbol{r}}\right)^* \delta\boldsymbol{r} - \boldsymbol{g}^*(\boldsymbol{r}^*) \tag{4-91}$$

记$\delta\boldsymbol{g} = \boldsymbol{g}(\boldsymbol{r}^*) - \boldsymbol{g}^*(\boldsymbol{r}^*)$，则式（4-91）可变成

$$\boldsymbol{g}(\boldsymbol{r}) - \boldsymbol{g}^*(\boldsymbol{r}^*) = \delta\boldsymbol{g} + \left(\frac{\partial \boldsymbol{g}}{\partial \boldsymbol{r}}\right)^* \delta\boldsymbol{r} \tag{4-92}$$

式中，$\delta\boldsymbol{g}$表示同一时刻在标准弹道同一位置上的扰动引力，与导弹飞行路径的地球实际地形地势有关；$(\partial\boldsymbol{g}/\partial\boldsymbol{r})^*\delta\boldsymbol{r}$ 则反映了由导航位置误差引起的同一时刻引力误差，实质是弹道变形导致的正常引力计算误差。

根据式（4-92）建立导航误差方程为

$$\begin{cases} \delta\dot{\boldsymbol{v}}(t) = \delta\boldsymbol{g}(t) + \left(\dfrac{\partial \boldsymbol{g}}{\partial \boldsymbol{r}}\right)^* \delta\boldsymbol{r}(t) \\ \delta\dot{\boldsymbol{r}}(t) = \delta\boldsymbol{v}(t) \end{cases} \tag{4-93}$$

考虑引力计算的局限性，t 时刻的导航误差为

$$\begin{cases} \delta \boldsymbol{v}(t) = \int_0^t \left(\delta \boldsymbol{g}(\tau) + \left(\dfrac{\partial \boldsymbol{g}}{\partial \boldsymbol{r}} \right)^* \delta \boldsymbol{r}(\tau) \right) \mathrm{d}\tau \\ \delta \boldsymbol{r}(t) = \int_0^t \delta \boldsymbol{v}(\tau) \mathrm{d}\tau \end{cases} \tag{4-94}$$

因此，主动段扰动引力引起的落点偏差可表示为

$$\begin{bmatrix} \Delta L \\ \Delta H \end{bmatrix} = \begin{bmatrix} \dfrac{\partial L}{\partial \boldsymbol{r}^{\mathrm{T}}} \\ \dfrac{\partial H}{\partial \boldsymbol{r}^{\mathrm{T}}} \end{bmatrix} \delta \boldsymbol{r}_{t\mathrm{K}} + \begin{bmatrix} \dfrac{\partial L}{\partial \boldsymbol{v}^{\mathrm{T}}} \\ \dfrac{\partial H}{\partial \boldsymbol{v}^{\mathrm{T}}} \end{bmatrix} \delta \boldsymbol{v}_{t\mathrm{K}} \tag{4-95}$$

式中，$\dfrac{\partial L}{\partial \boldsymbol{r}^{\mathrm{T}}}$、$\dfrac{\partial H}{\partial \boldsymbol{r}^{\mathrm{T}}}$、$\dfrac{\partial L}{\partial \boldsymbol{v}^{\mathrm{T}}}$、$\dfrac{\partial H}{\partial \boldsymbol{v}^{\mathrm{T}}}$ 为落点偏差对关机点位置、速度的偏导数；$\delta \boldsymbol{v}_{t\mathrm{K}}$、$\delta \boldsymbol{r}_{t\mathrm{K}}$ 为导弹关机点处的导航误差。

4.4.3　扰动引力对复合制导的影响

1. 对最佳导航星方位的影响

3.4.1 节中基于信息等量压缩原理阐明了通过寻找最佳导航星，单星方案能够与双星方案达到同样的精度。如图 4-14 所示，仅考虑初始定位定向误差时，可以近似认为地心 O_{E} 与目标点 T 连线 l_1 上的恒星方位便是最佳导航星方位。O_{I} 为理论发射点，$O_{\mathrm{I},1}$ 为实际发射点，T 为目标点。发射点 O_{I} 与 $O_{\mathrm{I},1}$ 之间存在初始定位误差 $\Delta\beta_0$ 和定向误差 ΔA_0。根据 O_{I}、$O_{\mathrm{I},1}$、T 的坐标可以计算得到理论射程角 β、

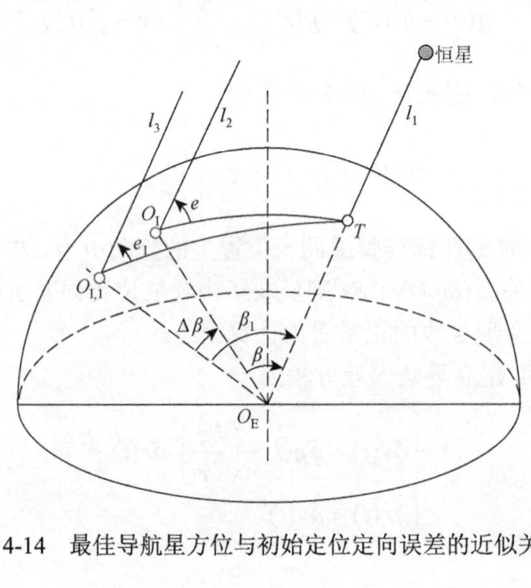

图 4-14　最佳导航星方位与初始定位定向误差的近似关系

方位角 A 和实际射程角 β_1、方位角 A_1。若能通过星光观测信息 ξ、η 找到与射程角误差 $\Delta\beta=\beta-\beta_1$ 与方位角误差 $\Delta A=A-A_1$ 之间的等价关系，便可对初始定位定向误差进行修正。理论上讲，在理论发射点时，根据计算的方位角 σ_s、高低角 e_s 调节星敏感器观测恒星时，星敏感器应输出（0，0）。但在实际发射点时，依然按照 σ_s、e_s 调节星敏感器，则星敏感器的输出不再为 0，而是 ξ 和 η，因此通过几何关系可以近似获得星光观测 ξ、η 与射程误差 $\Delta\beta$、射向误差 ΔA 之间的关系式：

$$\begin{cases}\Delta\beta=\xi\\ \Delta A=\eta/e_s\end{cases}\tag{4-96}$$

由式（4-96）可知，通过 ξ、η 可以修正初始定位定向误差的影响。

图 4-15 是参考椭球与真实地球下的最佳导航星方位示意图。因为参考椭球是对真实地球较高精度的逼近，真实地球与参考椭球相比仅是在地球表面有一定的起伏，对椭球中心与目标点的连线方向不产生影响，可以认为真实地球下的最佳导航星方位与椭球假设情况下的最佳导航星方位一致。

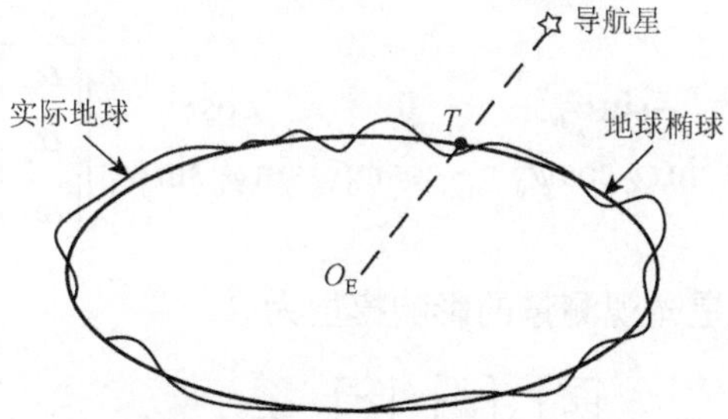

图 4-15　参考椭球与真实地球下的最佳导航星方位示意图

相对于圆球，地心与目标点连线方向的偏差仅为目标点地理纬度与地心纬度之间的偏差。地心纬度 φ 与地理纬度 B 的近似换算公式为

$$\varphi=B-11''.54544\sin 2B\tag{4-97}$$

根据式（4-97）可知，地心纬度和地理纬度的偏差在全球的极大值为 $11''.55$。扰动引力场仅会影响确定最佳导航星的初值误差，而初值误差的最大值不超过 $12''$，且在最佳导航星计算中不会对最终结果产生影响，所以可以认为扰动引力场对最佳导航星方位没有影响。

上述分析是在仅考虑初始定位定向误差的前提下推论得到的结果，考虑多类误差时，由于确定最佳导航星的过程比较复杂，很难得到定性的结论，只能借助数值仿真的手段分析。

2. 对星光观测量的影响

考虑扰动引力情况下，失准角与各误差因素之间的关系为

$$\tilde{\boldsymbol{\alpha}}=\begin{bmatrix}\tilde{\alpha}_x\\ \tilde{\alpha}_y\\ \tilde{\alpha}_z\end{bmatrix}=\begin{bmatrix}\tilde{\boldsymbol{N}}_0 & \boldsymbol{N}_\mathrm{d}\end{bmatrix}\begin{bmatrix}\tilde{\boldsymbol{\varDelta}}_0\\ \boldsymbol{\varepsilon}_0\end{bmatrix}=\tilde{\boldsymbol{N}}_\alpha\cdot\tilde{\boldsymbol{K}} \tag{4-98}$$

式中，$\tilde{\boldsymbol{N}}_0$、$\tilde{\boldsymbol{\varDelta}}_0$分别为初始定位误差的误差角矩阵和误差系数；$\boldsymbol{N}_\mathrm{d}$、$\boldsymbol{\varepsilon}_0$分别为初始对准（定向）误差的误差角矩阵和误差系数。

不考虑扰动引力的情况下，失准角与各误差因素之间的关系为

$$\boldsymbol{\alpha}=\begin{bmatrix}\alpha_x\\ \alpha_y\\ \alpha_z\end{bmatrix}=\begin{bmatrix}\boldsymbol{N}_0 & \boldsymbol{N}_\mathrm{d}\end{bmatrix}\begin{bmatrix}\boldsymbol{\varDelta}_0\\ \boldsymbol{\varepsilon}_0\end{bmatrix}=\boldsymbol{N}_\alpha\cdot\boldsymbol{K} \tag{4-99}$$

根据 3.2 节可知，星光观测量与失准角的关系为

$$\begin{bmatrix}\xi\\ \eta\end{bmatrix}=\begin{bmatrix}-\sin\psi_0 & 0 & \cos\psi_0\\ \sin\varphi_0\cos\psi_0 & -\cos\varphi_0 & \sin\varphi_0\sin\psi_0\end{bmatrix}\begin{bmatrix}\alpha_x\\ \alpha_y\\ \alpha_z\end{bmatrix}=\boldsymbol{H\alpha} \tag{4-100}$$

因此，扰动引力场对星光观测量的影响模型为

$$\begin{bmatrix}\xi\\ \eta\end{bmatrix}=\begin{bmatrix}\tilde{\xi}\\ \tilde{\eta}\end{bmatrix}-\begin{bmatrix}\xi\\ \eta\end{bmatrix}=\boldsymbol{H}(\tilde{\boldsymbol{\alpha}}-\boldsymbol{\alpha}) \tag{4-101}$$

3. 对复合制导精度的影响

根据星光-惯性复合制导的原理，虚拟目标点位置是影响星光-惯性复合制导命中精度的主要因素，而复合制导落点偏差的估计是确定虚拟目标点位置的依据。所以，扰动引力场对星光-惯性复合制导命中精度的影响，实质上是对复合制导落点偏差估计的影响。

如图 4-16 所示，假设 O、T 分别为发射点和目标点。在估算出星光修正后的落点偏差（ΔL_0、ΔH_0）后，便可确定出导弹的实际弹道落点 D，以此对应 T 反向便可确定虚拟目标点的位置 E，瞄准 E 发射便可准确通过 T。但受地球扰动引力场的影响，实际弹道落点变为 D_1，D_1 与 T 的偏差量为（ΔL、ΔH），虚拟目标点变为了 E_1。所以，扰动引力场对星光-惯性复合制导命中精度的影响结果即为 D_1 与 D 之间的位置偏差。

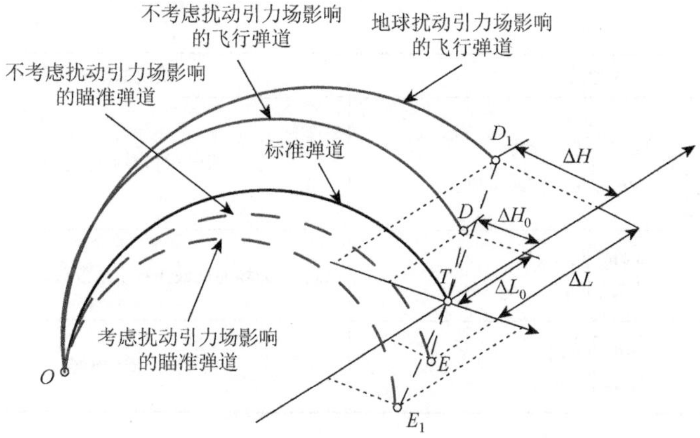

图 4-16　扰动引力场对虚拟目标点的影响

将扰动引力场对星光-惯性复合制导的飞行特征量误差项引入星光修正方程，可得

$$\begin{bmatrix}\delta L\\ \delta H\end{bmatrix}=\begin{bmatrix}\Delta L\\ \Delta H\end{bmatrix}-\begin{bmatrix}\Delta L_{\mathrm{s}}\\ \Delta H_{\mathrm{s}}\end{bmatrix}=\left(\begin{bmatrix}\Delta L_{\mathrm{g}}\\ \Delta H_{\mathrm{g}}\end{bmatrix}+\begin{bmatrix}\dfrac{\partial L}{\partial \boldsymbol{K}^{\mathrm{T}}}\\ \dfrac{\partial H}{\partial \boldsymbol{K}^{\mathrm{T}}}\end{bmatrix}\boldsymbol{K}\right)-\begin{bmatrix}\boldsymbol{u}_{\mathrm{L}}^{\mathrm{T}}+\delta\boldsymbol{u}_{\mathrm{L}}^{\mathrm{T}}\\ \boldsymbol{u}_{\mathrm{H}}^{\mathrm{T}}+\delta\boldsymbol{u}_{\mathrm{H}}^{\mathrm{T}}\end{bmatrix}\left(\begin{bmatrix}\xi\\ \eta\end{bmatrix}+\begin{bmatrix}\delta\xi\\ \delta\eta\end{bmatrix}\right)\tag{4-102}$$

式中，ΔL_{g}、ΔH_{g} 为扰动引力引起的落点偏差；$\boldsymbol{K}$ 为初态误差；$\partial L/\partial\boldsymbol{K}^{\mathrm{T}}$、$\partial H/\partial\boldsymbol{K}^{\mathrm{T}}$ 分别为纵向、横向落点偏差对初态误差的偏导数；$\delta\boldsymbol{u}_{\mathrm{L}}^{\mathrm{T}}$、$\delta\boldsymbol{u}_{\mathrm{H}}^{\mathrm{T}}$ 为扰动引力场对最佳修正系数的影响量；$\delta\xi$、$\delta\eta$ 为扰动引力场对星光观测量的影响量。

将式（4-102）进行整理，可得

$$\begin{bmatrix}\delta L\\ \delta H\end{bmatrix}=\begin{bmatrix}\Delta L_{\mathrm{g}}\\ \Delta H_{\mathrm{g}}\end{bmatrix}+\left(\begin{bmatrix}\dfrac{\partial L}{\partial \boldsymbol{K}^{\mathrm{T}}}\\ \dfrac{\partial H}{\partial \boldsymbol{K}^{\mathrm{T}}}\end{bmatrix}\boldsymbol{K}-\begin{bmatrix}\boldsymbol{u}_{\mathrm{L}}^{\mathrm{T}}\\ \boldsymbol{u}_{\mathrm{H}}^{\mathrm{T}}\end{bmatrix}\begin{bmatrix}\xi\\ \eta\end{bmatrix}-\begin{bmatrix}\boldsymbol{u}_{\mathrm{L}}^{\mathrm{T}}\\ \boldsymbol{u}_{\mathrm{H}}^{\mathrm{T}}\end{bmatrix}\begin{bmatrix}\delta\xi\\ \delta\eta\end{bmatrix}\right)-\begin{bmatrix}\delta\boldsymbol{u}_{\mathrm{L}}^{\mathrm{T}}\\ \delta\boldsymbol{u}_{\mathrm{H}}^{\mathrm{T}}\end{bmatrix}\begin{bmatrix}\xi\\ \eta\end{bmatrix}-\begin{bmatrix}\delta\boldsymbol{u}_{\mathrm{L}}^{\mathrm{T}}\\ \delta\boldsymbol{u}_{\mathrm{H}}^{\mathrm{T}}\end{bmatrix}\begin{bmatrix}\delta\xi\\ \delta\eta\end{bmatrix}\tag{4-103}$$

式（4-103）中各项反映的影响结果如表 4-18 所示。

表 4-18　各项模型对复合制导命中精度的影响

表达式	反映的影响结果
$\begin{bmatrix}\Delta L_{\mathrm{g}}\\ \Delta H_{\mathrm{g}}\end{bmatrix}$	扰动引力对落点的影响结果

续表

表达式	反映的影响结果
$\begin{bmatrix} \dfrac{\partial L}{\partial \boldsymbol{K}^{\mathrm{T}}} \\ \dfrac{\partial H}{\partial \boldsymbol{K}^{\mathrm{T}}} \end{bmatrix} \boldsymbol{K} - \begin{bmatrix} \delta \boldsymbol{u}_{\mathrm{L}}^{\mathrm{T}} \\ \delta \boldsymbol{u}_{\mathrm{H}}^{\mathrm{T}} \end{bmatrix} \begin{bmatrix} \xi \\ \eta \end{bmatrix} - \begin{bmatrix} \delta \boldsymbol{u}_{\mathrm{L}}^{\mathrm{T}} \\ \delta \boldsymbol{u}_{\mathrm{H}}^{\mathrm{T}} \end{bmatrix} \begin{bmatrix} \delta\xi \\ \delta\eta \end{bmatrix}$	星光对初态误差的修正结果
$\begin{bmatrix} \delta \boldsymbol{u}_{\mathrm{L}}^{\mathrm{T}} \\ \delta \boldsymbol{u}_{\mathrm{H}}^{\mathrm{T}} \end{bmatrix} \begin{bmatrix} \xi \\ \eta \end{bmatrix}$	扰动引力场通过最佳修正系数对命中精度的影响结果
$\begin{bmatrix} \delta \boldsymbol{u}_{\mathrm{L}}^{\mathrm{T}} \\ \delta \boldsymbol{u}_{\mathrm{H}}^{\mathrm{T}} \end{bmatrix} \begin{bmatrix} \delta\xi \\ \delta\eta \end{bmatrix}$	耦合影响

4. 扰动引力影响的补偿方法

扰动引力场对星光-惯性复合制导命中精度的影响主要是全程扰动引力对落点的影响结果，对其修正主要有两种思路：一种思路是采用与闭路制导相同的思路，基于虚拟目标方法对扰动引力的影响进行补偿；另一种思路是通过对星光观测量进行补偿，消除或减小扰动引力的影响[4]。

第一种补偿方法依据 ΔL_{g}、ΔH_{g} 可以计算得到虚拟目标修正量 $\Delta\lambda_{\mathrm{V,dis}}$、$\Delta B_{\mathrm{V,dis}}$，与闭路制导的虚拟目标点坐标一起可以得到星光-惯性复合制导的虚拟目标点的位置坐标：

$$\begin{cases} \lambda_{\mathrm{V}} = \lambda_{\mathrm{C}} + \Delta\lambda_{\mathrm{V,J_2}} + \Delta\lambda_{\mathrm{V,dis}} \\ B_{\mathrm{V}} = B_{\mathrm{C}} + \Delta B_{\mathrm{V,J_2}} + \Delta B_{\mathrm{V,dis}} \end{cases} \tag{4-104}$$

导弹发射前将最佳修正系数、虚拟目标点位置坐标装订到导弹上，弹载星敏感器观星后，获得星光修正量，并以此可以得到新的虚拟目标修正量，导弹末修发动机按此虚拟目标关机控制即可补偿扰动引力的影响。

另一种补偿方法是基于最佳修正系数的补偿方法。由于星光无法体现扰动引力的信息，所以星光无法对扰动引力的影响进行修正。但根据映射式补偿思路[4]，可将扰动引力的影响量映射为星光观测量的修正量，这样在原最佳修正系数的基础上就可以对扰动引力的影响进行修正。扰动引力对落点的影响量与星光观测量的修正量之间的映射关系为

$$\begin{bmatrix} \Delta L_{\mathrm{g}} \\ \Delta H_{\mathrm{g}} \end{bmatrix} = \begin{bmatrix} u_{11} & u_{12} \\ u_{21} & u_{22} \end{bmatrix} \begin{bmatrix} \Delta\xi_{\mathrm{g}} \\ \Delta\eta_{\mathrm{g}} \end{bmatrix} \tag{4-105}$$

根据式（4-105）可以对星光观测量的修正量进行求解：

$$\begin{bmatrix} \Delta\xi_{\mathrm{g}} \\ \Delta\eta_{\mathrm{g}} \end{bmatrix} = -\begin{bmatrix} u_{11} & u_{12} \\ u_{21} & u_{22} \end{bmatrix}^{-1} \begin{bmatrix} \Delta L_{\mathrm{g}} \\ \Delta H_{\mathrm{g}} \end{bmatrix} \tag{4-106}$$

计算获得星光修正量后将其作为发射诸元装订到导弹上，导弹发射后与星光观测量相加得到修正的星光观测量，并据此估计导弹的落点偏差。

4.4.4　仿真分析

本节将通过数值仿真来分析扰动引力场对复合制导的影响。仿真中以射程 12000km 的弹道为例，发射点的大地经度、大地纬度分别为 115°、30°，射向为 45°，高程为 0m，垂线偏差 ξ 、 η 均为 $10''$，仿真中各初态误差的取值如表 4-19 所示。

表 4-19　仿真中各初态误差的取值

误差类型	误差名称	取值（3σ）	单位
垂线偏差解算误差	$\Delta\xi$	10	$''$
	$\Delta\eta$	10	
初始定位误差	$\Delta\lambda_0$	0.01	°
	ΔB_0	0.01	
初始定向（对准）误差	ε_{0x}	0	$''$
	ε_{0y}	30	
	ε_{0z}	0	
高程误差	ΔH_0	0	m

1. 初态误差对关机点状态的影响

按照表 4-19 中的误差设置进行 500 次抽样，对初始位置、初始速度以及坐标指向等初态误差对关机点状态及落点精度的影响进行分析，得到的结果如表 4-20、图 4-17、图 4-18 所示。

表 4-20　初态误差引起的关机点状态偏差和落点偏差的统计结果

	统计量							
	ΔX/m	ΔY/m	ΔZ/m	ΔV_x/(m/s)	ΔV_y/(m/s)	ΔV_z/(m/s)	ΔL/m	ΔH/m
均值	13.04	−0.39	15.24	7.29×10^{-5}	-7.43×10^{-3}	0.04	−1.01	21.19
标准差	345.29	20.63	337.9517	0.13	0.39	0.46	384.87	274.92

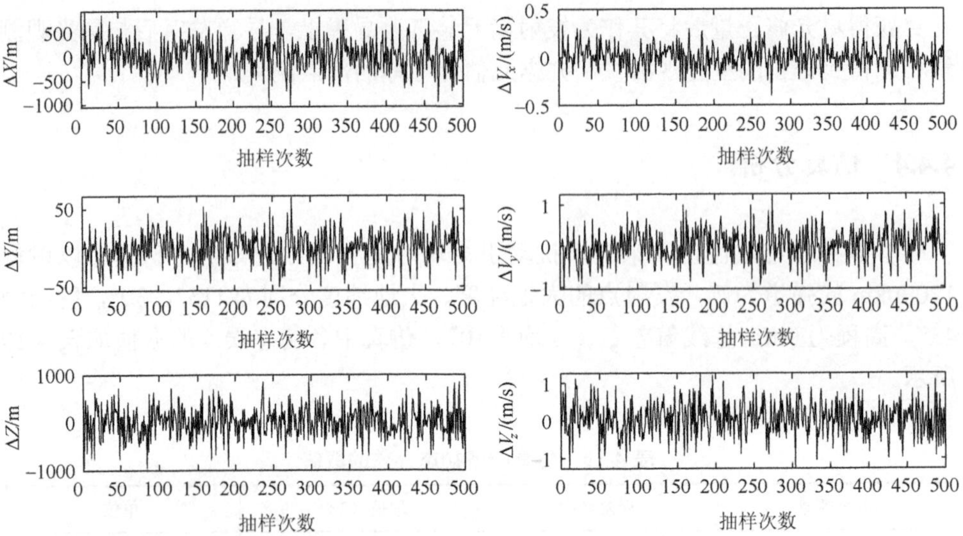

图 4-17　初态误差对关机点状态的影响结果

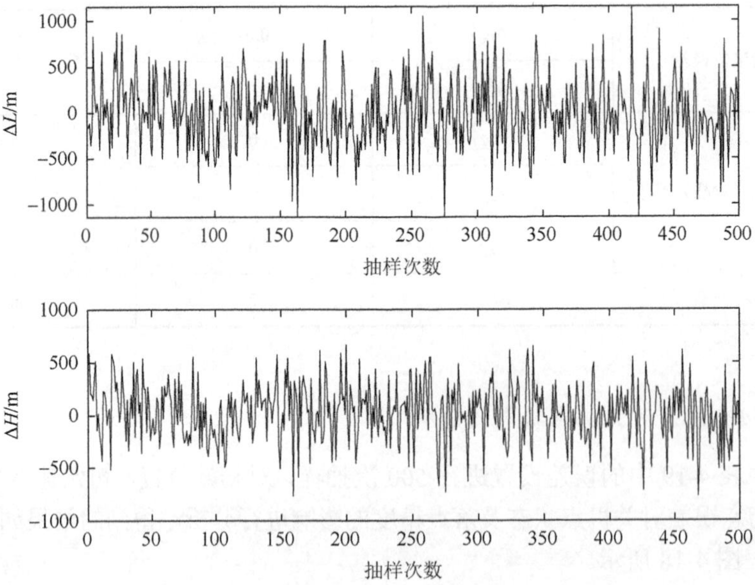

图 4-18　初态误差对落点的影响结果

表 4-20 反映了初态误差引起的关机点状态和落点的偏差，由初态误差引起的纵向偏差均值为–1.01m，标准差为 384.87m；横向偏差均值为 21.19m，标准差为 274.92m。

2. 主动段扰动引力对关机点状态和落点的影响

扰动引力相比于正常引力属于小量，因此实际弹道十分接近标准弹道。仿真中，采用 EGM2008 引力场模型，利用球谐函数法计算导弹飞行过程中所受的地球引力，引力场模型阶数取为 120×120，其余仿真条件与标准情况相同（不含初态误差），利用求差法得到的结果如表 4-21 所示。

表 4-21　主动段扰动引力引起的关机点状态偏差和落点偏差的结果

射向/(°)	ΔX/m	ΔY/m	ΔZ/m	ΔV_x/(m/s)	ΔV_y/(m/s)	ΔV_z/(m/s)	ΔL/m	ΔH/m
0	–0.17	–0.13	0.99	-1.70×10^{-3}	-1.30×10^{-3}	0.01	–13.10	4.60
45	0.55	–0.20	0.82	5.94×10^{-3}	-2.53×10^{-3}	8.66×10^{-3}	40.30	13.82
90	0.96	–0.22	0.20	0.01	-2.87×10^{-3}	1.98×10^{-3}	68.28	14.61
135	0.85	0.20	–0.55	8.81×10^{-3}	-2.46×10^{-3}	-5.81×10^{-3}	58.89	7.22
180	0.23	–0.12	–1.03	2.37×10^{-3}	-1.19×10^{-3}	–0.01	13.19	–5.53
225	–0.58	–0.02	–0.89	-6.22×10^{-3}	5.05×10^{-4}	-9.61×10^{-3}	–46.38	–16.21
270	–1.03	0.02	–0.17	–0.01	1.20×10^{-3}	-1.5×10^{-3}	–78.00	–16.61
315	–0.82	–0.05	0.61	-8.43×10^{-3}	-1.19×10^{-4}	6.79×10^{-3}	–60.71	–7.44

从表 4-21 中数据可以看出，不同射向下的关机点状态以及落点偏差存在明显不同，表明主动段扰动引力的影响与发射方位角密切相关。同时还可见，主动段扰动引力造成的纵向偏差要比横向偏差大。

3. 扰动引力场对复合制导的影响

为验证 4.4.3 节中的分析结论，进行数值仿真。对最佳导航星的方位进行分析，地球引力加速度计算采用 EGM2008 模型，阶数取为 120×120，得到的结果如表 4-22 所示。

表 4-22　扰动引力场对最佳导航星方位的影响

是否考虑扰动引力	e_s/(°)	σ_s/(°)	CEP_{INS}/m	CEP_{COM}/m
否	59.6927	–9.1660	1148.17	0.08
是	51.7727	–7.1566	1214.46	148.68

从表 4-22 中数据可以看出，无论是否考虑扰动引力场，复合制导的精度都优于纯惯性制导。扰动引力场对最佳导航星方位存在影响，高低角减小了 7.92°，方

位角增大了 2.01°。考虑扰动引力场后，纯惯性制导和复合制导的精度都变差，纯惯性制导增大了 66.29m，复合制导增大了 148.60m。

扰动引力场对星光观测量和命中精度的影响如图 4-19、图 4-20 所示。

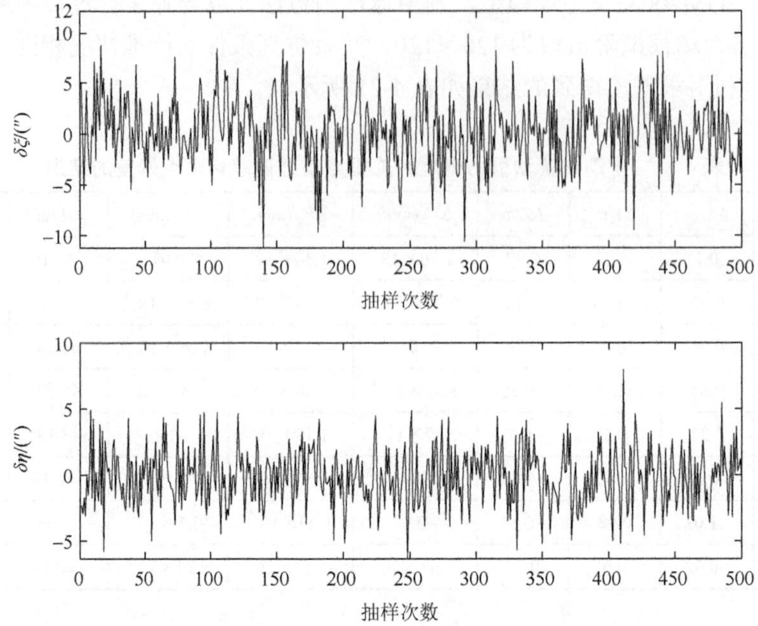

图 4-19　扰动引力场对星光观测量的影响

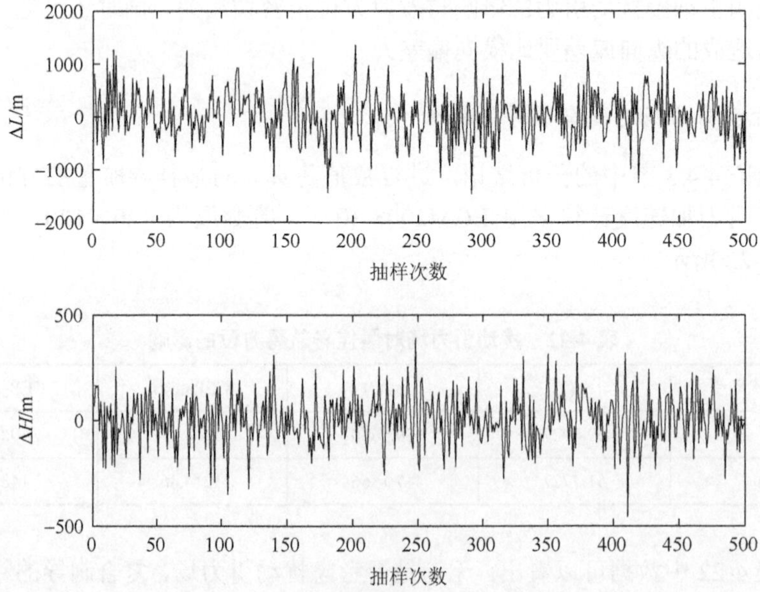

图 4-20　扰动引力场对命中精度的影响（星光观测量部分）

图 4-19 为扰动引力场对星光观测量的影响。从图 4-19 中可以看出，$\delta\xi$ 在±12″范围内，正的最大值为 10.79″，负的最大值为–11.21″；$\delta\eta$ 在±10″范围内，正的最大值为 7.96″，负的最大值为–6.35″。图 4-20 为最佳修正系数一定时，扰动引力场对命中精度的影响。从图 4-20 中可以看出，纵向偏差要大于横向偏差，纵向偏差在±1500m 以内，正的最大值为 1406.97m，负的最大值为–1460.68m，均值为 34.56m，标准差为 474.17m；横向偏差在±500m 以内，正的最大值为 389.22m，负的最大值为–455.22m，均值为 6.48m，标准差为 121.47m。

扰动引力场影响最佳修正系数进而影响命中精度的结果如图 4-21 所示。从图 4-21 中可以看出，由最佳修正系数引起的纵向偏差要比横向偏差大，纵向偏差在±1000m 以内，正的最大值为 890.17m，负的最大值为–824.46m，均值为–15.44m，标准差为 241.31m；横向偏差在±500m 以内，正的最大值为 397.99m，负的最大值为–407.14m，均值为–7.98m，标准差为 113.47m。

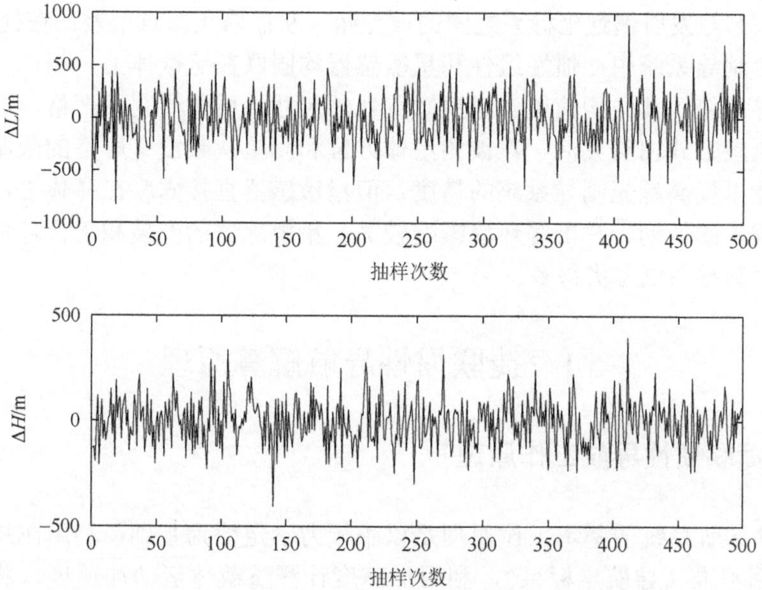

图 4-21　扰动引力场对命中精度的影响（最佳修正系数部分）

参考文献

[1] 陈世年，李连仲. 控制系统设计[M]. 北京：中国宇航出版社，1996.

[2] 郑伟. 地球物理摄动因素对远程弹道导弹命中精度的影响分析及补偿方法研究[D]. 长沙：国防科技大学，2006.

[3] 郑伟，汤国建. 扰动引力场中的弹道导弹飞行力学[M]. 北京：国防工业出版社，2009.

[4] 马宝林. 地球扰动引力场对弹道导弹制导精度影响的分析及补充方法研究[D]. 长沙：国防科技大学，2017.

第5章　捷联星光-惯性复合制导技术

相比于平台式惯性导航系统，捷联惯性导航系统省去了物理稳定平台，系统的尺寸和重量大为减少，成本也大幅降低；捷联惯性导航系统还易于采用冗余技术，以提高系统的可靠性和容错能力。近年来，随着惯性器件精度的不断提高，捷联惯性导航系统的应用也越来越广泛，因此本章讨论捷联星光-惯性复合制导技术。

捷联星光-惯性复合制导是一种在捷联惯性制导的基础上辅以星光制导的复合制导方法，它利用恒星矢量提供的空间方位基准，来校准数学平台坐标系（导航坐标系）与发射惯性坐标系之间的误差角，从而修正落点偏差。在捷联星光-惯性复合制导系统中，惯性组件和星敏感器均固联在运载体上，相比于平台式复合制导系统，其结构简单，对星敏感器的尺寸、质量限制不严格，成本相对较低；测星方式相对灵活，对被测星体方位和测星次数没有严格的限制，便于优化设计以提高星光制导系统的精度；但星敏感器直接固联在弹体上，受导弹发射过程中的振动、冲击等环境影响较大，星敏感器的安装和工作环境要比平台式复合制导系统恶劣得多。

5.1　捷联惯性导航解算原理

5.1.1　捷联惯性导航工作原理

惯性导航系统的基本工作原理是以牛顿力学定律为基础，利用陀螺仪建立空间坐标基准（导航坐标系），利用加速度计测量载体运动加速度，将运动加速度转换到导航坐标系，经过两次积分运算，最终确定出载体的位置和速度等运动参数。

捷联惯性导航系统没有物理平台和框架，陀螺仪和加速度计直接安装在载体上，要承受载体的振动和冲击，工作环境恶劣，使得惯性器件的测量精度降低。同时，捷联惯性导航系统中加速度计输出的是沿载体坐标系的加速度分量，需要转换到导航坐标系下，因而加大了弹上计算量，对弹载计算机要求较高。

捷联惯性导航系统的原理如图5-1所示，为便于说明，图5-1中用矢量和矩阵描述，上标n表示导航坐标系中的值，上标b表示载体坐标系中的值。

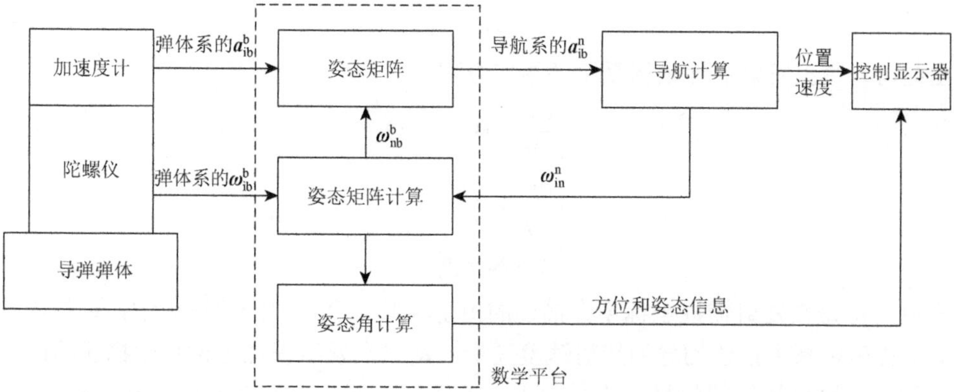

图 5-1 捷联惯性导航系统的原理

载体的姿态角可用导航坐标系相对于载体坐标系的三次转动角确定。载体的姿态不断变化，因此姿态矩阵的元素是时间的函数。为能随时确定出载体的姿态，当用四元数法确定姿态矩阵时，应解一个四元数的运动学方程，即

$$\dot{\boldsymbol{q}}=\frac{1}{2}\boldsymbol{q}\cdot\boldsymbol{\omega}_{nb}^{b} \tag{5-1}$$

式中，$\boldsymbol{\omega}_{nb}^{b}$ 为角速率，是姿态矩阵更新的速率。

因为$\boldsymbol{\omega}_{nb}^{b}=\boldsymbol{\omega}_{ib}^{b}-\boldsymbol{\omega}_{in}^{b}$，则$\boldsymbol{\omega}_{nb}^{b}$与其他角速率的关系为

$$\boldsymbol{\omega}_{nb}^{b}=\boldsymbol{\omega}_{ib}^{b}-\boldsymbol{C}_{n}^{b}\cdot\boldsymbol{\omega}_{in}^{n}=\boldsymbol{\omega}_{ib}^{b}-\boldsymbol{C}_{n}^{b}\cdot(\boldsymbol{\omega}_{ie}^{n}+\boldsymbol{\omega}_{en}^{n}) \tag{5-2}$$

式中，$\boldsymbol{\omega}_{ib}^{b}$ 为陀螺仪输出；$\boldsymbol{\omega}_{ie}^{n}$ 为在导航坐标系下表示的地球自转角速率；$\boldsymbol{\omega}_{en}^{n}$ 为载体的位移角速率，它可以由载体相对速度求得；$\boldsymbol{\omega}_{in}^{b}$ 为导航坐标系相对惯性空间的角速度在载体坐标系下的投影；$\boldsymbol{\omega}_{in}^{n}$ 为导航坐标系相对惯性空间的角速度在导航系下的投影；姿态角可以从姿态矩阵 $\boldsymbol{C}_{n}^{b}$ 中的相应元素求得。

加速度计输出为比力 $\boldsymbol{f}_{ib}^{b}$，经 $\boldsymbol{C}_{n}^{b}$ 实现加速度矢量从 b 系到 n 系的变换，得 $\boldsymbol{f}_{ib}^{n}$。相对速度$\boldsymbol{V}_{en}^{n}$ 可由相对加速度 $\boldsymbol{a}_{en}^{n}$ 积分得到，相对加速度 $\boldsymbol{a}_{en}^{n}$ 由 $\boldsymbol{f}_{ib}^{n}$ 经过消除有害加速度后得到，具体计算公式为

$$\boldsymbol{a}_{en}^{n}=\boldsymbol{f}_{ib}^{n}-(2\boldsymbol{\omega}_{ie}^{n}+\boldsymbol{\omega}_{en}^{n})\times\boldsymbol{V}_{en}^{n}+\boldsymbol{g}^{n} \tag{5-3}$$

式中，$\boldsymbol{g}$ 为引力加速度。

5.1.2 发射惯性坐标系中的导航方程

由加速度计的测量原理可知，加速度计测量的是导弹的视加速度$\dot{\boldsymbol{W}}$，而不是导弹的绝对加速度$\boldsymbol{a}$，它们之间满足如下关系

$$\boldsymbol{a}=\dot{\boldsymbol{W}}+\boldsymbol{g} \tag{5-4}$$

由此可以写出发射惯性坐标系中的导航方程为

$$\begin{cases}\dfrac{\mathrm{d}\boldsymbol{v}_{\mathrm{I}}}{\mathrm{d}t}=\dot{\boldsymbol{W}}+\boldsymbol{g}(\boldsymbol{r}_{\mathrm{I}}) \\ \dfrac{\mathrm{d}\boldsymbol{p}_{\mathrm{I}}}{\mathrm{d}t}=\boldsymbol{v}_{\mathrm{I}} \\ \boldsymbol{r}_{\mathrm{I}}=\boldsymbol{R}_{\mathrm{I}}+\boldsymbol{p}_{\mathrm{I}}\end{cases} \tag{5-5}$$

式中，$\boldsymbol{p}_{\mathrm{I}}$是在发射惯性坐标系中描述的由坐标原点至导弹的位置矢量；$\boldsymbol{v}_{\mathrm{I}}$是在发射惯性坐标系中描述的导弹绝对速度矢量；$\boldsymbol{R}_{\mathrm{I}}$是在发射惯性坐标系中描述的由地心至坐标原点的位置矢量。当$t=0$时，有$\boldsymbol{p}_{\mathrm{I0}}=0,\boldsymbol{v}_{\mathrm{I0}}=\boldsymbol{\omega}_{\mathrm{e}}\times\boldsymbol{R}_{\mathrm{I}}+\boldsymbol{v}_{\mathrm{g0}}$。$\boldsymbol{v}_{\mathrm{g0}}$是发射瞬间导弹载体（潜艇、飞机等）相对于地面的速度矢量。

发射惯性坐标系中导航计算的框图如图 5-2 所示。

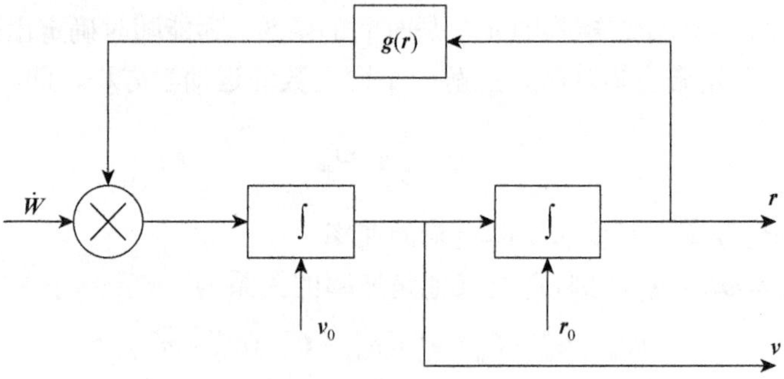

图 5-2　发射惯性坐标系中导航计算的框图

5.2　复合制导数学模型

5.2.1　失准角与各误差因素之间的关系

平台失准角表征的是惯性基准偏差，即数学平台与理想发射惯性坐标系之间的误差角。它主要由初始定向误差、初始对准误差、惯性导航工具误差等因素引起，失准角会造成导航偏差，进而影响导弹精度。本节将建立数学平台失准角与各误差因素之间的关系，在此考虑初始对准（定向）误差和陀螺漂移误差的影响。为计算捷联惯性导航系统的导航误差，给出了加速度计的测量误差模型。

1. 初始对准（定向）误差

初始对准误差和定向误差可用实际数学平台坐标系对发射惯性坐标系三个轴的初始失准角来表示，记为$[\varepsilon_{0x}\quad\varepsilon_{0y}\quad\varepsilon_{0z}]^{\mathrm{T}}$，即$\varepsilon_{0y}$中包括定向误差、瞄准误差两部分。

$[\alpha_{\mathrm{dx}} \quad \alpha_{\mathrm{dy}} \quad \alpha_{\mathrm{dz}}]^{\mathrm{T}}$ 表示实际数学平台坐标系 P 相对于理想的数学平台坐标系 P′ 的失准角。在不考虑其他误差影响时，理想数学平台坐标系与发射惯性坐标系是一致的，则有

$$\begin{bmatrix}\alpha_{\mathrm{dx}}\\ \alpha_{\mathrm{dy}}\\ \alpha_{\mathrm{dz}}\end{bmatrix}=\begin{bmatrix}\varepsilon_{0x}\\ \varepsilon_{0y}\\ \varepsilon_{0z}\end{bmatrix} \tag{5-6}$$

记 $\boldsymbol{\varepsilon}_0=[\varepsilon_{0x} \quad \varepsilon_{0y} \quad \varepsilon_{0z}]^{\mathrm{T}}$，$\boldsymbol{\alpha}_{\mathrm{d}}=[\alpha_{\mathrm{dx}} \quad \alpha_{\mathrm{dy}} \quad \alpha_{\mathrm{dz}}]^{\mathrm{T}}$，$\boldsymbol{N}_{\mathrm{d}}=\underset{3\times3}{\boldsymbol{E}}$，则式（5-6）可写成矩阵形式：

$$\boldsymbol{\alpha}_{\mathrm{d}}=\boldsymbol{N}_{\mathrm{d}}\cdot\boldsymbol{\varepsilon}_0 \tag{5-7}$$

2. 陀螺漂移误差

陀螺漂移误差模型中只考虑零次项和一次项，如式（5-8）所示：

$$\begin{bmatrix}\dot{\alpha}_{\mathrm{gB}x}\\ \dot{\alpha}_{\mathrm{gB}y}\\ \dot{\alpha}_{\mathrm{gB}z}\end{bmatrix}=\begin{bmatrix}K_{\mathrm{g}0x}+K_{\mathrm{g}1xx}\omega_x\\ K_{\mathrm{g}0y}+K_{\mathrm{g}1yy}\omega_y\\ K_{\mathrm{g}0z}+K_{\mathrm{g}1zz}\omega_z\end{bmatrix} \tag{5-8}$$

式中，$K_{\mathrm{g}0x}$、$K_{\mathrm{g}0y}$、$K_{\mathrm{g}0z}$ 为陀螺的零次项系数；$K_{\mathrm{g}1xx}$、$K_{\mathrm{g}1yy}$、$K_{\mathrm{g}1zz}$ 为陀螺的一次项系数；ω_x、ω_y、ω_z 为弹体坐标系中弹体绕各轴的角速度。将式（5-8）对时间积分，则可以得到弹体坐标系中陀螺漂移角 $\boldsymbol{\alpha}_{\mathrm{gB}}=[\alpha_{\mathrm{gB}x} \quad \alpha_{\mathrm{gB}y} \quad \alpha_{\mathrm{gB}z}]^{\mathrm{T}}$ 的变化关系为

$$\begin{bmatrix}\alpha_{\mathrm{gB}x}\\ \alpha_{\mathrm{gB}y}\\ \alpha_{\mathrm{gB}z}\end{bmatrix}=\begin{bmatrix}K_{\mathrm{g}0x}t_{\mathrm{k}}+K_{\mathrm{g}1xx}\int_0^{t_{\mathrm{k}}}\omega_x\mathrm{d}\tau\\ K_{\mathrm{g}0y}t_{\mathrm{k}}+K_{\mathrm{g}1yy}\int_0^{t_{\mathrm{k}}}\omega_y\mathrm{d}\tau\\ K_{\mathrm{g}0z}t_{\mathrm{k}}+K_{\mathrm{g}1zz}\int_0^{t_{\mathrm{k}}}\omega_z\mathrm{d}\tau\end{bmatrix} \tag{5-9}$$

记

$$\boldsymbol{D}_{\mathrm{g}}=[K_{\mathrm{g}0x} \quad K_{\mathrm{g}1xx} \quad K_{\mathrm{g}0y} \quad K_{\mathrm{g}1yy} \quad K_{\mathrm{g}0z} \quad K_{\mathrm{g}1zz}]^{\mathrm{T}} \tag{5-10}$$

$$\begin{cases}\boldsymbol{\omega}_{\mathrm{g}x}=[1 \quad \omega_x]\\ \boldsymbol{\omega}_{\mathrm{g}y}=[1 \quad \omega_y]\\ \boldsymbol{\omega}_{\mathrm{g}z}=[1 \quad \omega_z]\end{cases} \tag{5-11}$$

则有

$$\boldsymbol{N}_{\mathrm{gB}}=\begin{bmatrix}\underset{1\times2}{\int_0^{t_{\mathrm{k}}}\boldsymbol{\omega}_{\mathrm{g}x}(\tau)\mathrm{d}\tau} & \underset{1\times2}{\boldsymbol{0}} & \underset{1\times2}{\boldsymbol{0}}\\ \underset{1\times2}{\boldsymbol{0}} & \underset{1\times2}{\int_0^{t_{\mathrm{k}}}\boldsymbol{\omega}_{\mathrm{g}y}(\tau)\mathrm{d}\tau} & \underset{1\times2}{\boldsymbol{0}}\\ \underset{1\times2}{\boldsymbol{0}} & \underset{1\times2}{\boldsymbol{0}} & \underset{1\times2}{\int_0^{t_{\mathrm{k}}}\boldsymbol{\omega}_{\mathrm{g}z}(\tau)\mathrm{d}\tau}\end{bmatrix} \tag{5-12}$$

将式（5-10）和式（5-12）代入式（5-9）中，则弹体坐标系中的陀螺漂移角可表示为矩阵形式：

$$\boldsymbol{\alpha}_{\mathrm{gB}} = \boldsymbol{N}_{\mathrm{gB}} \cdot \boldsymbol{D}_{\mathrm{g}} \tag{5-13}$$

式中，$\boldsymbol{\alpha}_{\mathrm{gB}}$ 为实际弹体坐标系与理想弹体坐标系之间的失准角，因此有

$$\boldsymbol{C}_{\mathrm{B'}}^{\mathrm{B}} = \boldsymbol{M}_1[\alpha_{\mathrm{gB}x}] \cdot \boldsymbol{M}_2[\alpha_{\mathrm{gB}y}] \cdot \boldsymbol{M}_3[\alpha_{\mathrm{gB}z}] \tag{5-14}$$

式中，$\boldsymbol{C}_{\mathrm{B'}}^{\mathrm{B}}$ 为理想弹体坐标系到实际弹体坐标系的转换矩阵。考虑到三个漂移角都为小量，因此有

$$\boldsymbol{C}_{\mathrm{B'}}^{\mathrm{B}} = \begin{bmatrix} 1 & \alpha_{\mathrm{gB}z} & -\alpha_{\mathrm{gB}y} \\ -\alpha_{\mathrm{gB}z} & 1 & \alpha_{\mathrm{gB}x} \\ \alpha_{\mathrm{gB}y} & -\alpha_{\mathrm{gB}x} & 1 \end{bmatrix} \tag{5-15}$$

根据坐标系之间的转换关系有

$$\boldsymbol{C}_{\mathrm{P}}^{\mathrm{P'}} = \boldsymbol{C}_{\mathrm{B'}}^{\mathrm{P'}} \cdot \boldsymbol{C}_{\mathrm{B}}^{\mathrm{B'}} \cdot \boldsymbol{C}_{\mathrm{P}}^{\mathrm{B}} \tag{5-16}$$

式中，$\boldsymbol{C}_{\mathrm{P}}^{\mathrm{P'}}$ 为实际数学平台坐标系到理想数学平台坐标系的转换矩阵；$\boldsymbol{C}_{\mathrm{B'}}^{\mathrm{P'}}$ 为理想弹体坐标系到理想数学平台坐标系的转换矩阵；$\boldsymbol{C}_{\mathrm{P}}^{\mathrm{B}}$ 为实际数学平台坐标系到实际弹体坐标系的转换矩阵。$\boldsymbol{C}_{\mathrm{B'}}^{\mathrm{P'}}$、$\boldsymbol{C}_{\mathrm{P}}^{\mathrm{B}}$ 可通过式（5-17）得到

$$\boldsymbol{C}_{\mathrm{P}}^{\mathrm{B}} = \boldsymbol{C}_{\mathrm{P'}}^{\mathrm{B'}} = \boldsymbol{M}_1[\gamma_{\mathrm{p}}]\boldsymbol{M}_2[\psi_{\mathrm{p}}]\boldsymbol{M}_3[\varphi_{\mathrm{p}}] \tag{5-17}$$

式中，φ_{p}、ψ_{p}、γ_{p} 为数学平台坐标系到弹体坐标系需要转动的欧拉角。

将式（5-15）、式（5-17）代入式（5-16）中并化简可得

$$\begin{bmatrix} \alpha_{\mathrm{g}x} \\ \alpha_{\mathrm{g}y} \\ \alpha_{\mathrm{g}z} \end{bmatrix} = \begin{bmatrix} k_{x1} & k_{x2} & k_{x3} \\ k_{y1} & k_{y2} & k_{y3} \\ k_{z1} & k_{z2} & k_{z3} \end{bmatrix} \cdot \begin{bmatrix} \alpha_{\mathrm{gB}x} \\ \alpha_{\mathrm{gB}y} \\ \alpha_{\mathrm{gB}z} \end{bmatrix} \tag{5-18}$$

式中

$$\begin{cases} k_{x1} = \cos\psi_{\mathrm{p}} \cos\varphi_{\mathrm{p}} \\ k_{x2} = -\cos\gamma_{\mathrm{p}} \sin\varphi_{\mathrm{p}} + \sin\psi_{\mathrm{p}} \cos\varphi_{\mathrm{p}} \sin\gamma_{\mathrm{p}} \\ k_{x3} = \sin\gamma_{\mathrm{p}} \sin\varphi_{\mathrm{p}} + \sin\psi_{\mathrm{p}} \cos\varphi_{\mathrm{p}} \cos\gamma_{\mathrm{p}} \\ k_{y1} = \cos\psi_{\mathrm{p}} \sin\varphi_{\mathrm{p}} \\ k_{y2} = \cos\gamma_{\mathrm{p}} \cos\varphi_{\mathrm{p}} + \sin\psi_{\mathrm{p}} \sin\varphi_{\mathrm{p}} \sin\gamma_{\mathrm{p}} \\ k_{y3} = -\sin\gamma_{\mathrm{p}} \cos\varphi_{\mathrm{p}} + \sin\psi_{\mathrm{p}} \sin\varphi_{\mathrm{p}} \cos\gamma_{\mathrm{p}} \\ k_{z1} = -\sin\psi_{\mathrm{p}} \\ k_{z2} = \cos\psi_{\mathrm{p}} \sin\gamma_{\mathrm{p}} \\ k_{z3} = \cos\psi_{\mathrm{p}} \cos\gamma_{\mathrm{p}} \end{cases}$$

记

$$\boldsymbol{\alpha}_{\mathrm{g}}=[\alpha_{\mathrm{g}x}\quad\alpha_{\mathrm{g}y}\quad\alpha_{\mathrm{g}z}]^{\mathrm{T}}\tag{5-19}$$

$$\boldsymbol{N}_{\mathrm{gI}}=\begin{bmatrix}k_{x1}&k_{x2}&k_{x3}\\k_{y1}&k_{y2}&k_{y3}\\k_{z1}&k_{z2}&k_{z3}\end{bmatrix}\tag{5-20}$$

则由陀螺漂移引起的失准角可表示为

$$\boldsymbol{\alpha}_{\mathrm{g}}=\boldsymbol{N}_{\mathrm{gI}}\cdot\boldsymbol{\alpha}_{\mathrm{gB}}=\boldsymbol{N}_{\mathrm{gI}}\cdot\boldsymbol{N}_{\mathrm{gB}}\cdot\boldsymbol{D}_{\mathrm{g}}=\boldsymbol{N}_{\mathrm{g}}\cdot\boldsymbol{D}_{\mathrm{g}}\tag{5-21}$$

3. *加速度计误差*

加速度计是测量导弹飞行视加速度的仪表，弹体坐标系中加速度计的测量误差表示为$\delta\dot{\boldsymbol{W}}_{\mathrm{B}}=[\delta\dot{W}_{\mathrm{B}x}\quad\delta\dot{W}_{\mathrm{B}y}\quad\delta\dot{W}_{\mathrm{B}z}]^{\mathrm{T}}$，仅考虑零次项和一次项，则其误差模型为

$$\begin{bmatrix}\delta\dot{W}_{\mathrm{B}x}\\\delta\dot{W}_{\mathrm{B}y}\\\delta\dot{W}_{\mathrm{B}z}\end{bmatrix}=\begin{bmatrix}K_{\mathrm{a}0x}+K_{\mathrm{a}1xx}\dot{W}_{\mathrm{B}x}\\K_{\mathrm{a}0y}+K_{\mathrm{a}1yy}\dot{W}_{\mathrm{B}y}\\K_{\mathrm{a}0z}+K_{\mathrm{a}1zz}\dot{W}_{\mathrm{B}z}\end{bmatrix}\tag{5-22}$$

式中，$K_{\mathrm{a}0x}$、$K_{\mathrm{a}0y}$、$K_{\mathrm{a}0z}$为加速度计的零次项系数；$K_{\mathrm{a}1xx}$、$K_{\mathrm{a}1yy}$、$K_{\mathrm{a}1zz}$为加速度计的一次项系数；$\dot{W}_{\mathrm{B}x}$、$\dot{W}_{\mathrm{B}y}$、$\dot{W}_{\mathrm{B}z}$为弹体坐标系中各轴向的视加速度。

记

$$\boldsymbol{D}_{\mathrm{a}}=[K_{\mathrm{a}0x}\ K_{\mathrm{a}1xx}\ K_{\mathrm{a}0y}\ K_{\mathrm{a}1yy}\ K_{\mathrm{a}0z}\ K_{\mathrm{a}1zz}]^{\mathrm{T}}\tag{5-23}$$

$$\begin{cases}\boldsymbol{N}_{\mathrm{a}x}=\begin{bmatrix}1&\dot{W}_{\mathrm{B}x}\end{bmatrix}\\\boldsymbol{N}_{\mathrm{a}y}=\begin{bmatrix}1&\dot{W}_{\mathrm{B}y}\end{bmatrix}\\\boldsymbol{N}_{\mathrm{a}z}=\begin{bmatrix}1&\dot{W}_{\mathrm{B}z}\end{bmatrix}\end{cases}\tag{5-24}$$

$$\boldsymbol{N}_{\mathrm{a}}=\begin{bmatrix}\underset{1\times2}{\boldsymbol{N}_{\mathrm{a}x}}&\underset{1\times2}{\boldsymbol{0}}&\underset{1\times2}{\boldsymbol{0}}\\\underset{1\times2}{\boldsymbol{0}}&\underset{1\times2}{\boldsymbol{N}_{\mathrm{a}y}}&\underset{1\times2}{\boldsymbol{0}}\\\underset{1\times2}{\boldsymbol{0}}&\underset{1\times2}{\boldsymbol{0}}&\underset{1\times2}{\boldsymbol{N}_{\mathrm{a}z}}\end{bmatrix}\tag{5-25}$$

则发射惯性坐标系中加速度计的测量误差为

$$\delta\dot{\boldsymbol{W}}_{\mathrm{I}}=\boldsymbol{C}_{\mathrm{B}}^{\mathrm{I}}\cdot\boldsymbol{N}_{\mathrm{a}}\cdot\boldsymbol{D}_{\mathrm{a}}=\boldsymbol{N}_{\mathrm{a}}^{\mathrm{I}}\cdot\boldsymbol{D}_{\mathrm{a}}\tag{5-26}$$

式中，$\boldsymbol{C}_{\mathrm{B}}^{\mathrm{I}}$为弹体坐标系到发射惯性坐标系的转换矩阵。加速度计不参与数学平台的构建，因此加速度计误差不会反映到失准角的模型中。

5.2.2　星光观测方程

1. *不含安装误差的观测方程*

如图 5-3 所示，星光方向单位矢量 $\boldsymbol{S}$ 在理想发射惯性坐标系中可表示为

$$\boldsymbol{S}_{\mathrm{I}}=[\cos e_{\mathrm{s}}\cos\sigma_{\mathrm{s}} \quad \sin e_{\mathrm{s}} \quad \cos e_{s}\sin\sigma_{\mathrm{s}}]^{\mathrm{T}} \tag{5-27}$$

式中，e_{s}、σ_{s} 分别为星体的高低角和方位角，可以根据恒星星表中所选恒星的赤经、赤纬以及发射坐标系的信息求得。

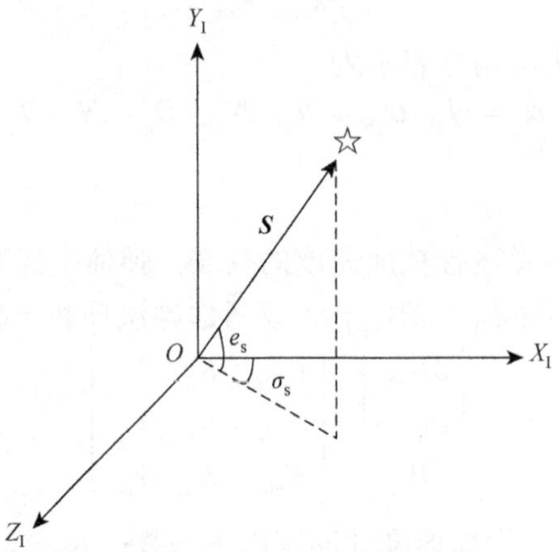

图 5-3　星光矢量在惯性坐标系中的表示

设星敏感器体坐标系为 $O_{\mathrm{s}}\text{-}x_{\mathrm{s}}y_{\mathrm{s}}z_{\mathrm{s}}$，其中 $O_{\mathrm{s}}x_{\mathrm{s}}$ 轴为光轴，光轴与星光矢量的夹角很小，其方向余弦近似为 1；$O_{\mathrm{s}}y_{\mathrm{s}}$、$O_{\mathrm{s}}z_{\mathrm{s}}$ 轴为输出轴。若星敏感器的输出为 ξ、η，则星光矢量在 $O_{\mathrm{s}}\text{-}x_{\mathrm{s}}y_{\mathrm{s}}z_{\mathrm{s}}$ 中可表示为

$$\boldsymbol{S}_{\mathrm{S}}=[1 \quad -\xi \quad -\eta]^{\mathrm{T}} \tag{5-28}$$

根据坐标系间的转换关系有

$$\boldsymbol{S}_{\mathrm{S}}=\boldsymbol{C}_{\mathrm{B}}^{\mathrm{S}'}\hat{\boldsymbol{C}}_{\mathrm{P}}^{\mathrm{B}}\boldsymbol{C}_{\mathrm{I}}^{\mathrm{P}}\boldsymbol{S}_{\mathrm{I}} \tag{5-29}$$

式中，$\boldsymbol{C}_{\mathrm{B}}^{\mathrm{S}'}$ 是弹体坐标系到星敏感器体坐标系的转换矩阵；$\boldsymbol{C}_{\mathrm{I}}^{\mathrm{P}}$ 为理想发射惯性坐标系到数学平台坐标系的转换矩阵。

理想情况下星敏感器的输出为 $\boldsymbol{S}_{\mathrm{S}'}=[1 \quad 0 \quad 0]^{\mathrm{T}}$，根据坐标系之间的转换关系有

$$\boldsymbol{S}_{\mathrm{S}'}=\boldsymbol{C}_{\mathrm{B}}^{\mathrm{S}'}\hat{\boldsymbol{C}}_{\mathrm{P}}^{\mathrm{B}}\boldsymbol{S}_{\mathrm{I}} \tag{5-30}$$

综合式（5-29）和式（5-30）可得

$$\boldsymbol{S}_{\mathrm{S}'}-\boldsymbol{S}_{\mathrm{S}}=\boldsymbol{C}_{\mathrm{B}}^{\mathrm{S}'}\hat{\boldsymbol{C}}_{\mathrm{P}}^{\mathrm{B}}(\boldsymbol{E}-\boldsymbol{C}_{\mathrm{I}}^{\mathrm{P}})\boldsymbol{S}_{\mathrm{I}} \tag{5-31}$$

式中，$\boldsymbol{E}$ 为单位矩阵。将 $\boldsymbol{C}_{\mathrm{B}}^{\mathrm{S}}$、$\boldsymbol{C}_{\mathrm{P}}^{\mathrm{B}}$ 及 $\boldsymbol{C}_{\mathrm{I}}^{\mathrm{P}}$ 的表达式代入式（5-31），可以得到星光观测方程为

$$\begin{bmatrix}\xi \\ \eta\end{bmatrix}=\begin{bmatrix}h_{x1} & h_{y1} & h_{z1} \\ h_{x2} & h_{y2} & h_{z2}\end{bmatrix}\begin{bmatrix}\alpha_x \\ \alpha_y \\ \alpha_z\end{bmatrix} \tag{5-32}$$

式中

$$
\begin{cases}
h_{x1} = S(e_s)[C(\psi_0)S(\varphi_0)S(\psi_b) - S(\varphi_0)S(\psi_0)C(\psi_b)] \\
\quad + C(e_s)S(\sigma_s)[C(\psi_0)S(\varphi_0)C(\psi_b)S(\varphi_b) + S(\psi_0)S(\varphi_0)S(\varphi_b)S(\psi_b) - C(\varphi_0)C(\varphi_b)] \\
h_{y1} = -C(e_s)C(\sigma_s)[S(\varphi_b)C(\psi_0)S(\psi_b) - S(\varphi_0)S(\psi_0)C(\psi_b)] \\
\quad - C(e_s)S(\sigma_s)[C(\varphi_0)S(\varphi_b) + C(\psi_0)S(\varphi_0)C(\varphi_b)C(\psi_b) + S(\varphi_0)S(\psi_0)C(\varphi_b)S(\psi_b)] \\
h_{z1} = -C(e_s)C(\sigma_s)[C(\psi_0)S(\varphi_0)C(\psi_b)S(\varphi_b) + S(\psi_0)S(\varphi_0)S(\psi_b)S(\varphi_b) - C(\varphi_0)C(\varphi_b)] \\
\quad + S(e)[C(\varphi_0)S(\varphi_b) + C(\psi_0)S(\varphi_0)C(\varphi_b)C(\psi_b) + S(\varphi_0)S(\psi_0)C(\varphi_b)S(\psi_b)] \\
h_{x2} = S(e_s)[C(\psi_0)C(\psi_b) + S(\psi_0)S(\psi_b)] \\
\quad - C(e_s)S(\sigma_s)[C(\psi_0)S(\varphi_b)S(\psi_b) - S(\psi_0)C(\psi_b)S(\varphi_b)] \\
h_{y2} = -C(e_s)C(\sigma_s)C(\psi_0)C(\psi_b) \\
\quad + C(e_s)S(\sigma_s)[C(\psi_0)C(\varphi_b)S(\psi_b) - S(\psi_0)C(\varphi_b)C(\psi_b)] \\
h_{z2} = C(e_s)C(\sigma_s)[C(\psi_0)S(\varphi_b)S(\psi_b) - S(\psi_0)C(\psi_b)S(\varphi_b)] \\
\quad - S(e_s)[C(\psi_0)C(\varphi_b)S(\psi_b) - S(\psi_0)C(\varphi_b)C(\psi_b)]
\end{cases}
$$

其中，$S(\cdot)$ 表示 $\sin(\cdot)$；$C(\cdot)$ 表示 $\cos(\cdot)$；φ_b、ψ_b 为测星时的姿态角。

记 $\boldsymbol{Z}=[\xi \quad \eta]^{\mathrm{T}}$，$\boldsymbol{h}_1=[h_{x1} \quad h_{y1} \quad h_{z1}]$，$\boldsymbol{h}_2=[h_{x2} \quad h_{y2} \quad h_{z2}]$，$\boldsymbol{\alpha}=[\alpha_x \quad \alpha_y \quad \alpha_z]^{\mathrm{T}}$，则式（5-32）可以写为

$$
\boldsymbol{Z}=\begin{bmatrix}\boldsymbol{h}_1 \\ \boldsymbol{h}_2\end{bmatrix}\boldsymbol{\alpha}=\boldsymbol{H}\boldsymbol{\alpha} \tag{5-33}
$$

式中，

$$
\boldsymbol{\alpha}=\boldsymbol{\alpha}_{\mathrm{d}}+\boldsymbol{\alpha}_{\mathrm{g}} \tag{5-34}
$$

2. 包含安装误差的观测方程

对捷联星光-惯性复合制导系统而言，星敏感器固联安装在弹体上，由于发射过程中的振动、冲击等因素，测星时其安装误差可能达到角分级，严重影响测量恒星方位时的准确性，因而需要对安装误差进行标定。当前地面标定星敏感器安装误差的方法主要有两种：一种是基于光学传递原理进行标定，过程复杂、使用设备较多、造价昂贵；另一种是根据惯性导航转位信息进行标定，标定精度依赖于惯性导航的转位精度。上述两种方法可以用于导弹制造过程中或发射前的标定，但是弹上在线标定难于实施，为此需要考虑星敏感器安装误差的建模与在线标定问题。

记星敏感器的安装误差为 $[\Delta\varphi_0 \quad \Delta\psi_0]^{\mathrm{T}}$，则弹体坐标系到星敏感器体坐标系的转换矩阵可表示：

$$
\boldsymbol{C}_{\mathrm{B}}^{\mathrm{S}}=\boldsymbol{M}_3[\varphi_0+\Delta\varphi_0]\cdot\boldsymbol{M}_2[-\psi_0+\Delta\psi_0] \tag{5-35}
$$

此时星敏感器体坐标系中测量的星光矢量为

$$
\boldsymbol{S}_{\mathrm{S}}=\boldsymbol{C}_{\mathrm{B}}^{\mathrm{S}}\hat{\boldsymbol{C}}_{\mathrm{P}}^{\mathrm{B}}\boldsymbol{C}_{\mathrm{I}}^{\mathrm{P}}\boldsymbol{S}_{\mathrm{I}} \tag{5-36}
$$

将式（5-36）与式（5-30）相减，可得到含有星敏感器安装误差的星光观测方程

$$\begin{bmatrix} 0 \\ \xi \\ \eta \end{bmatrix} = \boldsymbol{C}_{\mathrm{B}}^{\mathrm{S'}} \hat{\boldsymbol{C}}_{\mathrm{P}}^{\mathrm{B}} (\boldsymbol{E} - \boldsymbol{C}_{\mathrm{I}}^{\mathrm{P}}) \boldsymbol{S}_{\mathrm{I}} - \boldsymbol{C}_{\mathrm{S}} \hat{\boldsymbol{C}}_{\mathrm{P}}^{\mathrm{B}} \boldsymbol{C}_{\mathrm{I}}^{\mathrm{P}} \boldsymbol{S}_{\mathrm{I}} \tag{5-37}$$

式中，

$$\boldsymbol{C}_{\mathrm{S}} = \begin{bmatrix} \cos\varphi_0 \sin\psi_0 \Delta\psi_0 - \sin\varphi_0 \cos\psi_0 \Delta\varphi_0 & \cos\varphi_0 \Delta\varphi_0 & -\cos\varphi_0 \cos\psi_0 \Delta\psi_0 - \sin\varphi_0 \sin\psi_0 \Delta\varphi_0 \\ -\cos\varphi_0 \cos\psi_0 \Delta\varphi_0 - \sin\varphi_0 \sin\psi_0 \Delta\psi_0 & -\sin\varphi_0 \Delta\varphi_0 & -\cos\varphi_0 \sin\psi_0 \Delta\varphi_0 + \sin\varphi_0 \cos\psi_0 \Delta\psi_0 \\ \cos\psi_0 \Delta\psi_0 & 0 & \sin\psi_0 \Delta\psi_0 \end{bmatrix}$$

将式（5-37）展开，并忽略二阶以上小量，经整理可得星光观测量与失准角以及星敏感器安装误差之间的关系为

$$\begin{bmatrix} \xi \\ \eta \end{bmatrix} = \begin{bmatrix} h_{11} & h_{12} & h_{13} & h_{14} & h_{15} \\ h_{21} & h_{22} & h_{23} & h_{24} & h_{25} \end{bmatrix} \begin{bmatrix} \alpha_x \\ \alpha_y \\ \alpha_z \\ \Delta\varphi_0 \\ \Delta\psi_0 \end{bmatrix} \tag{5-38}$$

式中，

$$\left\{ \begin{aligned} h_{11} &= S(e_{\mathrm{s}})[C(\psi_0)S(\varphi_0)S(\psi_{\mathrm{b}}) - S(\varphi_0)S(\psi_0)C(\psi_{\mathrm{b}})] \\ &\quad + C(e_{\mathrm{s}})S(\sigma_{\mathrm{s}})[C(\psi_0)S(\varphi_0)C(\psi_{\mathrm{b}})S(\varphi_{\mathrm{b}}) + S(\psi_0)S(\varphi_0)S(\varphi_{\mathrm{b}})S(\psi_{\mathrm{b}}) - C(\varphi_0)C(\varphi_{\mathrm{b}})] \\ h_{12} &= -C(e_{\mathrm{s}})C(\sigma_{\mathrm{s}})[S(\varphi_{\mathrm{b}})C(\psi_0)S(\psi_{\mathrm{b}}) - S(\varphi_0)S(\psi_0)C(\psi_{\mathrm{b}})] \\ &\quad - C(e_{\mathrm{s}})S(\sigma_{\mathrm{s}})[C(\varphi_0)S(\varphi_{\mathrm{b}}) + C(\psi_0)S(\varphi_0)C(\varphi_{\mathrm{b}})C(\psi_{\mathrm{b}}) + S(\varphi_0)S(\psi_0)C(\varphi_{\mathrm{b}})S(\psi_{\mathrm{b}})] \\ h_{13} &= -C(e_{\mathrm{s}})C(\sigma_{\mathrm{s}})[C(\psi_0)S(\varphi_0)C(\psi_{\mathrm{b}})S(\varphi_{\mathrm{b}}) + S(\psi_0)S(\varphi_0)S(\psi_{\mathrm{b}})S(\varphi_{\mathrm{b}}) - C(\varphi_0)C(\varphi_{\mathrm{b}})] \\ &\quad + S(e_{\mathrm{s}})[C(\varphi_0)S(\varphi_{\mathrm{b}}) + C(\psi_0)S(\varphi_0)C(\varphi_{\mathrm{b}})C(\psi_{\mathrm{b}}) + S(\varphi_0)S(\psi_0)C(\varphi_{\mathrm{b}})S(\psi_{\mathrm{b}})] \\ h_{14} &= -C(e_{\mathrm{s}})C(\sigma_{\mathrm{s}})[C(\varphi_{\mathrm{b}})C(\psi_{\mathrm{b}})C(\varphi_0)C(\psi_0) + C(\varphi_{\mathrm{b}})S(\psi_{\mathrm{b}})C(\varphi_0)S(\psi_0) - S(\varphi_0)S(\varphi_{\mathrm{b}})] \\ &\quad - S(e_{\mathrm{s}})[S(\varphi_{\mathrm{b}})C(\psi_{\mathrm{b}})C(\varphi_0)C(\psi_0) + S(\varphi_{\mathrm{b}})S(\psi_{\mathrm{b}})C(\varphi_0)S(\psi_0) + S(\varphi_0)C(\varphi_{\mathrm{b}})] \\ &\quad + C(e_{\mathrm{s}})S(\sigma_{\mathrm{s}})[-C(\psi_{\mathrm{b}})C(\varphi_0)S(\psi_0) + S(\psi_{\mathrm{b}})C(\varphi_0)C(\psi_0)] \\ h_{15} &= -C(e_{\mathrm{s}})C(\sigma_{\mathrm{s}})[C(\varphi_{\mathrm{b}})C(\psi_{\mathrm{b}})S(\varphi_0)S(\psi_0) - C(\varphi_{\mathrm{b}})S(\psi_{\mathrm{b}})S(\varphi_0)C(\psi_0)] \\ &\quad - S(e_{\mathrm{s}})[S(\varphi_{\mathrm{b}})C(\psi_{\mathrm{b}})S(\varphi_0)S(\psi_0) - S(\varphi_{\mathrm{b}})S(\psi_{\mathrm{b}})S(\varphi_0)C(\psi_0)] \\ &\quad + C(e_{\mathrm{s}})S(\sigma_{\mathrm{s}})[C(\psi_{\mathrm{b}})S(\varphi_0)C(\psi_0) + S(\psi_{\mathrm{b}})S(\varphi_0)S(\psi_0)] \\ h_{21} &= S(e_{\mathrm{s}})[C(\psi_0)C(\psi_{\mathrm{b}}) + S(\psi_0)S(\psi_{\mathrm{b}})] \\ &\quad - C(e_{\mathrm{s}})S(\sigma_{\mathrm{s}})[C(\psi_0)S(\varphi_{\mathrm{b}})S(\psi_{\mathrm{b}}) - S(\psi_0)C(\psi_{\mathrm{b}})S(\varphi_{\mathrm{b}})] \\ h_{22} &= -C(e_{\mathrm{s}})C(\sigma_{\mathrm{s}})C(\psi_0)C(\psi_{\mathrm{b}}) \\ &\quad + C(e_{\mathrm{s}})S(\sigma_{\mathrm{s}})[C(\psi_0)C(\varphi_{\mathrm{b}})S(\psi_{\mathrm{b}}) - S(\psi_0)C(\varphi_{\mathrm{b}})C(\psi_{\mathrm{b}})] \\ h_{23} &= C(e_{\mathrm{s}})C(\sigma_{\mathrm{s}})[C(\psi_0)S(\varphi_{\mathrm{b}})S(\psi_{\mathrm{b}}) - S(\psi_0)C(\psi_{\mathrm{b}})S(\varphi_{\mathrm{b}})] \\ &\quad - S(e_{\mathrm{s}})[C(\psi_0)C(\varphi_{\mathrm{b}})S(\psi_{\mathrm{b}}) - S(\psi_0)C(\varphi_{\mathrm{b}})C(\psi_{\mathrm{b}})] \\ h_{24} &= 0 \end{aligned} \right.$$

$$
\left\{\begin{aligned} h_{25} &= C(e_s)C(\sigma_s)[C(\varphi_b)C(\varphi_0)C(\psi_b)+C(\varphi_b)S(\psi_0)S(\psi_b)] \\ &\quad + S(e_s)[S(\varphi_b)C(\psi_0)C(\psi_b)+S(\varphi_b)S(\psi_0)S(\psi_b)] \\ &\quad - C(e_s)S(\sigma_s)[C(\psi_0)S(\psi_b)-S(\psi_0)C(\psi_b)] \end{aligned}\right.
$$

其中，$S(\cdot)$ 表示 $\sin(\cdot)$；$C(\cdot)$ 表示 $\cos(\cdot)$；φ_b、ψ_b 为测星时的姿态角。

式（5-38）中有五个未知量，因此必须至少测量三颗导航星，获得六个独立的测量量才能求解（对每颗恒星的多次测量主要用于平均测量噪声，只能获得两个独立测量量）。测量三颗恒星时的观测方程为

$$
\begin{bmatrix} \xi_1 \\ \eta_1 \\ \xi_2 \\ \eta_2 \\ \xi_3 \\ \eta_3 \end{bmatrix} = \begin{bmatrix} h_{11} & h_{12} & h_{13} & h_{14} & h_{15} \\ h_{21} & h_{22} & h_{23} & h_{24} & h_{25} \\ h_{31} & h_{32} & h_{33} & h_{34} & h_{35} \\ h_{41} & h_{42} & h_{43} & h_{44} & h_{45} \\ h_{51} & h_{52} & h_{53} & h_{54} & h_{55} \\ h_{61} & h_{62} & h_{63} & h_{64} & h_{65} \end{bmatrix} \begin{bmatrix} \alpha_x \\ \alpha_y \\ \alpha_z \\ \Delta\varphi_0 \\ \Delta\psi_0 \end{bmatrix} \tag{5-39}
$$

式中，ξ_1、η_1、ξ_2、η_2、ξ_3、η_3 为三次测星过程中星敏感器的观测量。记式（5-39）为

$$
\boldsymbol{Z} = \boldsymbol{H}\boldsymbol{X} \tag{5-40}
$$

基于最小二乘原理，可得失准角和星敏感器安装误差的最佳估计值为

$$
\hat{\boldsymbol{X}} = (\boldsymbol{H}^{\mathrm{T}}\boldsymbol{H})^{-1}\boldsymbol{H}^{\mathrm{T}} \cdot \boldsymbol{Z} \tag{5-41}
$$

5.3　复合制导测星方案

5.3.1　导航星选择方案

本质上而言，捷联星光-惯性复合制导问题是基于多矢量观测的参数估计问题，文献[1]中对此作了很好的综述。这个问题最早由 Wahba 提出，描述为寻找一个特征值为 1 的正交矩阵 $\boldsymbol{A}$，使得如下损失函数最小：

$$
L(\boldsymbol{A}) = \frac{1}{2}\sum_i a_i |\boldsymbol{s}_i - \boldsymbol{A}\boldsymbol{r}_i|^2 \tag{5-42}
$$

式中，$\boldsymbol{s}_i$ 是一组在飞行器体系中测量的单位矢量；$\boldsymbol{r}_i$ 是与 $\boldsymbol{s}_i$ 对应的参考系中的单位矢量；a_i 为非负的权重；矩阵 $\boldsymbol{A}$ 的物理含义是飞行器体系与参考坐标系间的方向余弦阵。已经证明，损失函数等价于如下形式：

$$
L(\boldsymbol{A}) = \lambda_0 - \mathrm{tr}(\boldsymbol{A}\boldsymbol{B}^{\mathrm{T}}) \tag{5-43}
$$

式中，

$$
\lambda_0 = \sum_i a_i \tag{5-44}
$$

$$\boldsymbol{B}=\sum_i a_i \boldsymbol{s}_i \boldsymbol{r}_i^{\mathrm{T}} \tag{5-45}$$

显然，当权重 a_i 确定时，损失函数最小等价于迹 $\operatorname{tr}(\boldsymbol{A}\boldsymbol{B}^{\mathrm{T}})$ 最大。为求解式（5-42），相关学者提出了一系列算法，如 SVD 算法、q 算法、QUEST 算法、FOAM 算法等，许多已在工程实践中得到了成功应用。这些算法称为确定性算法或单框架算法，要求观测矢量 $\boldsymbol{r}_i$ 是同一时刻的，如果是不同时刻观测的矢量，需通过一定的方法将其转换到同一时刻。

如果不考虑其他误差，因为矩阵 $\boldsymbol{A}$ 中仅有三个独立变量，所以最少测量两颗不共线的恒星即可求解式（5-42）。设两颗恒星的参考矢量在发射惯性坐标系（参考系）中表示为 $\boldsymbol{r}_1$、$\boldsymbol{r}_2$，在数学平台坐标系中表示为 $\boldsymbol{s}_1$、$\boldsymbol{s}_2$，记

$$\begin{cases}\boldsymbol{r}_3=\boldsymbol{r}_1\times\boldsymbol{r}_2\\ \boldsymbol{s}_3=\boldsymbol{s}_1\times\boldsymbol{s}_2\end{cases} \tag{5-46}$$

则可列出如下方程：

$$\boldsymbol{S}_{\mathrm{P}}=\boldsymbol{C}_{\mathrm{I}}^{\mathrm{P}}\cdot\boldsymbol{R}_{\mathrm{I}} \tag{5-47}$$

式中，$\boldsymbol{S}_{\mathrm{P}}=(\boldsymbol{s}_1,\boldsymbol{s}_2,\boldsymbol{s}_3)$；$\boldsymbol{R}_{\mathrm{I}}=(\boldsymbol{r}_1,\boldsymbol{r}_2,\boldsymbol{r}_3)$。因为两颗恒星不共线，矩阵 $\boldsymbol{R}_{\mathrm{I}}$ 是可逆的，所以根据式（5-47）可以求解出发射惯性坐标系到数字平台坐标系的转换矩阵：

$$\boldsymbol{C}_{\mathrm{I}}^{\mathrm{P}}=\boldsymbol{S}_{\mathrm{P}}\cdot\boldsymbol{R}_{\mathrm{I}}^{-1} \tag{5-48}$$

矩阵 $\boldsymbol{C}_{\mathrm{I}}^{\mathrm{P}}$ 与平台的失准角有关，因此可以反解出平台的三个失准角。可以证明，星敏感器存在测量误差的情况下，矢量 $\boldsymbol{r}_1$、$\boldsymbol{r}_2$ 垂直时载体姿态的观测精度最高。

当观测矢量多于两个时，求解式（5-42）得到的载体姿态估计精度会更高，冗余的观测信息也可以用来估计其他参数，但由此也会带来观测时间的增加，以及观测矢量归算到同一时刻时误差的增大。因为本章还要估计星敏感器的两个安装误差，综合上述原因后，选择观测三颗垂直的导航星作为测星方案。在实际应用中，同平台星光-惯性复合制导方案类似，导航星选择也要受到恒星星库、星敏感器性能、强光源规避等因素影响，但因为可以调整弹体姿态观测不同方位的恒星，观星自由度要比平台方案大得多，且观测三颗导航星具有一定的信息冗余，因此仿真中未再考虑这方面的约束，工程应用中这些约束仍要考虑。

5.3.2 弹体调姿对星方案

在捷联星光-惯性复合制导方案中，需要对三颗导航星进行测量从而估计失准角以及星敏感器的安装误差。弹体在飞行过程中姿态会发生变化，会出现导航星不在星敏感器视场内的情况，因此要对弹体进行调姿，理想的调姿结果为选择的导航星正好对准星敏感器主光轴的方向。

根据发射惯性坐标系中星敏感器主光轴的方向矢量 $\boldsymbol{S}_{\mathrm{I}}^{\mathrm{B}}$、导航星的方向矢量

$\boldsymbol{S}_{\mathrm{I}}$，可以计算出与其垂直的旋转矢量 $\boldsymbol{q}$ 以及旋转角度 α_q：

$$\begin{cases}\boldsymbol{q}=\boldsymbol{S}_{\mathrm{I}}^{\mathrm{B}}\times\boldsymbol{S}_{\mathrm{I}}\\ \cos\alpha_q=\boldsymbol{S}_{\mathrm{I}}^{\mathrm{B}}\cdot\boldsymbol{S}_{\mathrm{I}}\end{cases}\tag{5-49}$$

式中，$|\boldsymbol{q}|=1$。定义四元数

$$\boldsymbol{q}_{\alpha}=\cos\frac{\alpha_q}{2}+\boldsymbol{q}\cdot\sin\frac{\alpha_q}{2}\tag{5-50}$$

将弹体坐标系按式（5-50）提供的四元数进行调整即可得到调姿结果。

若弹体坐标系绕导航星矢量方向再旋转一个角度 β_q，非理想情况下导航星在星敏感器中的测量输出为 $\boldsymbol{S}_{\mathrm{S}}=[1\quad -\xi\quad -\eta]^{\mathrm{T}}$，像平面转动后测量输出为 $\boldsymbol{S}_{\mathrm{S}}'=[1\quad -\xi'\quad -\eta']^{\mathrm{T}}$，则有

$$\boldsymbol{S}_{\mathrm{S}}'=\begin{bmatrix}1&0&0\\0&\cos\beta_q&-\sin\beta_q\\0&\sin\beta_q&\cos\beta_q\end{bmatrix}\boldsymbol{S}_{\mathrm{S}}=\boldsymbol{C}_{\beta q}\cdot\boldsymbol{S}_{\mathrm{S}}\tag{5-51}$$

经整理可得

$$\begin{bmatrix}-\xi'\\-\eta'\end{bmatrix}=\begin{bmatrix}\cos\beta_q&-\sin\beta_q\\\sin\beta_q&\cos\beta_q\end{bmatrix}\begin{bmatrix}-\xi\\-\eta\end{bmatrix}\tag{5-52}$$

因此，测量时刻弹体的姿态角矩阵满足

$$\boldsymbol{C}_{\mathrm{B}}^{\mathrm{P}}=\boldsymbol{C}_{\beta q}\boldsymbol{C}_{\alpha q}\boldsymbol{C}_{\mathrm{B}}^{\mathrm{I}}\tag{5-53}$$

式中，$\boldsymbol{C}_{\alpha q}$ 为弹体调姿的方向余弦阵，可以与 $\boldsymbol{q}_{\alpha}$ 相互转换；$\boldsymbol{C}_{\mathrm{B}}^{\mathrm{I}}$ 为调姿前根据惯性导航提供的弹体的三个姿态角计算的旋转矩阵。

5.3.3　弹体姿态调整方案

1. 基本假设

研究中，采用如下基本假设：

（1）弹体上安装的每个姿控喷管产生的推力均相等，根据喷管启动的情况，各轴的角加速度均有 3 个取值，若用 ε_{x_1}、ε_{y_1}、ε_{z_1} 分别表示沿 x_1 轴、y_1 轴、z_1 轴所产生的角加速度的绝对值，用 $l\varepsilon_{x_1}$、$m\varepsilon_{y_1}$、$n\varepsilon_{z_1}$ 分别表示各体轴的角加速度，则 $l,m,n=\pm1,0$。

（2）绕弹体轴 x_1 旋转欧拉角 θ，其旋转策略为前 $\theta/2$ 以 ε_{x_1} 加速旋转，后 $\theta/2$ 以 $-\varepsilon_{x_1}$ 减速旋转，即角速度从 0 开始增加，在中点时达到最大值，最后又变为 0。其他两轴的情况类似。

（3）通光孔方向的单位矢量记为 $\boldsymbol{OC}$，C 点在弹体坐标系中的位置坐标记为 $(x_{\mathrm{c}},y_{\mathrm{c}},z_{\mathrm{c}})$，且矢量 $\boldsymbol{OC}$ 与弹体坐标系三个轴的夹角分别为 α_{c}、β_{c}、γ_{c}。

（4）姿态调整开始时，恒星方向的单位矢量，即星光矢量，记为$\boldsymbol{OS}$，S点在弹体坐标系中的位置坐标记为(x_{s0},y_{s0},z_{s0})，矢量$\boldsymbol{OS}$与弹体坐标系三个轴的夹角分别为α_{s0}、β_{s0}、γ_{s0}，姿态调整过程中，恒星S方向在惯性空间中保持不变，则矢量$\boldsymbol{OS}$与弹体坐标系三个轴的夹角（分别为α_s、β_s和γ_s）将随之变化。

2. 弹体姿态调整

将由于某一种控制而产生的导弹在空间转动的角速度方向称为控制轴方向，记为$\boldsymbol{OE}_k$。对于x_1、y_1、z_1三轴组合来说，有$3\times3\times3=27$个方向，即有27个控制轴，除去三轴无控组合$(0,0,0)$，即只能实现 26 个方向的控制，故所能实现的控制方向是有限的。

$\boldsymbol{OC}$与$\boldsymbol{OS}$叉乘方向的单位矢量记为$\boldsymbol{E}_1$，称其为第一次所需要的控制轴。两次最佳控制轴旋转的思想是：首先选取最接近于$\boldsymbol{E}_1$的$\boldsymbol{E}_{k1}$作为第一次旋转控制轴，记$\boldsymbol{E}_{k1}$与$\boldsymbol{OS}$叉乘方向的单位矢量为$\boldsymbol{E}_2$，称其为第二次所需要的控制轴；再选取最接近于需要轴$\boldsymbol{E}_2$的控制轴$\boldsymbol{E}_{k2}$作为第二次旋转控制轴。“最接近”是指两轴夹角最小，设所需控制轴与实际可提供控制轴之间的夹角为A，“最接近”是在所有控制轴中找最大的$\cos A$。

1）选取两次旋转最佳控制轴$\boldsymbol{E}_{k1}$、$\boldsymbol{E}_{k2}$

$\boldsymbol{OC}$与$\boldsymbol{OS}$在弹体坐标系中的表示分别为

$$\begin{cases}\boldsymbol{OC}=x_c\boldsymbol{i}_b+y_c\boldsymbol{j}_b+z_c\boldsymbol{k}_b\\ \boldsymbol{OS}=x_{s0}\boldsymbol{i}_b+y_{s0}\boldsymbol{j}_b+z_{s0}\boldsymbol{k}_b\end{cases}\tag{5-54}$$

由于

$$\begin{aligned}\boldsymbol{OC}\times\boldsymbol{OS}&=(y_cz_{s0}-z_cy_{s0})\boldsymbol{i}_b+(z_cx_{s0}-x_cz_{s0})\boldsymbol{j}_b+(x_cy_{s0}-y_cx_{s0})\boldsymbol{k}_b\\&=e_{1x}\boldsymbol{i}_b+e_{1y}\boldsymbol{j}_b+e_{1z}\boldsymbol{k}_b\end{aligned}\tag{5-55}$$

则有

$$\boldsymbol{E}_1=\frac{e_{1x}\boldsymbol{i}_b+e_{1y}\boldsymbol{j}_b+e_{1z}\boldsymbol{k}_b}{\sqrt{e_{1x}^2+e_{1y}^2+e_{1z}^2}}\tag{5-56}$$

设控制$\boldsymbol{E}_{k1}$、$\boldsymbol{E}_{k2}$的作用角度分别为θ_1、θ_2，如图 5-4 所示。图 5-4 中$\boldsymbol{r}_0$矢量为通光孔方向矢量，$\boldsymbol{r}_c$经第一次旋转θ_1角后得到的矢量。

2）计算$\boldsymbol{r}_0$

由图 5-4 中几何关系可知

$$\begin{cases}\boldsymbol{E}_{k1}\cdot\boldsymbol{r}_0=\boldsymbol{E}_{k1}\cdot\boldsymbol{r}_c\\ \boldsymbol{E}_{k2}\cdot\boldsymbol{r}_0=\boldsymbol{E}_{k2}\cdot\boldsymbol{r}_c\end{cases}\tag{5-57}$$

又由$\boldsymbol{r}_0$为单位矢量可知

$$|\boldsymbol{r}_0|=1\tag{5-58}$$

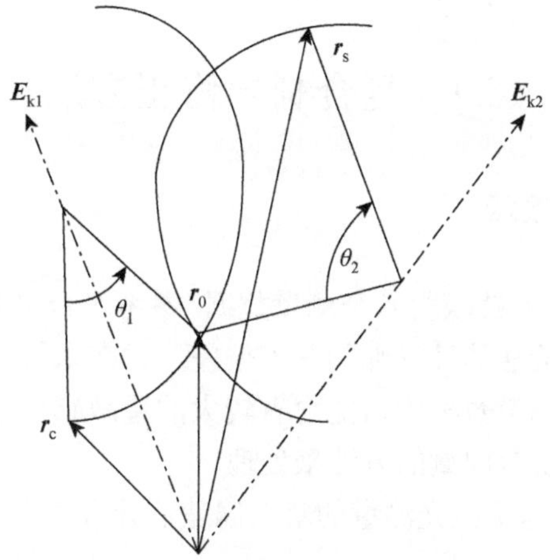

图 5-4　弹体姿态调整示意图

联立求解式（5-57）和式（5-58），可得 $\boldsymbol{r}_0$ 的两组解。

3）计算 θ_1、θ_2

由图 5-4 中几何关系易知，$(\boldsymbol{E}_{k1}\times\boldsymbol{r}_0)$与$(\boldsymbol{E}_{k1}\times\boldsymbol{r}_c)$ 的夹角等于 θ_1，$(\boldsymbol{E}_{k2}\times\boldsymbol{r}_0)$ 与 $(\boldsymbol{E}_{k2}\times\boldsymbol{r}_s)$ 的夹角等于 θ_2，故有

$$\begin{cases}\cos\theta_1=\dfrac{(\boldsymbol{E}_{k1}\times\boldsymbol{r}_0)\cdot(\boldsymbol{E}_{k1}\times\boldsymbol{r}_c)}{|\boldsymbol{E}_{k1}\times\boldsymbol{r}_0|\cdot|\boldsymbol{E}_{k1}\times\boldsymbol{r}_c|}\\ \cos\theta_2=\dfrac{(\boldsymbol{E}_{k2}\times\boldsymbol{r}_0)\cdot(\boldsymbol{E}_{k2}\times\boldsymbol{r}_s)}{|\boldsymbol{E}_{k2}\times\boldsymbol{r}_0|\cdot|\boldsymbol{E}_{k2}\times\boldsymbol{r}_s|}\end{cases}\tag{5-59}$$

进而可得 θ_1、θ_2 分别为

$$\begin{cases}\theta_1=\arccos\left(\dfrac{(\boldsymbol{E}_{k1}\times\boldsymbol{r}_0)\cdot(\boldsymbol{E}_{k1}\times\boldsymbol{r}_c)}{|\boldsymbol{E}_{k1}\times\boldsymbol{r}_0|\cdot|\boldsymbol{E}_{k1}\times\boldsymbol{r}_c|}\right)\\ \theta_2=\arccos\left(\dfrac{(\boldsymbol{E}_{k2}\times\boldsymbol{r}_0)\cdot(\boldsymbol{E}_{k2}\times\boldsymbol{r}_s)}{|\boldsymbol{E}_{k2}\times\boldsymbol{r}_0|\cdot|\boldsymbol{E}_{k2}\times\boldsymbol{r}_s|}\right)\end{cases}\tag{5-60}$$

由于 $\boldsymbol{r}_0$ 有两组解，所以 θ_1、θ_2 也有两组解。

4）计算旋转时间 T

$\boldsymbol{E}_{k1}$、$\boldsymbol{E}_{k2}$ 控制轴所能提供的角加速度大小分别为 ε_1、ε_2，则旋转所需时间为

$$T=2\left(\sqrt{\frac{\theta_1}{\varepsilon_1}}+\sqrt{\frac{\theta_2}{\varepsilon_2}}\right)\tag{5-61}$$

由 θ_1、θ_2 的两组解可得到两个 T，取较小的一个作为此方案的最终结果。

5.4　复合制导修正方法

5.4.1　最佳修正系数法

三次独立地测星，能够获得 6 个测量数据，参考平台星光-惯性复合制导原理，可以采用最佳修正系数法估计导弹的落点偏差，并在末修段加以修正。但对捷联复合制导方案而言，测量数据中可能含有较大的星敏感器安装误差，需要消除其影响，本节通过扩维误差向量的方法来处理。

参考式（3-68），基于星光测量的落点偏差估计方程可以表示为

$$\begin{bmatrix}\Delta L_{\mathrm{s}}\\ \Delta H_{\mathrm{s}}\end{bmatrix}=\begin{bmatrix}u_{L\xi1} & u_{L\eta1} & u_{L\xi2} & u_{L\eta2} & u_{L\xi3} & u_{L\eta3}\\ u_{H\xi1} & u_{H\eta1} & u_{H\xi2} & u_{H\eta2} & u_{H\xi3} & u_{H\eta3}\end{bmatrix}\begin{bmatrix}\xi_1\\ \eta_1\\ \xi_2\\ \eta_2\\ \xi_3\\ \eta_3\end{bmatrix}=\begin{bmatrix}\boldsymbol{u}_L^{\mathrm{T}}\\ \boldsymbol{u}_H^{\mathrm{T}}\end{bmatrix}\cdot\boldsymbol{Z} \tag{5-62}$$

式中，$\boldsymbol{u}_L$、$\boldsymbol{u}_H$ 是与纵程、横程对应的修正系数，测量量 ξ_i、η_i 中含有星敏感器安装误差 $\Delta\psi_0$、$\Delta\varphi_0$，要尽量地消除其影响。

根据 5.2.1 节中的模型，失准角 $\boldsymbol{\alpha}$ 可以表示为

$$\boldsymbol{\alpha}=[\alpha_x \quad \alpha_y \quad \alpha_z]^{\mathrm{T}}=\boldsymbol{\alpha}_{\mathrm{d}}+\boldsymbol{\alpha}_{\mathrm{g}}=[\boldsymbol{N}_{\mathrm{d}} \quad \boldsymbol{N}_{\mathrm{g}}]\begin{bmatrix}\boldsymbol{\varepsilon}_0\\ \boldsymbol{D}_{\mathrm{g}}\end{bmatrix}=\boldsymbol{N}_{\alpha}\cdot\boldsymbol{K} \tag{5-63}$$

式中，$\boldsymbol{K}=[\boldsymbol{\varepsilon}_0 \quad \boldsymbol{D}_{\mathrm{g}}]^{\mathrm{T}}$ 表示误差向量。将式（5-63）代入式（5-38）中，则星敏感器的观测量可以表示为

$$\begin{bmatrix}\Delta L_{\mathrm{s}}\\ \Delta H_{\mathrm{s}}\end{bmatrix}=\begin{bmatrix}\boldsymbol{u}_{\mathrm{L}}^{\mathrm{T}}\\ \boldsymbol{u}_{\mathrm{H}}^{\mathrm{T}}\end{bmatrix}\begin{bmatrix}\boldsymbol{H}_1 & \boldsymbol{0} & \boldsymbol{0}\\ \boldsymbol{0} & \boldsymbol{H}_2 & \boldsymbol{0}\\ \boldsymbol{0} & \boldsymbol{0} & \boldsymbol{H}_3\end{bmatrix}\begin{bmatrix}\boldsymbol{N}_{\beta1}\\ \boldsymbol{N}_{\beta2}\\ \boldsymbol{N}_{\beta3}\end{bmatrix}\cdot\tilde{\boldsymbol{K}} \tag{5-64}$$

式中，$\tilde{\boldsymbol{K}}=[\boldsymbol{K} \quad \Delta\varphi_0 \quad \Delta\psi_0]^{\mathrm{T}}$ 表示扩维后的误差向量。将式（5-64）代入式（5-62）中，可得

$$\begin{bmatrix}\Delta L_{\mathrm{s}}\\ \Delta H_{\mathrm{s}}\end{bmatrix}=\begin{bmatrix}\boldsymbol{u}_{\mathrm{L}}^{\mathrm{T}}\\ \boldsymbol{u}_{\mathrm{H}}^{\mathrm{T}}\end{bmatrix}\begin{bmatrix}\boldsymbol{H}_1 & \boldsymbol{0} & \boldsymbol{0}\\ \boldsymbol{0} & \boldsymbol{H}_2 & \boldsymbol{0}\\ \boldsymbol{0} & \boldsymbol{0} & \boldsymbol{H}_3\end{bmatrix}\begin{bmatrix}\boldsymbol{N}_{\beta1}\\ \boldsymbol{N}_{\beta2}\\ \boldsymbol{N}_{\beta3}\end{bmatrix}\cdot\tilde{\boldsymbol{K}} \tag{5-65}$$

式中，$\boldsymbol{H}_1$、$\boldsymbol{H}_2$、$\boldsymbol{H}_3$ 分别为三个时刻的观测矩阵；$\boldsymbol{N}_{\beta1}$、$\boldsymbol{N}_{\beta2}$、$\boldsymbol{N}_{\beta3}$ 分别为三个时刻扩维后的矩阵。式（5-65）可以简写为

$$\begin{bmatrix}\Delta L_{\mathrm{s}}\\ \Delta H_{\mathrm{s}}\end{bmatrix}=\begin{bmatrix}\boldsymbol{u}_{\mathrm{L}}^{\mathrm{T}}\boldsymbol{H}\tilde{\boldsymbol{N}}_{\beta}\\ \boldsymbol{u}_{\mathrm{H}}^{\mathrm{T}}\boldsymbol{H}\tilde{\boldsymbol{N}}_{\beta}\end{bmatrix}\cdot\tilde{\boldsymbol{K}} \tag{5-66}$$

纯惯性制导条件下的落点偏差可表示为

$$\begin{bmatrix}\Delta L\\ \Delta H\end{bmatrix}=\begin{bmatrix}\tilde{\boldsymbol{C}}_{\mathrm{LK}}\\ \tilde{\boldsymbol{C}}_{\mathrm{HK}}\end{bmatrix}\cdot\tilde{\boldsymbol{K}}=\begin{bmatrix}\dfrac{\partial L}{\partial\tilde{\boldsymbol{K}}^{\mathrm{T}}}\\ \dfrac{\partial H}{\partial\tilde{\boldsymbol{K}}^{\mathrm{T}}}\end{bmatrix}\cdot\tilde{\boldsymbol{K}} \tag{5-67}$$

因为纯惯性制导条件下，星敏感器的安装误差不影响落点精度，故落点偏差的偏导数为

$$\begin{cases}\tilde{\boldsymbol{C}}_{\mathrm{LK}}=[\boldsymbol{C}_{\mathrm{LK}}\quad \underset{1\times2}{\boldsymbol{0}}]\\ \tilde{\boldsymbol{C}}_{\mathrm{HK}}=[\boldsymbol{C}_{\mathrm{HK}}\quad \underset{1\times2}{\boldsymbol{0}}]\end{cases} \tag{5-68}$$

综合式（5-66）、式（5-67），可得星光修正后复合制导的落点偏差为

$$\begin{bmatrix}\delta L\\ \delta H\end{bmatrix}=\begin{bmatrix}\Delta L-\Delta L_{\mathrm{s}}\\ \Delta H-\Delta H_{\mathrm{s}}\end{bmatrix}=\begin{bmatrix}\tilde{\boldsymbol{C}}_{\mathrm{LK}}-\boldsymbol{u}_{\mathrm{L}}^{\mathrm{T}}\boldsymbol{H}\tilde{\boldsymbol{N}}_{\beta}\\ \tilde{\boldsymbol{C}}_{\mathrm{HK}}-\boldsymbol{u}_{\mathrm{H}}^{\mathrm{T}}\boldsymbol{H}\tilde{\boldsymbol{N}}_{\beta}\end{bmatrix}\tilde{\boldsymbol{K}} \tag{5-69}$$

复合制导落点偏差最小时对应的修正系数为最佳修正系数。记 $\boldsymbol{c}_{\mathrm{k}}=\boldsymbol{H}\tilde{\boldsymbol{N}}_{\beta}$，$\boldsymbol{n}_{\mathrm{L}}=\tilde{\boldsymbol{C}}_{\mathrm{LK}}$，$\boldsymbol{n}_{\mathrm{H}}=\tilde{\boldsymbol{C}}_{\mathrm{HK}}$，$\tilde{\boldsymbol{R}}=E\{\tilde{\boldsymbol{K}}\quad\tilde{\boldsymbol{K}}^{\mathrm{T}}\}$，类似第 3 章的推导过程，可得最佳修正系数的表达式为

$$\begin{cases}\boldsymbol{u}_{\mathrm{L}}=(\boldsymbol{c}_{\mathrm{k}}\tilde{\boldsymbol{R}}\boldsymbol{c}_{\mathrm{k}}^{\mathrm{T}})^{-1}\boldsymbol{c}_{\mathrm{k}}\tilde{\boldsymbol{R}}\boldsymbol{n}_{\mathrm{L}}^{\mathrm{T}}\\ \boldsymbol{u}_{\mathrm{H}}=(\boldsymbol{c}_{\mathrm{k}}\tilde{\boldsymbol{R}}\boldsymbol{c}_{\mathrm{k}}^{\mathrm{T}})^{-1}\boldsymbol{c}_{\mathrm{k}}\tilde{\boldsymbol{R}}\boldsymbol{n}_{\mathrm{H}}^{\mathrm{T}}\end{cases} \tag{5-70}$$

5.4.2　参数估计补偿法

在 5.2.2 节中已经推导出，当测量的恒星多于 3 颗时，可以采用最小二乘法估计出数学平台的失准角和星敏感器的安装误差，本节提出一种基于参数估计值的落点偏差修正方法。

当陀螺精度较高、由陀螺漂移引起的误差较小（或初始定向误差远大于陀螺漂移误差）时，可以近似认为失准角与初始定向误差对导航偏差的影响相同，此时可以由失准角估计出视速度、视位置导航误差，然后根据关机点处的偏导数估计落点偏差，并加以修正。

在捷联惯性导航系统中，由失准角和加速度计误差引起的视加速度误差可表示为

$$\delta\dot{\boldsymbol{W}}=\dot{\boldsymbol{W}}_{\mathrm{p}}-\dot{\boldsymbol{W}}_{\mathrm{A}} \tag{5-71}$$

式中，$\dot{\boldsymbol{W}}_{\mathrm{p}}$ 为发射惯性坐标系中的视加速度；$\dot{\boldsymbol{W}}_{\mathrm{A}}$ 为真实视加速度，可表示为[2]

$$\dot{\boldsymbol{W}}_{\mathrm{A}}=\boldsymbol{C}_{\mathrm{B}}^{\mathrm{A}}[\boldsymbol{\phi}']\cdot(\dot{\boldsymbol{W}}_{\mathrm{B}}-\delta\dot{\boldsymbol{W}}_{\mathrm{B}}) \tag{5-72}$$

式中，ϕ'代表弹体坐标系相对于发射惯性坐标系的真实姿态角，包括俯仰角φ、偏航角ψ和滚动角γ；$\dot{\boldsymbol{W}}_{\mathrm{B}}$为加速度计测得的加速度矢量；$\delta\dot{\boldsymbol{W}}_{\mathrm{B}}$为加速度计测量误差矢量。

真实姿态角ϕ'可由陀螺仪测量的导航姿态角ϕ和姿态误差角$\Delta\phi$得到

$$\phi'=\phi-\Delta\phi \tag{5-73}$$

考虑到$\Delta\phi$为小量，近似有

$$\boldsymbol{C}_{\mathrm{B}}^{\mathrm{A}}[\phi-\Delta\phi]=(\boldsymbol{E}-\boldsymbol{\Omega}_{\Delta\phi})\cdot\boldsymbol{C}_{\mathrm{B}}^{\mathrm{A}}[\phi] \tag{5-74}$$

式中，

$$\boldsymbol{\Omega}_{\Delta\phi}=\begin{bmatrix}0 & -\Delta\varphi & \Delta\psi\\ \Delta\varphi & 0 & -\Delta\gamma\\ -\Delta\psi & \Delta\gamma & 0\end{bmatrix}$$

将式（5-72）、式（5-74）代入式（5-71）中，并省略二阶小量，可得

$$\delta\dot{\boldsymbol{W}}=\boldsymbol{C}_{\mathrm{B}}^{\mathrm{P}}(\phi)\delta\dot{\boldsymbol{W}}_{\mathrm{B}}+\boldsymbol{\Omega}_{\Delta\phi}\boldsymbol{C}_{\mathrm{B}}^{\mathrm{P}}(\phi)\dot{\boldsymbol{W}}_{\mathrm{B}} \tag{5-75}$$

加速度计的测量误差$\delta\dot{\boldsymbol{W}}_{\mathrm{B}}$可表示为

$$\delta\dot{\boldsymbol{W}}_{\mathrm{B}}=\boldsymbol{N}_{\mathrm{a}}\boldsymbol{D}_{\mathrm{a}} \tag{5-76}$$

将式（5-76）代入式（5-75）中，并进行化简，可得

$$\delta\dot{\boldsymbol{W}}=\boldsymbol{C}_{\mathrm{B}}^{\mathrm{A}}\cdot\boldsymbol{N}_{\mathrm{a}}\boldsymbol{D}_{\mathrm{a}}-\boldsymbol{\Omega}_{\dot{W}_{\mathrm{p}}}\cdot\Delta\phi \tag{5-77}$$

式中，$\boldsymbol{\Omega}_{\dot{W}_{\mathrm{p}}}$为$\dot{\boldsymbol{W}}_{\mathrm{p}}$的反对称矩阵；$\Delta\phi$为误差姿态角，下面推导其与失准角$\boldsymbol{\alpha}$之间的关系。

由失准角的定义可知

$$\boldsymbol{C}_{\mathrm{I}}^{\mathrm{P}}=\boldsymbol{C}_{\mathrm{B}}^{\mathrm{P}}\cdot\boldsymbol{C}_{\mathrm{I}}^{\mathrm{B}} \tag{5-78}$$

式中，$\boldsymbol{C}_{\mathrm{B}}^{\mathrm{P}}$为弹体坐标系到数学平台坐标系的转换矩阵；$\boldsymbol{C}_{\mathrm{I}}^{\mathrm{B}}$为发射惯性坐标系到弹体坐标系的转换矩阵。$\boldsymbol{C}_{\mathrm{B}}^{\mathrm{P}}$可由惯性导航解算的三个姿态角$\varphi_{\mathrm{P}}$、$\psi_{\mathrm{P}}$、$\gamma_{\mathrm{P}}$得到

$$\boldsymbol{C}_{\mathrm{B}}^{\mathrm{P}}=\begin{bmatrix}\cos\varphi_{\mathrm{P}}\cos\psi_{\mathrm{P}} & -\sin\varphi_{\mathrm{P}}\cos\gamma_{\mathrm{P}}+\cos\varphi_{\mathrm{P}}\sin\psi_{\mathrm{P}}\sin\gamma_{\mathrm{P}} & \sin\varphi_{\mathrm{P}}\sin\gamma_{\mathrm{P}}+\cos\varphi_{\mathrm{P}}\sin\psi_{\mathrm{P}}\cos\gamma_{\mathrm{P}}\\ \sin\varphi_{\mathrm{P}}\cos\psi_{\mathrm{P}} & \cos\varphi_{\mathrm{P}}\cos\gamma_{\mathrm{P}}+\sin\varphi_{\mathrm{P}}\sin\psi_{\mathrm{P}}\sin\gamma_{\mathrm{P}} & -\cos\varphi_{\mathrm{P}}\sin\gamma_{\mathrm{P}}+\sin\varphi_{\mathrm{P}}\sin\psi_{\mathrm{P}}\cos\gamma_{\mathrm{P}}\\ -\sin\psi_{\mathrm{P}} & \cos\psi_{\mathrm{P}}\sin\gamma_{\mathrm{P}} & \cos\psi_{\mathrm{P}}\cos\gamma_{\mathrm{P}}\end{bmatrix} \tag{5-79}$$

$\boldsymbol{C}_{\mathrm{I}}^{\mathrm{B}}$可由标准弹道的姿态角$\varphi_0$、$\psi_0$、$\gamma_0$得到

$$\boldsymbol{C}_{\mathrm{I}}^{\mathrm{B}}=\begin{bmatrix}\cos\varphi_0\cos\psi_0 & \sin\varphi_0\cos\psi_0 & -\sin\psi_0\\ -\sin\varphi_0\cos\gamma_0+\cos\varphi_0\sin\psi_0\sin\gamma_0 & \cos\varphi_0\cos\gamma_0+\sin\varphi_0\sin\psi_0\sin\gamma_0 & \cos\psi_0\sin\gamma_0\\ \sin\varphi_0\sin\gamma_0+\cos\varphi_0\sin\psi_0\cos\gamma_0 & -\cos\varphi_0\sin\gamma_0+\sin\varphi_0\sin\psi_0\cos\gamma_0 & \cos\psi_0\cos\gamma_0\end{bmatrix} \tag{5-80}$$

忽略高阶项，φ_{P}、ψ_{P}、γ_{P}与φ_0、ψ_0、γ_0之间近似有如下关系成立

$$\begin{cases}\varphi_{\mathrm{P}} = \varphi_0 + \Delta\varphi \\ \psi_{\mathrm{P}} = \psi_0 + \Delta\psi \\ \gamma_{\mathrm{P}} = \gamma_0 + \Delta\gamma\end{cases} \tag{5-81}$$

将式（5-79）～式（5-81）代入式（5-78）中，可得

$$\begin{bmatrix}\alpha_x \\ \alpha_y \\ \alpha_z\end{bmatrix} = \begin{bmatrix}1 & 0 & -\sin\psi \\ 0 & \cos\gamma & \cos\psi\sin\gamma \\ -\sin\gamma & 0 & \cos\psi\cos\gamma\end{bmatrix}\begin{bmatrix}\Delta\gamma \\ \Delta\psi \\ \Delta\varphi\end{bmatrix} \tag{5-82}$$

因此有

$$\Delta\boldsymbol{\phi} = \begin{bmatrix}\Delta\gamma \\ \Delta\psi \\ \Delta\varphi\end{bmatrix} = \begin{bmatrix}1 & 0 & -\sin\psi \\ 0 & \cos\gamma & \cos\psi\sin\gamma \\ -\sin\gamma & 0 & \cos\psi\cos\gamma\end{bmatrix}^{-1} \cdot \begin{bmatrix}\alpha_x \\ \alpha_y \\ \alpha_z\end{bmatrix} = \boldsymbol{C}_{\alpha}^{\phi}\boldsymbol{\alpha} \tag{5-83}$$

将式（5-83）代入式（5-77）中可得

$$\delta\dot{\boldsymbol{W}} = \boldsymbol{C}_{\mathrm{B}}^{\mathrm{A}} \cdot \boldsymbol{N}_{\mathrm{a}}\boldsymbol{D}_{\mathrm{a}} - \boldsymbol{\Omega}_{\dot{W}_{\mathrm{p}}} \cdot \Delta\boldsymbol{\phi} \cdot \boldsymbol{C}_{\alpha}^{\phi} \tag{5-84}$$

因为加速度计的误差无法修正，故在式（5-84）中将其忽略，并记 $\boldsymbol{S}_{\mathrm{A}} = -\boldsymbol{\Omega}_{\dot{W}_{\mathrm{p}}} \cdot \boldsymbol{C}_{\alpha}^{\phi}$，则式（5-84）可以近似为

$$\delta\dot{\boldsymbol{W}} = \boldsymbol{S}_{\mathrm{A}}\boldsymbol{\alpha} \tag{5-85}$$

在陀螺漂移误差很小时，失准角对导航偏差的影响与初始定向误差近似相同，又由于初始对准误差的失准角矩阵为单位矩阵，因此对 $\boldsymbol{S}_{\mathrm{A}}$ 进行积分即可得到视速度、视位置的环境函数矩阵：

$$\begin{cases}\boldsymbol{S}_{\mathrm{v}} = \int_0^t \boldsymbol{S}_{\mathrm{A}}\mathrm{d}t \\ \boldsymbol{S}_{\mathrm{R}} = \int_0^t \boldsymbol{S}_{\mathrm{v}}\mathrm{d}t\end{cases} \tag{5-86}$$

利用式（5-86）估计出关机点的视速度误差 $\boldsymbol{S}_{\mathrm{v}}$、视位置 $\boldsymbol{S}_{\mathrm{R}}$ 后，可以利用式（5-87）估算落点偏差：

$$\begin{bmatrix}\Delta L_{\mathrm{s}} \\ \Delta H_{\mathrm{s}}\end{bmatrix} = \left(\begin{bmatrix}\dfrac{\partial L}{\partial \boldsymbol{V}^{\mathrm{T}}} \\ \dfrac{\partial H}{\partial \boldsymbol{V}^{\mathrm{T}}}\end{bmatrix} \cdot \boldsymbol{S}_{\mathrm{v}} + \begin{bmatrix}\dfrac{\partial L}{\partial \boldsymbol{R}^{\mathrm{T}}} \\ \dfrac{\partial H}{\partial \boldsymbol{R}^{\mathrm{T}}}\end{bmatrix} \cdot \boldsymbol{S}_{\mathrm{R}}\right) \cdot \boldsymbol{\alpha} \tag{5-87}$$

式中，$\dfrac{\partial L}{\partial \boldsymbol{V}^{\mathrm{T}}}$、$\dfrac{\partial H}{\partial \boldsymbol{V}^{\mathrm{T}}}$、$\dfrac{\partial L}{\partial \boldsymbol{R}^{\mathrm{T}}}$、$\dfrac{\partial H}{\partial \boldsymbol{R}^{\mathrm{T}}}$ 分别为落点偏差对关机点视位置、视速度的偏导数。

5.5　数值仿真与分析

为验证上述模型与算法，本节进行数值仿真与分析。假定发射点的大地经度、纬度、射向分别为 30°、0°、90°，高程为 0m，弹道射程为 4000km。星敏感器的安装角为$[\varphi_0,\psi_0]=[20°,20°]$，考虑初始对准误差、陀螺漂移误差、加速度计误差、星敏感器安装与测量误差的影响。加速度计、星敏感器安装与测量误差的取值如表 5-1 所示；初始对准、陀螺漂移误差的取值如表 5-2 所示，选择了四种典型条件，分别代表初始对准精度和陀螺精度是"高-高、低-高、高-低、低-低"四种状态。

表 5-1　加速度计、星敏感器安装与测量误差系数取值

误差类型	误差名称	取值（3σ）	单位
加速度计误差	K_{a0x}、K_{a0y}、K_{a0z}	1×10^{-4}	g_0
	K_{a1xx}、K_{a1yy}、K_{a1zz}	1×10^{-5}	—
星敏感器测量误差	ε_ξ、ε_η	10	″
星敏感器安装误差	$\Delta\varphi_0$、$\Delta\psi_0$	180	″

表 5-2　初始对准误差、陀螺漂移误差系数取值

仿真条件	误差类型	误差名称	取值（3σ）	单位
仿真条件Ⅰ	初始定向（对准）误差	ε_{0x}	15	″
		ε_{0y}	60	
		ε_{0z}	15	
	陀螺漂移误差	K_{g0x}、K_{g0y}、K_{g0z}	0.01	(°)/h
		K_{g11x}、K_{g11y}、K_{g11z}	6	10^{-6}
仿真条件Ⅱ	初始定向（对准）误差	ε_{0x}	60	″
		ε_{0y}	150	
		ε_{0z}	60	
	陀螺漂移误差	K_{g0x}、K_{g0y}、K_{g0z}	0.01	(°)/h
		K_{g11x}、K_{g11y}、K_{g11z}	6	10^{-6}
仿真条件Ⅲ	初始定向（对准）误差	ε_{0x}	15	″
		ε_{0y}	60	
		ε_{0z}	15	

续表

仿真条件	误差类型	误差名称	取值（3σ）	单位
仿真条件III	陀螺漂移误差	K_{g0x}、K_{g0y}、K_{g0z}	0.1	(°)/h
		K_{g11x}、K_{g11y}、K_{g11z}	60	10^{-6}
仿真条件IV	初始定向（对准）误差	ε_{0x}	60	″
		ε_{0y}	150	
		ε_{0z}	60	
	陀螺漂移误差	K_{g0x}、K_{g0y}、K_{g0z}	0.1	(°)/h
		K_{g11x}、K_{g11y}、K_{g11z}	60	10^{-6}

仿真中假定导弹通过调姿对三颗垂直的导航星进行测量，每颗星测 10 次，然后对 10 次测量结果取平均值，三颗导航星的赤经、赤纬分别为

$$\alpha_1 = 175.3241°，\ \delta_1 = 18.7472°$$

$$\alpha_2 = -115.8488°，\ \delta_2 = -46.7808°$$

$$\alpha_3 = -79.7437°，\ \delta_3 = 37.2062°$$

5.5.1　失准角特性分析

首先对捷联惯性导航数学平台失准角的特性进行分析。仿真中，失准角是由初始误差和惯性导航工具误差产生的，初始误差主要是初始定向（对准）误差，惯性导航工具误差主要是陀螺漂移误差。

1. 基本特性分析

先选取各种误差的 1 倍标准差对四组仿真条件进行验证，得到的结果如表 5-3 所示。

表 5-3　三次测星时刻的失准角

仿真条件	第一次测星			第二次测星			第三次测星		
	α_x/(″)	α_y/(″)	α_z/(″)	α_x/(″)	α_y/(″)	α_z/(″)	α_x/(″)	α_y/(″)	α_z/(″)
I	5.55	20.42	4.78	4.31	20.51	4.72	5.70	20.13	4.54
II	20.55	50.42	19.78	19.31	50.51	19.72	20.70	50.13	19.54
III	10.54	24.16	2.83	−1.94	25.07	2.17	12.03	21.35	0.43
IV	25.54	54.16	17.83	13.06	55.07	17.17	27.03	51.35	15.43

从表 5-3 中结果可以看出：仿真条件Ⅰ、Ⅱ中陀螺精度较高，因此失准角几乎全部由初始定向（对准）误差产生；仿真条件Ⅲ、Ⅳ中陀螺精度较低，所以失准角中由陀螺产生的部分占了相当大的比例。

星敏感器测量三颗垂直的导航星时，需要调整弹体姿态，以使光轴对准预期的方向，并在测量完毕后调整回正常的飞行姿态，调姿策略如 5.3 节所述，上述测星过程中导弹姿态的变化如图 5-5 所示。

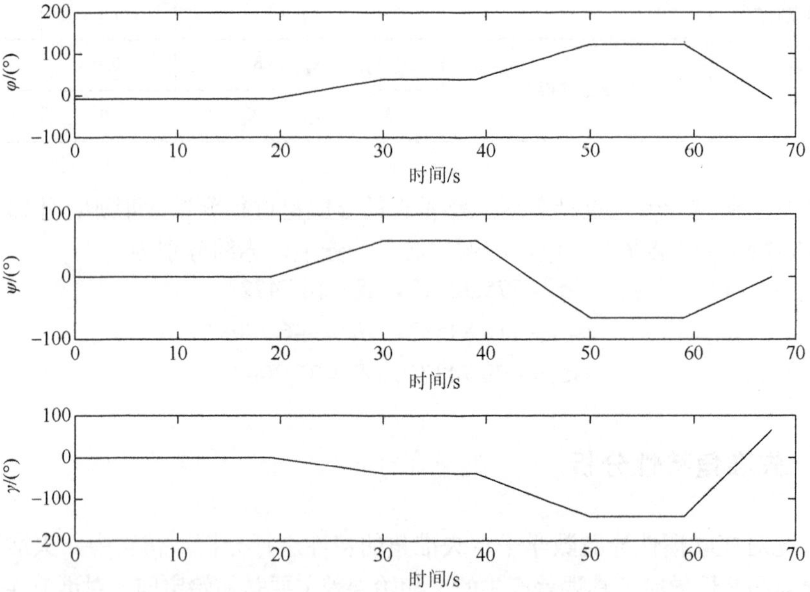

图 5-5　测星过程中导弹姿态的变化图

下面进一步分析仿真条件Ⅰ和Ⅲ两种情况。

2. 仿真条件Ⅰ

采用蒙特卡罗方法，对表 5-1（只考虑了星敏感器的测量误差、未考虑安装误差）、表 5-2 中仿真条件Ⅰ的误差抽样 500 次，模拟产生三次测星的失准角和星敏感器的测量量，失准角的结果如图 5-6～图 5-8 所示。

由图 5-6～图 5-8 可见，三次测星时 x、z 方向的失准角均在±20″以内，y 方向的失准角比 x、z 方向的大，处于±100″以内。仿真条件Ⅰ三次测星时失准角的均值和标准差如表 5-4 所示。

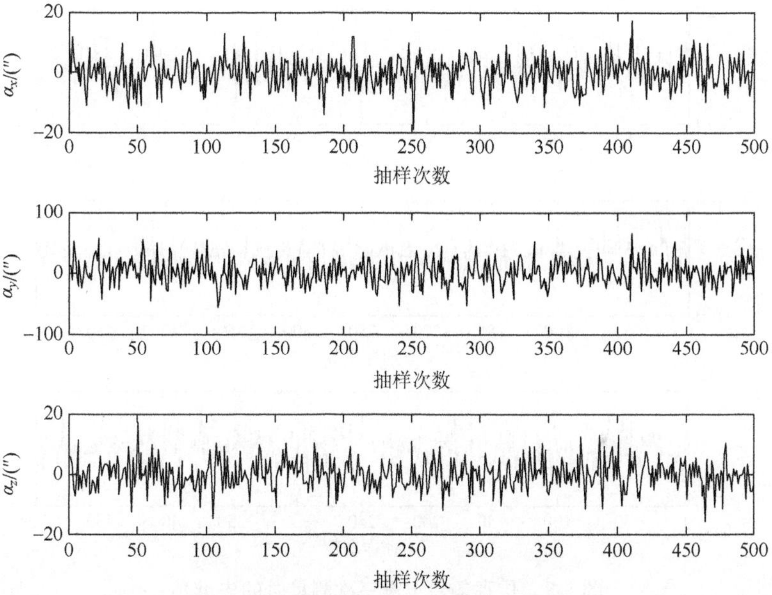

图 5-6　仿真条件 I 第一次测星时的失准角

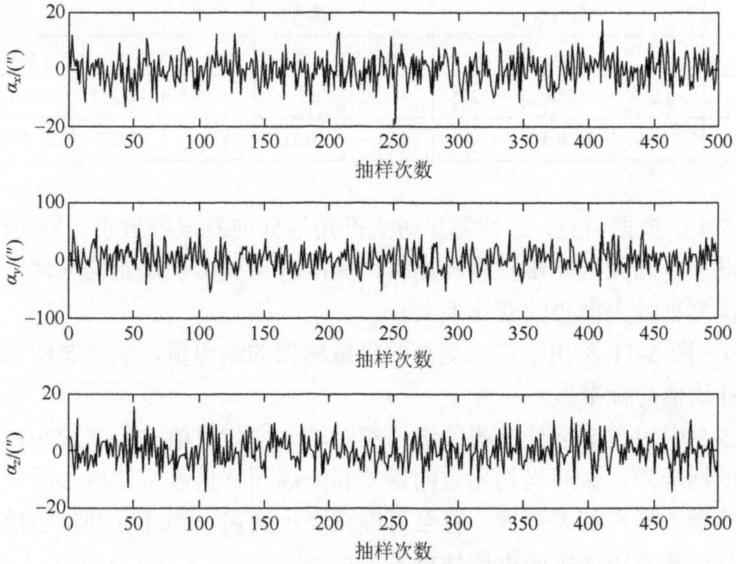

图 5-7　仿真条件 I 第二次测星时的失准角

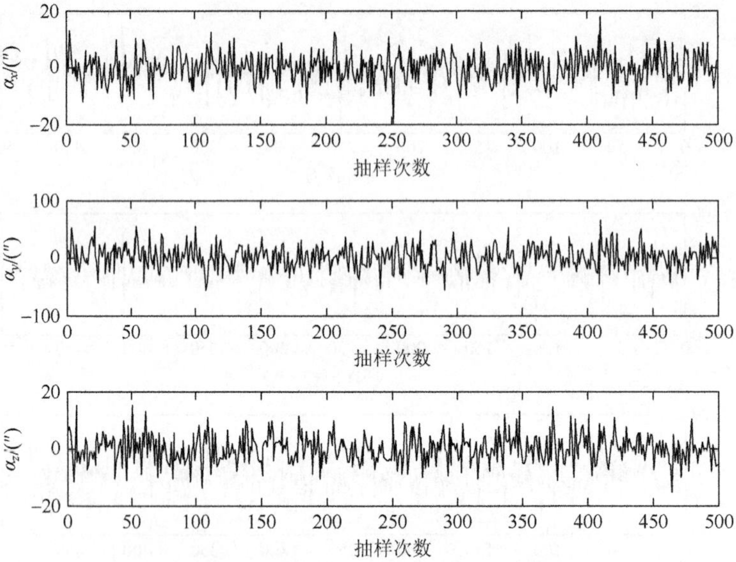

图 5-8　仿真条件 I 第三次测星时的失准角

表 5-4　仿真条件 I 三次测星时失准角的均值和标准差

测星序号	第一次			第二次			第三次		
	α_x	α_y	α_z	α_x	α_y	α_z	α_x	α_y	α_z
均值/(″)	−0.259	0.970	−0.225	−0.257	0.949	−0.244	−0.257	0.991	−0.133
标准差/(″)	5.134	20.303	4.858	5.214	20.310	4.791	5.223	20.299	4.998

由表 5-4 中数据可见，三次测星时失准角的标准差很接近于初始定向（对准）误差的标准差，因此当陀螺精度较高时，失准角主要由初始定向（对准）误差引起，且三次测星时失准角的变化不大。

图 5-9～图 5-11 给出了三次测星时星敏感器的输出量，表 5-5 给出了三次测量值的统计均值与标准差。

由表 5-5 中的数据可见，测量值 η 相对较大，测量值 ξ 相对较小，最大只有十几角秒的标准差。说明当初始定向误差和陀螺漂移误差都比较小时，测量值可能与星敏感器的噪声相差不大，甚至可能被噪声掩盖。当还存在星敏感器安装误差时，测量值被噪声掩盖的可能性更大。

3. 仿真条件Ⅲ

采用蒙特卡罗方法，对表 5-1（只考虑了星敏感器的测量误差、未考虑安装误差）、表 5-2 中仿真条件Ⅲ的误差抽样 500 次，模拟产生三次测星的失准角和星敏感器的测量量，失准角的结果如图 5-12～图 5-14 所示。

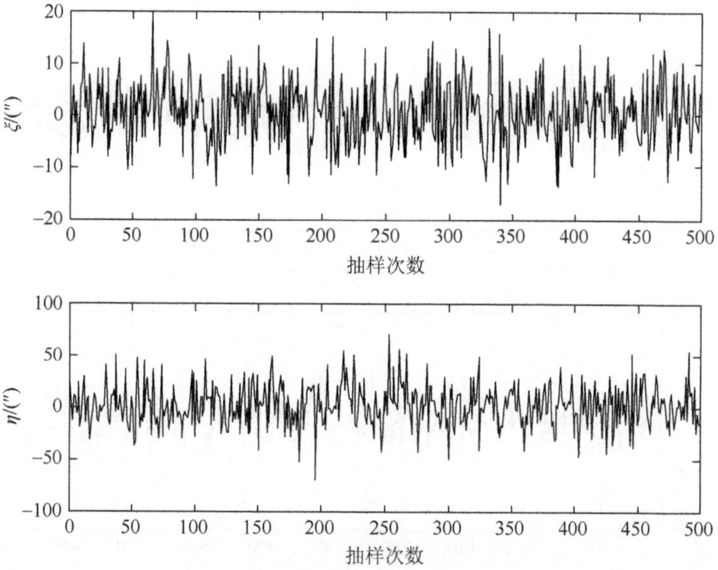

图 5-9　仿真条件 I 第一次测星的测量值

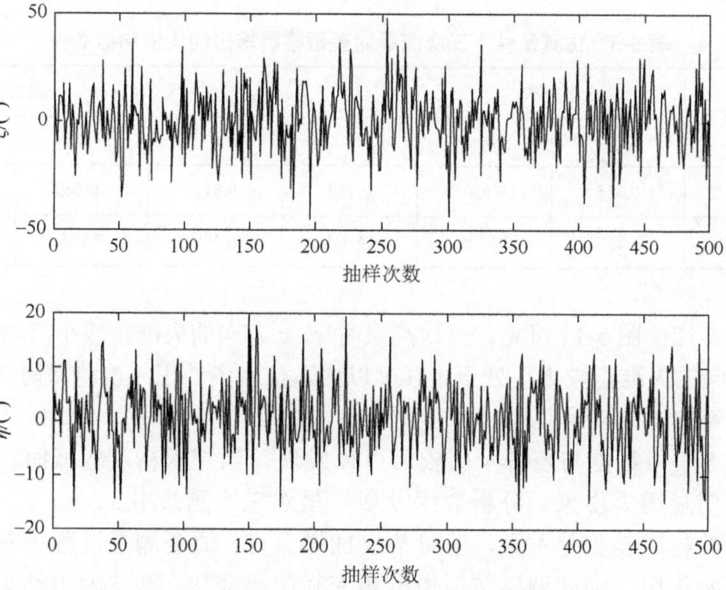

图 5-10　仿真条件 I 第二次测星的测量值

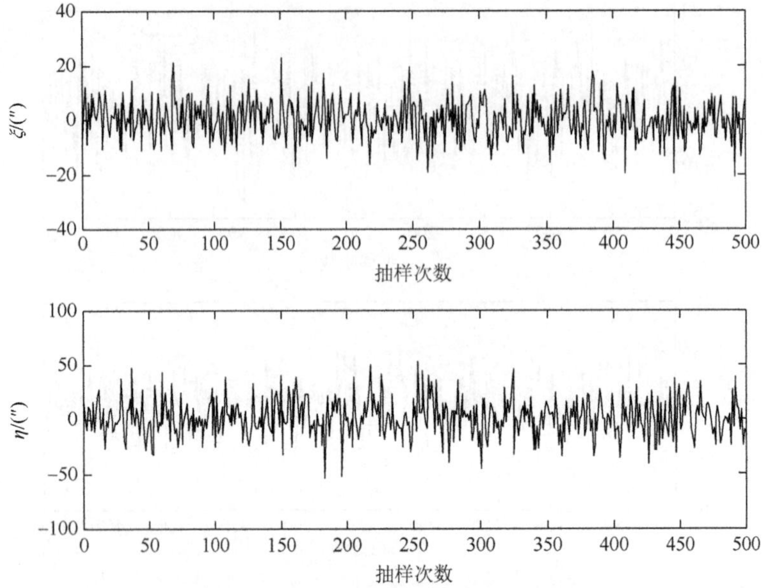

图 5-11 仿真条件 I 第三次测星的测量值

表 5-5 仿真条件 I 三次测星时星敏感器输出的均值和标准差

测星序号	第一次		第二次		第三次	
	ξ	η	ξ	η	ξ	η
均值/(″)	0.535	0.926	0.195	0.512	−0.149	1.081
标准差/(″)	6.155	19.799	14.418	6.498	7.252	16.961

由图 5-12～图 5-14 可见，三次测星时 x、z 方向的失准角较小，均在±50″以内；y 方向的失准角较大，处于±100″以内。仿真条件Ⅲ三次测星时失准角的均值和标准差如表 5-6 所示。

将表 5-6 中数据与表 5-4 比较后可以发现，当陀螺精度较低时，失准角的数值出现明显增大现象。分析数据发现，虽然三次测量中 x、y、z 三个方向各自失准角的标准差相差不大，但对某次抽样而言，调姿测星过程中对陀螺漂移误差有激励作用，因此调姿前后失准角有较明显变化，表 5-6 中结果是统计平均后的表现。

图 5-15～图 5-17 给出了三次测星时星敏感器的输出量，表 5-7 给出了三次测量值的均值与标准差。

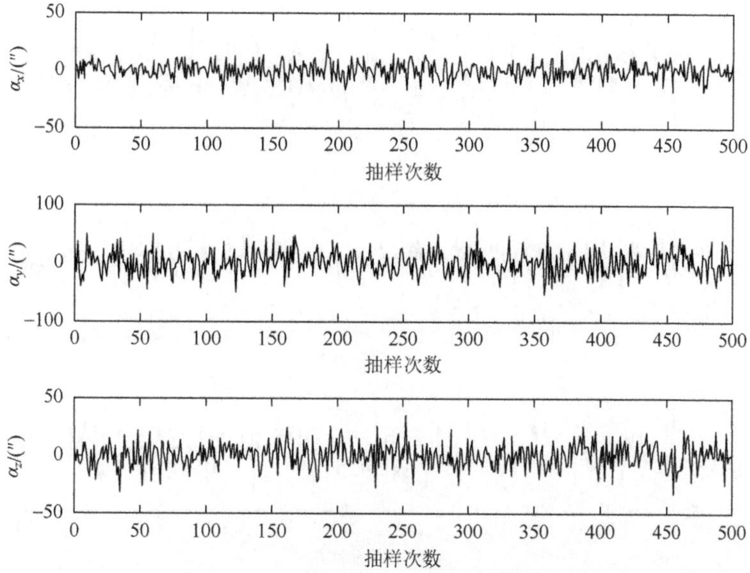

图 5-12　仿真条件Ⅲ第一次测星时的失准角

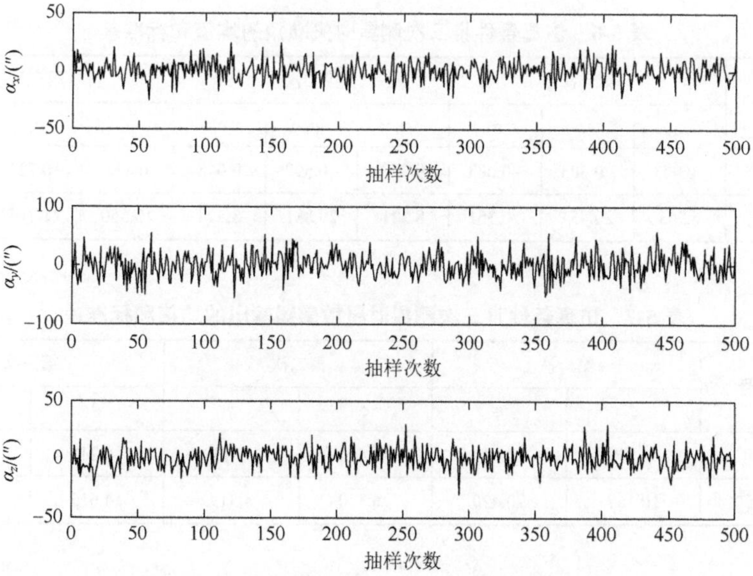

图 5-13　仿真条件Ⅲ第二次测星时的失准角

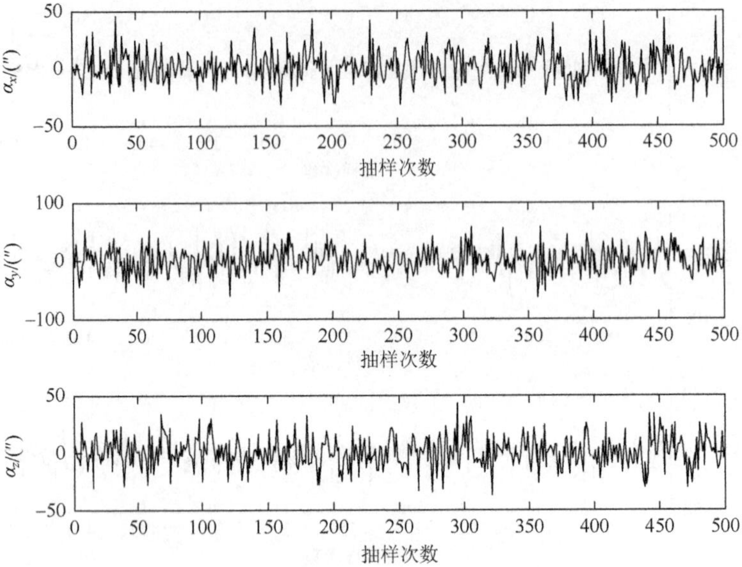

图 5-14　仿真条件III第三次测星时的失准角

表 5-6　仿真条件Ⅲ三次测星时失准角的均值和标准差

测星序号	第一次			第二次			第三次		
	α_x	α_y	α_z	α_x	α_y	α_z	α_x	α_y	α_z
均值/(″)	−0.043	−0.303	−0.083	0.237	−0.598	0.648	0.873	−0.723	0.256
标准差/(″)	6.963	20.451	10.351	8.521	20.881	8.594	13.550	21.417	13.079

表 5-7　仿真条件Ⅲ三次测星时星敏感器输出的均值和标准差

测星序号	第一次		第二次		第三次	
	ξ	η	ξ	η	ξ	η
均值/(″)	−0.399	−0.744	−0.404	−0.438	−0.218	−0.945
标准差/(″)	10.167	20.420	16.370	8.519	14.615	18.263

比较表 5-5 与表 5-7 中的数据可见，当陀螺精度较低时，星敏感器测量值明显增大。与失准角的变化相同，表 5-7 是统计平均后的结果，由于调姿测量对陀螺漂移误差的激励，两次测星的星敏感器输出会有明显变化。此外，表 5-7 中某些测量值的量级并不大，仍有可能被星敏感器的安装误差所掩盖，因此在实施星光校准时，在线标定星敏感器的安装误差是有必要的。

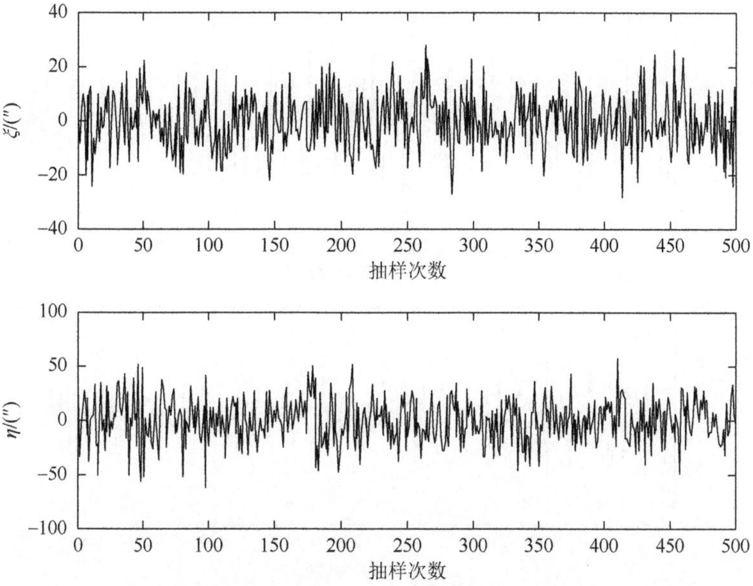

图 5-15　仿真条件Ⅲ第一次测星的测量值

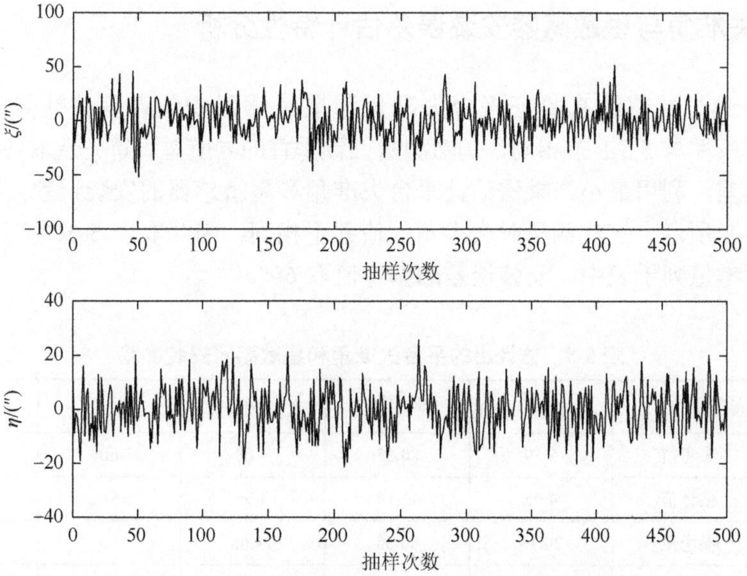

图 5-16　仿真条件Ⅲ第二次测星的测量值

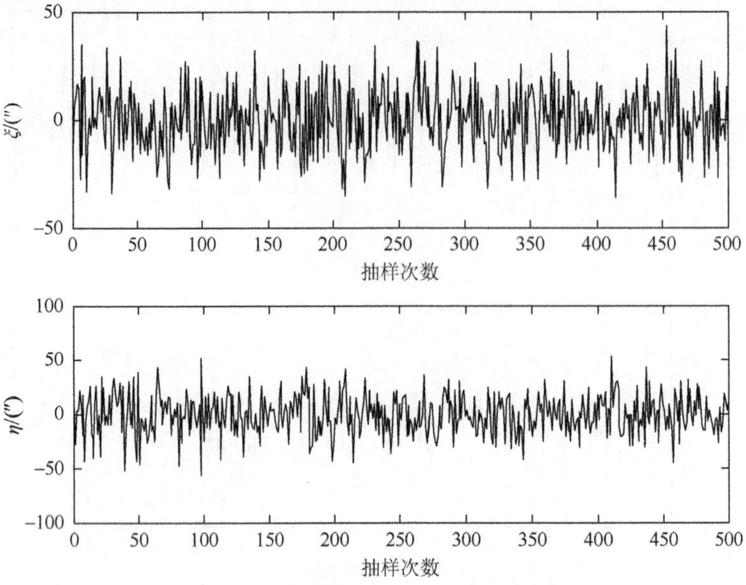

图 5-17　仿真条件Ⅲ第三次测星的测量值

5.5.2　失准角与星敏感器安装误差估计特性分析

本节通过数值仿真验证平台失准角和星敏感器安装误差估计算法的正确性。仿真条件与 5.5.1 节相同，仍然测量三颗垂直的导航星。首先选取各种误差的 1 倍标准差，利用最小二乘法估计平台失准角和星敏感器的安装误差，得到的结果如表 5-8 所示。三次测星时失准角的值并不相同，因此取表 5-3 中三次的平均值作为参考值列于表中，安装误差的参考值取 60″。

表 5-8　估计出的平台失准角和星敏感器安装误差

仿真条件		α_x/(″)	α_y/(″)	α_z/(″)	$\Delta\varphi_0$/(″)	$\Delta\psi_0$/(″)
Ⅰ	参考值	5.19	20.35	4.68	60	60
	估计值	4.95	11.19	3.95	56.02	54.90
Ⅱ	参考值	20.19	50.35	19.68	60	60
	估计值	19.95	41.19	18.95	56.02	54.90
Ⅲ	参考值	6.88	23.53	1.81	60	60
	估计值	6.93	9.08	5.37	57.76	46.80
Ⅳ	参考值	21.87	53.53	16.81	60	60
	估计值	21.93	39.08	20.37	57.76	46.80

由表 5-8 中结果可见，当陀螺精度较高时（仿真条件Ⅰ和Ⅱ），平台失准角及星敏感器安装误差的估计精度都较高；当陀螺精度较差时（仿真条件Ⅲ和Ⅳ），失准角 α_y、α_z 及星敏感器安装角 $\Delta\psi_0$ 的估计精度出现明显下降，这是由于调姿测星过程中激励了陀螺的漂移误差，造成失准角及星敏感器观测量变化较大引起的，这种情况下应该采取措施补偿，或同时在线估计陀螺漂移误差系数。

针对四种仿真条件Ⅰ、Ⅱ、Ⅲ、Ⅳ，采用蒙特卡罗方法，对表 5-1、表 5-2 中误差项抽样 500 次，模拟产生三次测星的失准角和星敏感器的测量量，并利用最小二乘法估计平台失准角及星敏感器安装误差，得到的结果如图 5-18～图 5-25、表 5-9 所示。对安装误差而言，使用估计值减去真值；对失准角而言，使用估计值减去三次失准角真值的平均值，即

$$\Delta\hat{\boldsymbol{\alpha}} = \hat{\boldsymbol{\alpha}} - \frac{\boldsymbol{\alpha}_1 + \boldsymbol{\alpha}_2 + \boldsymbol{\alpha}_3}{3}$$

由图 5-18～图 5-25 和表 5-9 中的结果可以看出，当陀螺精度较高时（仿真条件Ⅰ和Ⅱ），初始对准误差的大小对估计精度几乎没有影响，失准角和安装误差的估计精度都比较高；当陀螺精度较差时（仿真条件Ⅲ和Ⅳ），参数估计精度明显降低，这与调姿测星时激励出了陀螺漂移误差以及将不同时刻的观测矢量归算到同一时刻有关，可以通过增加观测次数并采用滤波技术同时估计陀螺的零次项来提高估计精度。

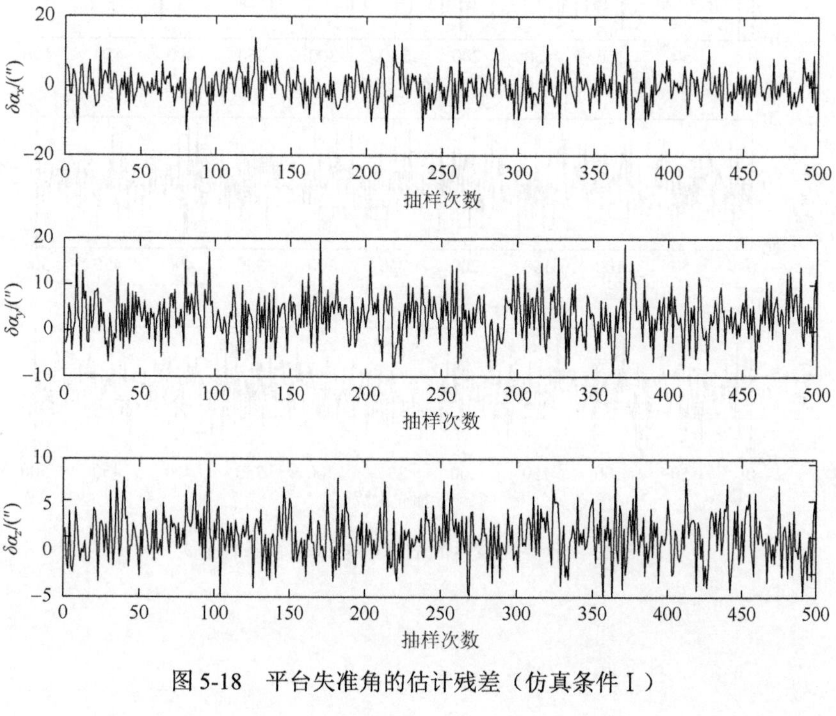

图 5-18　平台失准角的估计残差（仿真条件Ⅰ）

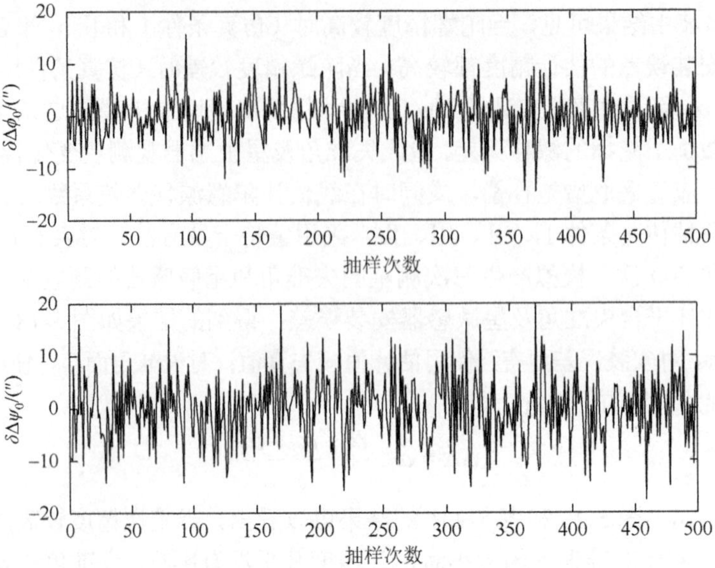

图 5-19　星敏感器安装误差的估计残差（仿真条件 I）

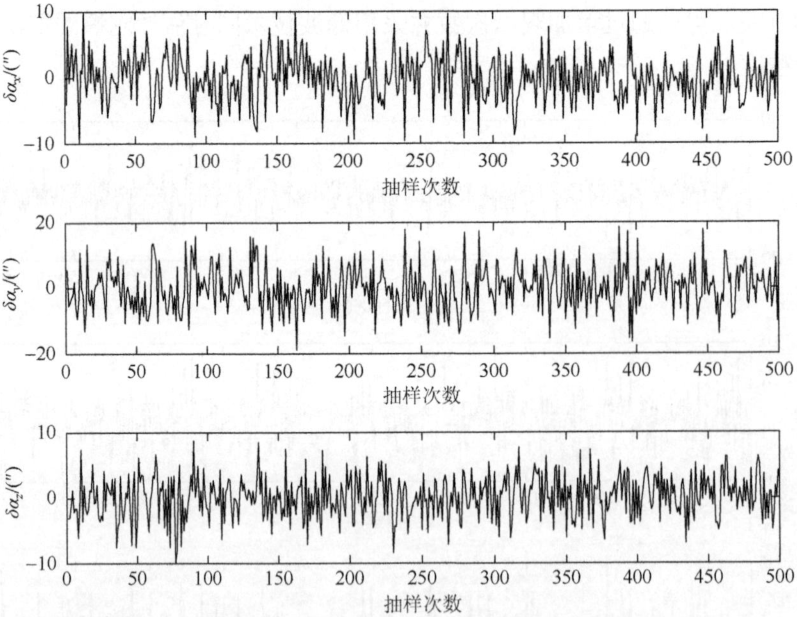

图 5-20　平台失准角的估计残差（仿真条件 II）

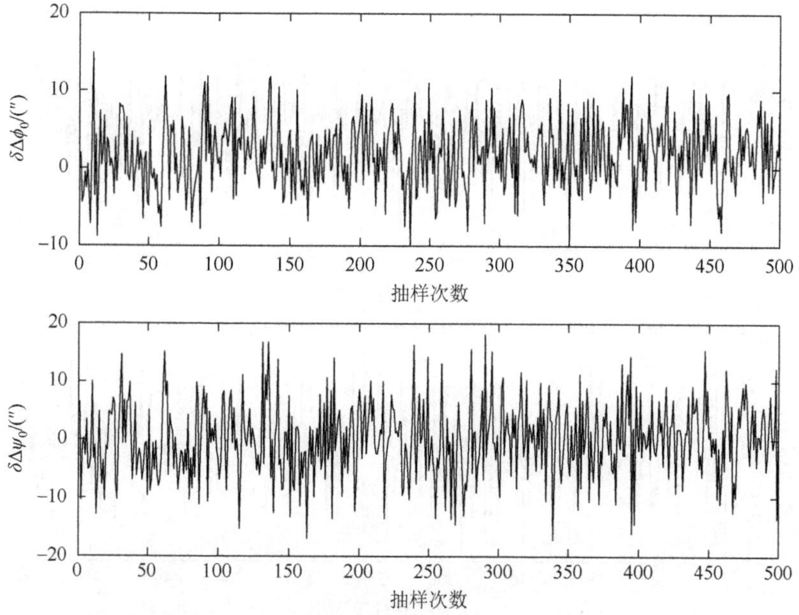

图 5-21　星敏感器安装误差的估计残差（仿真条件Ⅱ）

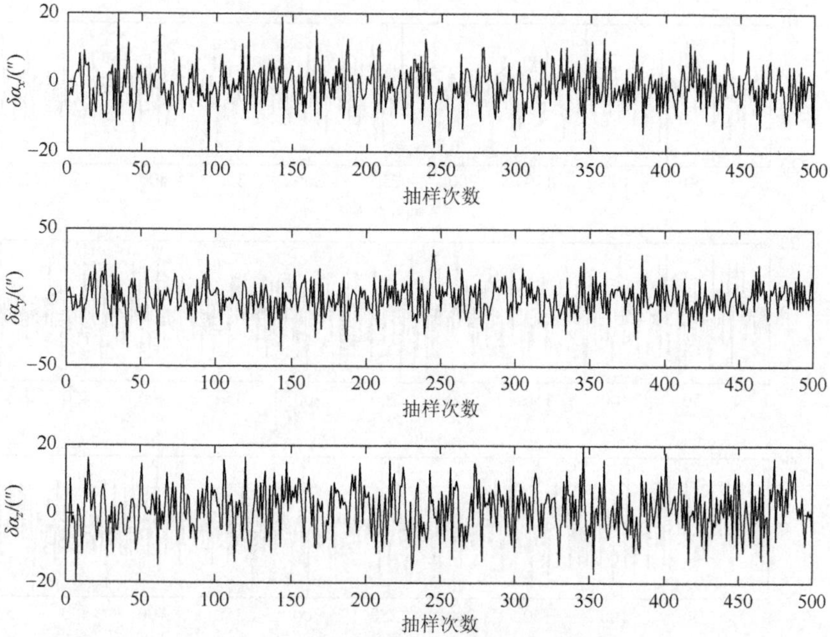

图 5-22　平台失准角的估计残差（仿真条件Ⅲ）

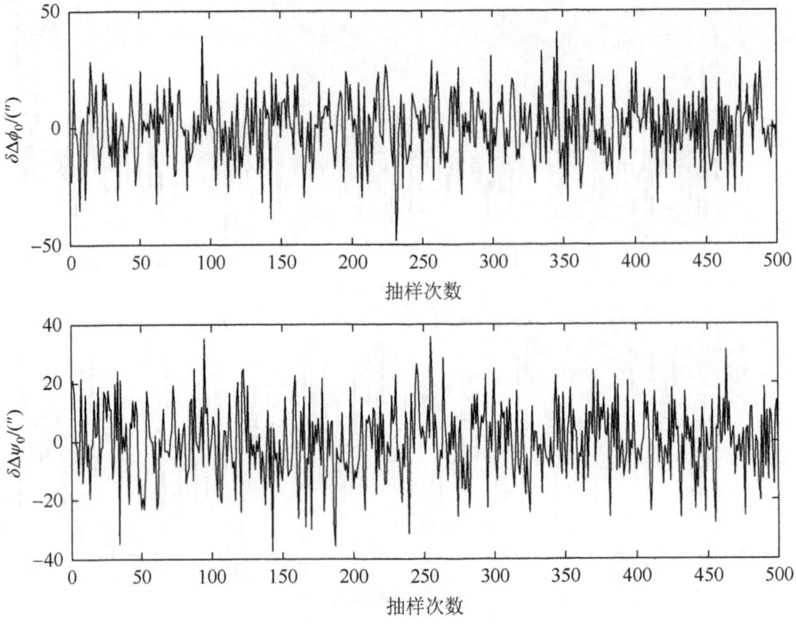

图 5-23　星敏感器安装误差的估计残差（仿真条件III）

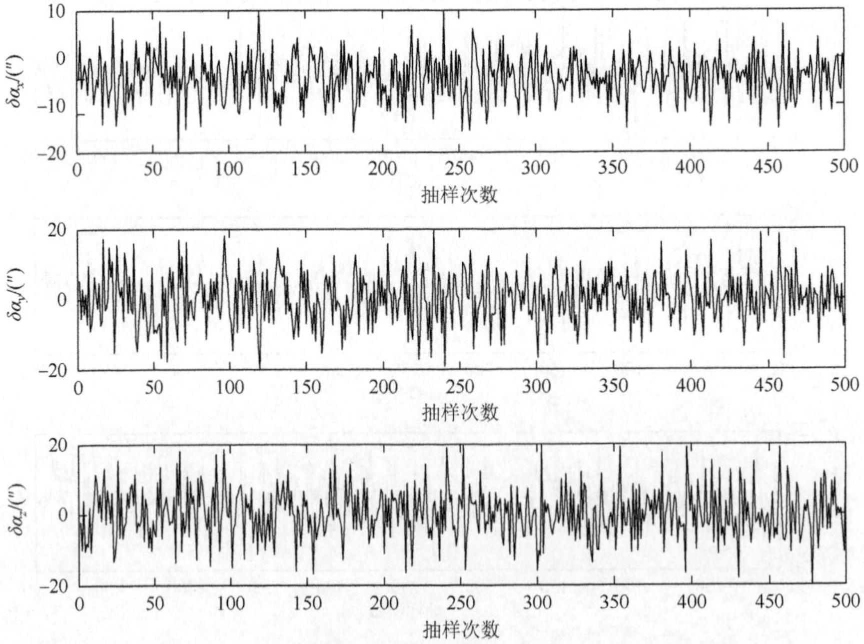

图 5-24　平台失准角的估计残差（仿真条件IV）

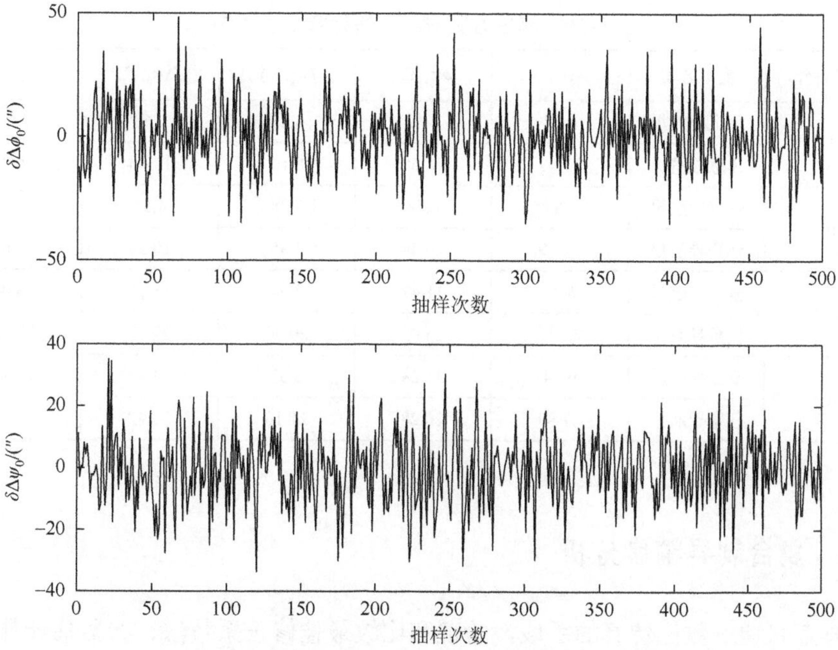

图 5-25　星敏感器安装误差的估计残差（仿真条件Ⅳ）

表 5-9　平台失准角与星敏感器安装误差估计残差的统计特征量

仿真条件	特征量	$\delta\alpha_x/(″)$	$\delta\alpha_y/(″)$	$\delta\alpha_z/(″)$	$\delta\Delta\varphi_0/(″)$	$\delta\Delta\psi_0/(″)$
Ⅰ	均值	−0.08	0.100	−0.03	−0.18	0.16
	标准差	4.55	6.54	3.33	4.60	6.45
Ⅱ	均值	0.04	−0.03	0.16	0.10	0.04
	标准差	4.71	6.70	3.29	4.79	6.41
Ⅲ	均值	−0.25	0.74	0.55	0.75	0.25
	标准差	6.87	11.82	8.71	14.33	12.29
Ⅳ	均值	0.11	0.12	0.33	0.16	−0.34
	标准差	6.46	10.83	8.46	14.21	11.95

通过数值仿真手段，进一步验证了不同测星方案对参数估计精度的影响。表 5-10 给出了四种仿真条件下分别测量三颗垂直的导航星和任意三颗导航星（不共线）时，失准角和星敏感器安装误差的估计精度（1 倍标准差）。由表 5-10 中数据可见，测量三颗垂直导航星的精度明显高于测量三颗任意导航星。

表 5-10　测星方案对参数估计精度的影响

仿真条件	测星方案	$\delta\alpha_x/('')$	$\delta\alpha_y/('')$	$\delta\alpha_z/('')$	$\delta\Delta\varphi_0/('')$	$\delta\Delta\psi_0/('')$
Ⅰ	垂直导航星	4.68	6.49	3.22	4.68	6.54
	任意导航星	21.47	16.68	8.17	10.43	25.93
Ⅱ	垂直导航星	4.81	6.78	3.38	4.85	6.57
	任意导航星	21.19	16.48	7.85	10.52	25.64
Ⅲ	垂直导航星	6.77	11.47	7.97	13.54	13.00
	任意导航星	26.37	25.02	20.36	29.62	32.33
Ⅳ	垂直导航星	6.44	11.28	8.67	14.44	12.22
	任意导航星	27.89	26.28	21.10	30.42	33.90

5.5.3　复合制导精度分析

本节将通过数值仿真的手段，验证和比较最佳修正系数法、参数估计补偿法的可行性及性能。仿真条件与前面相同，为验证方法的性能，对表 5-2 中的四种条件都进行仿真。采用蒙特卡罗方法，随机抽样 500 次，得到的结果如表 5-11～表 5-15、图 5-26～图 5-33 所示。

表 5-11　仿真条件Ⅰ的制导精度统计特征量

仿真条件Ⅰ		纯惯性制导/m			复合制导/m		
		均值	标准差	CEP	均值	标准差	CEP
最佳修正系数法	纵向	43.795	59.208	115.027	43.495	64.670	78.134
	横向	7.001	122.221		1.530	50.895	
参数估计补偿法	纵向	43.795	59.208	115.027	39.972	48.256	68.803
	横向	7.001	122.221		1.955	50.329	

表 5-12　仿真条件Ⅱ的制导精度统计特征量

仿真条件Ⅱ		纯惯性制导/m			复合制导/m		
		均值	标准差	CEP	均值	标准差	CEP
最佳修正系数法	纵向	50.202	189.302	296.186	43.725	64.914	79.064
	横向	18.406	306.572		1.547	51.048	
参数估计补偿法	纵向	50.202	189.302	296.186	40.164	48.506	68.575
	横向	18.406	306.572		1.955	50.328	

表 5-13 仿真条件Ⅰ（星敏感器安装精度高）的制导精度统计特征量

仿真条件Ⅰ		纯惯性制导/m			复合制导/m		
		均值	标准差	CEP	均值	标准差	CEP
最佳修正系数法	纵向	36.854	63.124	115.438	40.901	66.494	74.452
	横向	−2.118	127.410		1.165	49.138	
参数估计补偿法	纵向	36.854	63.124	115.438	39.556	46.936	67.125
	横向	−2.118	127.410		1.317	49.337	

表 5-14 仿真条件Ⅲ的制导精度统计特征量

仿真条件Ⅲ		纯惯性制导/m			复合制导/m		
		均值	标准差	CEP	均值	标准差	CEP
最佳修正系数法	纵向	28.928	138.918	159.006	42.931	84.827	84.252
	横向	−0.901	123.802		−0.933	51.141	
参数估计补偿法	纵向	28.928	138.918	159.006	36.822	91.095	97.199
	横向	−0.901	123.802		−1.469	63.433	

表 5-15 仿真条件Ⅳ的制导精度统计特征量

仿真条件Ⅳ		纯惯性制导/m			复合制导/m		
		均值	标准差	CEP	均值	标准差	CEP
最佳修正系数法	纵向	16.667	227.139	323.579	41.260	89.513	91.870
	横向	−3.822	307.500		−1.658	60.277	
参数估计补偿法	纵向	16.667	227.139	323.579	36.729	91.205	96.171
	横向	−3.822	307.500		−1.472	63.435	

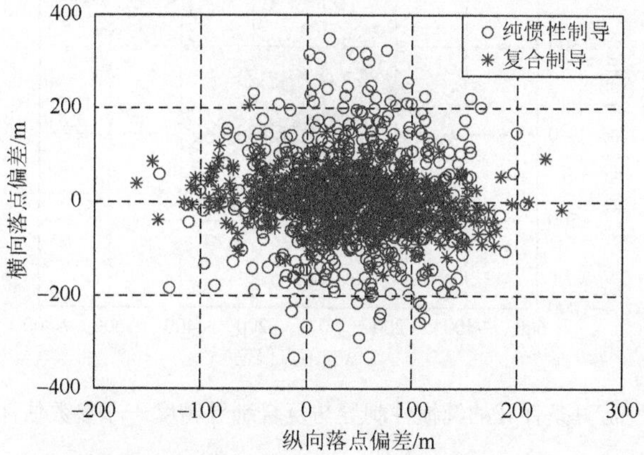

图 5-26 仿真条件Ⅰ的纯惯性制导与复合制导精度——最佳修正系数法

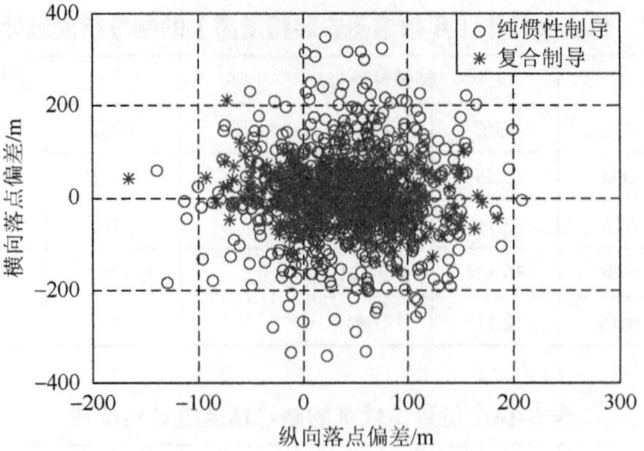

图 5-27　仿真条件 I 的纯惯性制导与复合制导精度——参数估计补偿法

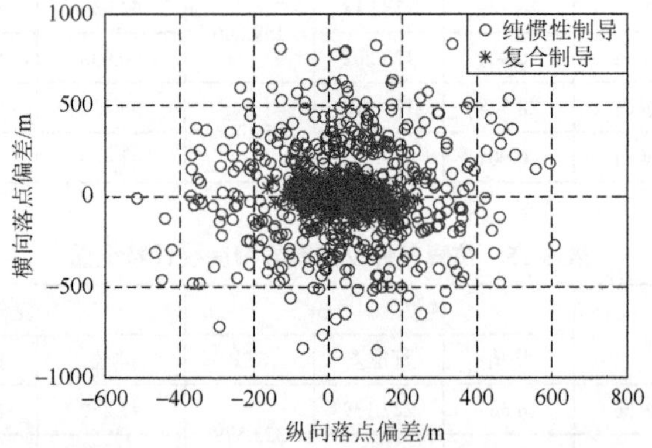

图 5-28　仿真条件 II 的纯惯性制导与复合制导精度——最佳修正系数法

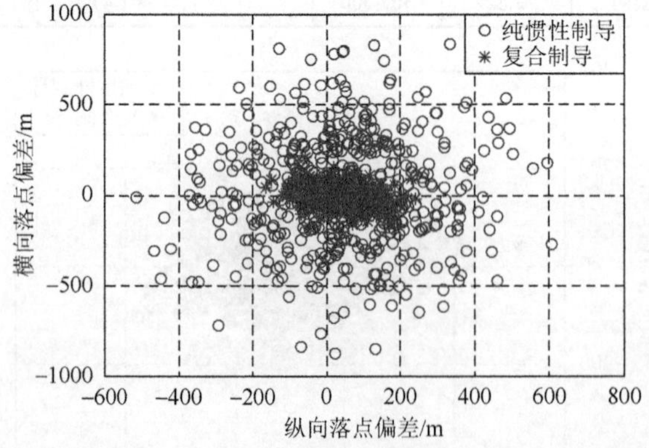

图 5-29　仿真条件 II 的纯惯性制导与复合制导精度——参数估计补偿法

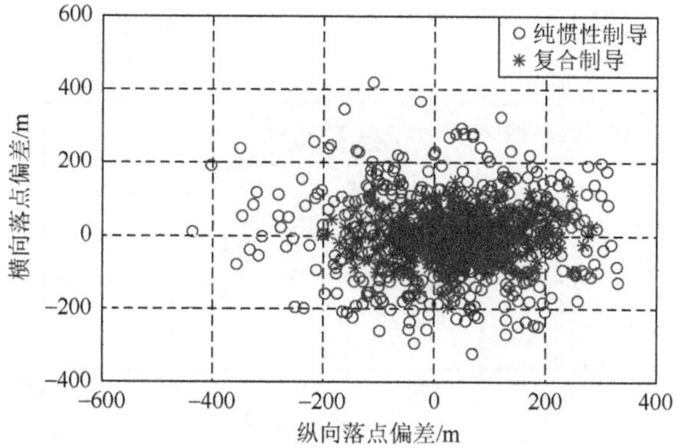

图 5-30　仿真条件Ⅲ的纯惯性制导与复合制导精度——最佳修正系数法

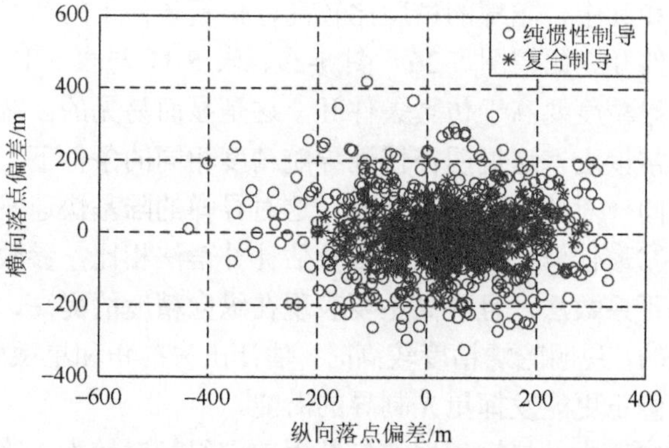

图 5-31　仿真条件Ⅲ的纯惯性制导与复合制导精度——参数估计补偿法

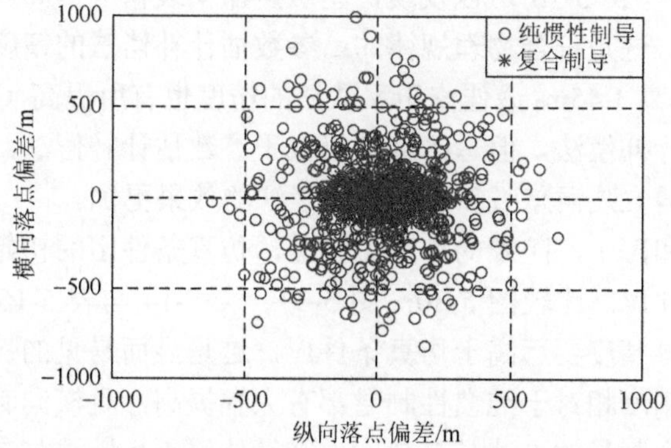

图 5-32　仿真条件Ⅳ的纯惯性制导与复合制导精度——最佳修正系数法

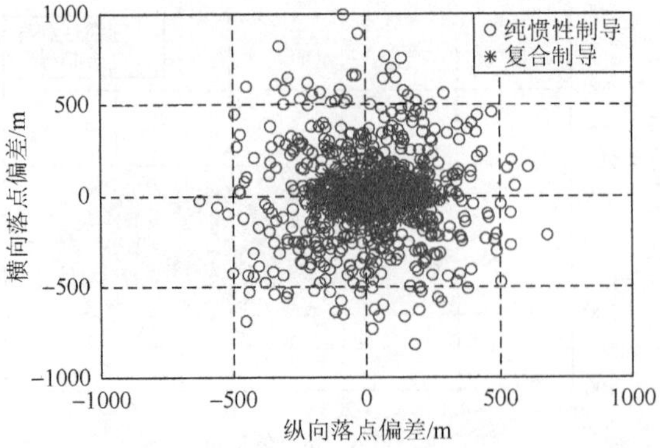

图 5-33　仿真条件Ⅳ的纯惯性制导与复合制导精度——参数估计补偿法

仿真条件Ⅰ和Ⅱ中，陀螺的精度比较高，仿真条件Ⅰ的初始定向（对准）精度要高于仿真条件Ⅱ。比较图 5-26～图 5-29、表 5-11 与表 5-12 可见：①仿真条件Ⅰ的纯惯性制导精度要高于仿真条件Ⅱ，这是显而易见的；②两种仿真条件的复合制导精度非常接近，这说明在惯性导航精度相同的条件下，复合制导能够有效地修正初始定向（对准）误差的影响，这对导弹的陆基快速发射、水下发射是非常有意义的；③最佳修正系数法与参数估计补偿法相比，参数估计补偿法的精度要高于最佳修正系数法，且提高主要表现在纵向精度的提高，两种方法的横向精度是非常接近的，说明陀螺精度较高时，估计出失准角和星敏感器安装误差后，基于估计值进行修正更能发挥星光制导的潜能。

在上述两组仿真中，星敏感器的安装误差取得相对较大，降低星敏感器的安装误差，$\Delta\varphi_0$、$\Delta\psi_0$ 都取为 $60''$（3σ），针对仿真条件Ⅰ得到的结果如表 5-13 所示。

比较表 5-11 与表 5-13 可以发现，星敏感器安装精度提高以后，纯惯性制导的精度几乎不变，这是符合物理规律的；参数估计补偿法的精度有所提高，但幅度不大，CEP 仅提高 1.45m；最佳修正系数法的精度也有所提高，CEP 提高 4.611m，幅度大于参数估计补偿法，但总的精度仍低于参数估计补偿法，说明陀螺精度较高、存在星敏感器安装误差时参数估计补偿法的效果更优。

仿真条件Ⅲ和Ⅳ中，陀螺的精度比较差，仿真条件Ⅲ的初始定向（对准）精度要高于仿真条件Ⅳ。比较图 5-30～图 5-33、表 5-14 与表 5-15 可见：①仿真条件Ⅲ的纯惯性制导精度要远高于仿真条件Ⅳ，这是显而易见的；②两种仿真条件下，复合制导的精度相对于纯惯性制导都有大幅提高，且横向制导的精度提高比例更大，说明复合制导的方法是有效的；③最佳修正系数法与参数估计补偿法相比，最佳修正系数法的精度要高于参数估计补偿法，且纵向和横向的精度都有提高，说明陀螺精度不高时，最佳修正系数法的综合修正思路更优，因为参数估计补偿法中忽略了陀螺对失准角的影响；④两种方法相比，仿真条件Ⅲ中最佳修正系数法的优势更明显，说明陀螺漂移误差在失准角中占的比例越大，最佳修正系数法越优；⑤两种仿真条件下，最佳修正系数法在条件Ⅲ下的精度要高于条件Ⅳ，但参数估计补偿法的精度变化不大，说明同等陀螺精度下，最佳修正系数法对初始对准误差的变化更敏感，而参数估计补偿法则影响不大。

参 考 文 献

[1] Markley F L，Mortari D. Quaternion attitude estimation using vector observations[J]. Journal of the Astronautical Sciences，2000，48（2）：359-380.

[2] 张超超. 弹道导弹星光-惯性复合制导修正方法研究[D]. 长沙：国防科技大学，2016.

第6章　考虑星光信息的平台惯性导航工具误差辨识方法

落点精度是弹道导弹的关键技术指标之一，提高精度是科研人员长期不懈的追求。落点精度包含两部分内容，一是导弹落点散布中心偏离瞄准点的距离大小，该指标不随某几次发射或某几发导弹而改变，是该型导弹的系统性误差，又称为准确度；二是导弹落点相对于散布中心的离散程度，称为密集度，它是一种随机性的落点误差，一般采用落点的纵向和横向标准差，或者用圆概率偏差表示。这些指标能够涵盖导弹的系统性误差和随机性误差影响，是重要的待评估指标。

分析和评估导弹的制导精度是导弹武器试验的核心问题之一，更是导弹进行设计论证、研发试验、定型使用的关键环节。精度分析工作是通过一系列飞行试验，得到大量的有效数据，进而验证导弹能否达到预期精度指标要求。对于远程弹道导弹来说，飞行试验一方面受到国内地理空间范围、国际政治环境等外界因素影响，一般仅选择在本国国内有限区域内进行近程飞行试验；另一方面，导弹造价高、试验组织复杂、人力消耗大，因此往往只能进行少量的飞行试验。飞行试验的目的是要评估导弹全程落点精度，因此必须由少量的、宝贵的近程飞行试验所得信息，折合得到导弹全程落点偏差，从而评估导弹全程落点精度。影响导弹落点精度的因素可以分为制导工具误差和制导方法误差，其中制导工具误差占的比例很大，而且误差系数上天后的表现与地面标定结果在数值上会有不同，因此根据飞行试验数据辨识出惯性导航工具误差系数是导弹武器精度评定的关键环节，同时也能促进惯性导航工具误差建模、特征分析等研究工作。本章主要讨论考虑星光测量信息的平台惯性导航工具误差辨识方法。与平台方案相比，捷联方案的区别主要在于误差辨识的建模，辨识方法是类似的。

6.1　平台惯性导航工具误差辨识建模

纯惯性制导系统下，多种误差源将会导致惯性平台产生失准角，使得导弹在发射惯性坐标系中的速度和位置产生导航误差，进一步造成导弹的落点偏差。因此，需要建立单位误差与平台失准角、导弹速度和位置误差之间的数学模型，即环境函数矩阵。

6.1.1 惯性导航环境函数矩阵计算

1. 平台失准角环境函数矩阵

平台失准角是指制导系统惯性基准存在偏差，即理想平台坐标系与实际平台坐标系之间的姿态误差角。失准角一般都比较小，可以视为小量。总的平台失准角 $\boldsymbol{\alpha}$ 与各种误差之间的关系可表示为

$$\boldsymbol{\alpha} = \underset{3\times57}{\boldsymbol{N}_{\alpha}} \cdot \underset{57\times1}{\boldsymbol{K}} \tag{6-1}$$

式中，$\boldsymbol{\alpha} = \boldsymbol{\alpha}_{\mathrm{d}} + \boldsymbol{\alpha}_{\mathrm{g}} + \boldsymbol{\alpha}_{\mathrm{p}} + \boldsymbol{\alpha}_{\mathrm{D}}$；$\underset{57\times1}{\boldsymbol{K}} = \begin{bmatrix} \boldsymbol{\varepsilon}_0^{\mathrm{T}} & \boldsymbol{D}_{\mathrm{g}}^{\mathrm{T}} & \boldsymbol{D}_{\mathrm{p}}^{\mathrm{T}} & \boldsymbol{D}_{\mathrm{a}}^{\mathrm{T}} & \boldsymbol{D}_{\mathrm{D}}^{\mathrm{T}} \end{bmatrix}$，各分量分别为初始对准误差、陀螺漂移误差、平台控制回路静态误差、加速度计误差、平台控制回路动态误差；$\underset{3\times57}{\boldsymbol{N}_{\alpha}} = \begin{bmatrix} \underset{3\times3}{\boldsymbol{N}_{\mathrm{d}}} & \underset{3\times15}{\boldsymbol{N}_{\mathrm{g}}} & \underset{3\times18}{\boldsymbol{N}_{\mathrm{p}}} & \underset{3\times15}{\boldsymbol{0}} & \underset{3\times6}{\boldsymbol{N}_{\mathrm{D}}} \end{bmatrix}$ 是与误差向量 $\underset{57\times1}{\boldsymbol{K}}$ 对应的误差系数矩阵，为平台失准角环境函数矩阵，具体表达式见本书 3.1 节和 4.2 节。

2. 视速度、视位置误差环境函数矩阵

当忽略地球引力加速度的计算误差时，发射惯性坐标系中导弹的加速度、速度、位置误差等于视加速度、视速度、视位置误差。惯性平台输出的视加速度与惯性坐标系中导弹真实视加速度的偏差为

$$\delta\dot{\boldsymbol{W}} = \dot{\boldsymbol{W}}_{\mathrm{p}} - \dot{\boldsymbol{W}}_{\mathrm{A}} \tag{6-2}$$

根据发射惯性坐标系和平台坐标系的关系，式（6-2）可以写成

$$\begin{aligned} \delta\dot{\boldsymbol{W}} &= \dot{\boldsymbol{W}}_{\mathrm{P}} - \boldsymbol{C}_{\mathrm{P}}^{\mathrm{A}}(\dot{\boldsymbol{W}}_{\mathrm{P}} - \delta\dot{\boldsymbol{W}}_{\mathrm{P}}) \\ &= \dot{\boldsymbol{W}}_{\mathrm{P}} - \boldsymbol{C}_{\mathrm{P}}^{\mathrm{P}'}(\dot{\boldsymbol{W}}_{\mathrm{P}} - \delta\dot{\boldsymbol{W}}_{\mathrm{P}}) \end{aligned} \tag{6-3}$$

展开得到

$$\delta\dot{\boldsymbol{W}} = \begin{bmatrix} 0 & -\dot{W}_{\mathrm{P}z} & \dot{W}_{\mathrm{P}y} \\ \dot{W}_{\mathrm{P}z} & 0 & -\dot{W}_{\mathrm{P}x} \\ -\dot{W}_{\mathrm{P}y} & \dot{W}_{\mathrm{P}x} & 0 \end{bmatrix} \cdot \begin{bmatrix} \alpha_x \\ \alpha_y \\ \alpha_z \end{bmatrix} + \delta\dot{\boldsymbol{W}}_{\mathrm{P}} \tag{6-4}$$

式中，α_x、α_y、α_z 为平台总失准角 $\boldsymbol{\alpha}$ 在 x、y、z 轴分量。

将式（6-1）代入式（6-4）中，可得

$$\delta\dot{\boldsymbol{W}} = \boldsymbol{S}_{\mathrm{A}}(t) \tag{6-5}$$

式中，$\boldsymbol{S}_{\mathrm{A}}(t)$ 为视加速度环境函数矩阵，具体表达式如下

$$\underset{3\times57}{\boldsymbol{S}_{\mathrm{A}}(t)} = [\boldsymbol{S}_{\mathrm{w}}\boldsymbol{N}_{\mathrm{d}} \;\; \boldsymbol{S}_{\mathrm{w}}\boldsymbol{N}_{\mathrm{g}} \;\; \boldsymbol{S}_{\mathrm{w}}\boldsymbol{N}_{\mathrm{p}} \;\; \boldsymbol{N}_{\mathrm{a}} \;\; \boldsymbol{S}_{\mathrm{w}}\boldsymbol{N}_{\mathrm{D}}] \tag{6-6}$$

$$\boldsymbol{S}_{\mathrm{w}} = \begin{bmatrix} 0 & -\dot{W}_{\mathrm{P}z} & \dot{W}_{\mathrm{P}y} \\ \dot{W}_{\mathrm{P}z} & 0 & -\dot{W}_{\mathrm{P}x} \\ -\dot{W}_{\mathrm{P}y} & \dot{W}_{\mathrm{P}x} & 0 \end{bmatrix} \tag{6-7}$$

对式（6-6）积分可得视速度环境函数矩阵，为

$$\underset{3\times57}{\boldsymbol{S}_{\mathrm{V}}}(t) = \int_0^t \underset{3\times57}{\boldsymbol{S}_{\mathrm{A}}}(\tau)\mathrm{d}\tau \tag{6-8}$$

对式（6-8）积分可得视位置环境函数矩阵，为

$$\underset{3\times57}{\boldsymbol{S}_{\mathrm{R}}}(t) = \int_0^t \underset{3\times57}{\boldsymbol{S}_{\mathrm{V}}}(u)\mathrm{d}u \tag{6-9}$$

根据式（6-8）、式（6-9），导弹视速度、视位置误差与环境函数矩阵的关系可以统一表示为

$$\boldsymbol{\delta X} = \boldsymbol{S} \cdot \boldsymbol{K} + \boldsymbol{\varepsilon}_x \tag{6-10}$$

式中，$\boldsymbol{\delta X}$ 为视速度、视位置误差；$\boldsymbol{S} = [\boldsymbol{S}_{\mathrm{V}} \quad \boldsymbol{S}_{\mathrm{R}}]^{\mathrm{T}}$ 为视速度、视位置环境函数矩阵；$\boldsymbol{\varepsilon}_x$ 为测量误差；$\boldsymbol{K}$ 为 57 项误差系数真值，包括初始对准误差和惯性导航工具误差。

3. 平台斜调后的环境函数矩阵

根据星敏感器在惯性平台上的安装角度和所选导航星的方位，可以确定惯性平台的指向，使得断调平后星敏感器的光轴在观星时刻正好对准所选的导航星，这种调整方式称为平台斜调。将斜调后不考虑平台失准角的理想平台坐标系（P′系）与发射惯性坐标系（A 系）之间的方向余弦阵表示为 $\boldsymbol{C}_{\mathrm{P'}}^{\mathrm{A}}$，按照先绕 z 轴旋转、再绕 y 轴旋转的转动方式斜调平台，则有

$$\boldsymbol{C}_{\mathrm{P'}}^{\mathrm{A}} = \boldsymbol{M}_y(\varphi_{\mathrm{r}}) \cdot \boldsymbol{M}_z(\psi_{\mathrm{r}}) \tag{6-11}$$

式中，φ_{r}、ψ_{r} 为斜调后平台的方位角和高低角。

在平台斜调的情况下，平台失准角 α'_x、α'_y、α'_z 为实际平台坐标系相对于理想平台坐标系的旋转欧拉角。在发射惯性坐标系中，根据式（6-3），误差因素引起的视加速度误差为

$$\begin{aligned} \boldsymbol{\delta \dot{W}}'_{\mathrm{A}} &= \boldsymbol{C}_{\mathrm{P'}}^{\mathrm{A}}(\boldsymbol{\dot{W}}'_{\mathrm{P}} - \boldsymbol{\dot{W}}'_{\mathrm{A}}) \\ &= \boldsymbol{C}_{\mathrm{P'}}^{\mathrm{A}}\boldsymbol{\dot{W}}'_{\mathrm{P}} - \boldsymbol{C}_{\mathrm{P'}}^{\mathrm{A}}\boldsymbol{C}_{\mathrm{P}}^{\mathrm{P'}}(\boldsymbol{\dot{W}}'_{\mathrm{P}} - \boldsymbol{\delta \dot{W}}'_{\mathrm{P}}) \end{aligned} \tag{6-12}$$

式中，$\boldsymbol{\dot{W}}'_{\mathrm{P}}$ 为加速度表测量的视加速度；$\boldsymbol{\dot{W}}'_{\mathrm{A}}$ 为真实视加速度；$\boldsymbol{\delta \dot{W}}'_{\mathrm{P}}$ 为平台坐标系中加速度计的测量误差。

由式（6-5）可知，发射惯性坐标系中视加速度的测量误差为

$$\boldsymbol{\delta \dot{W}} = \boldsymbol{C}_{\mathrm{P'}}^{\mathrm{A}} \cdot \boldsymbol{S}_{\mathrm{A}} \cdot \boldsymbol{K} \tag{6-13}$$

将式（6-12）积分可得视速度、视位置误差的环境函数矩阵，为

$$\underset{3\times57}{\boldsymbol{S}_{\mathrm{V}}}(t)=\int_0^t \boldsymbol{C}_{\mathrm{P'}}^{\mathrm{I}}\cdot\underset{3\times57}{\boldsymbol{S}_{\mathrm{A}}}(\tau)\mathrm{d}\tau \tag{6-14}$$

$$\underset{3\times57}{\boldsymbol{S}_{\mathrm{R}}}(t)=\int_0^t \underset{3\times57}{\boldsymbol{S}_{\mathrm{V}}}(u)\mathrm{d}u \tag{6-15}$$

4. 落点偏差环境函数矩阵

惯性导航工具误差会引起导航计算中导弹飞行的速度、位置误差，位置误差又会造成地球引力加速度计算误差，进一步产生导弹附加的速度、位置误差。在关机点时刻，速度、位置误差直接引起关机偏差，从而影响导弹的落点精度。弹头分离后，受大气等外界环境影响较小，可以看作自由抛物运动。根据大气层外飞行器运动方程，可以得到弹头分离时刻至落点的飞行轨迹。在自由抛物运动过程中，弹头的视加速度为 0，所以不能根据速度、位置误差环境函数矩阵来计算落点偏差环境函数矩阵。因此，采用其他方法，即在分离时刻弹头速度、位置状态量上增加单位误差量，计算出落点偏差与分离时刻视速度、视位置误差的关系，进一步推导出落点偏差与各项误差系数的关系，从而得到导弹的落点偏差环境函数矩阵。

1）计算发射点的地心矢径

在发射惯性坐标系中，计算地心 O_{e} 到发射点 O_{A} 的矢径为

$$\boldsymbol{r}_0=\begin{bmatrix}-R_0\cos(\mu_0)\cos(A_0)\\ R_0\cos(\mu_0)\\ R_0\sin(\mu_0)\sin(A_0)\end{bmatrix} \tag{6-16}$$

式中，R_0 为地心至发射点沿法线在参考椭球面的投影；A_0 为导弹在发射点的射击方位角。

$$R_0=\frac{a_{\mathrm{e}}b_{\mathrm{e}}}{\sqrt{a_{\mathrm{e}}^2\sin^2(\phi_0)+b_{\mathrm{e}}^2\cos^2(\phi_0)}}+H_0 \tag{6-17}$$

$$\phi_0=\arctan\left[\frac{b_e^2}{a_e^2}\tan(B_0)\right] \tag{6-18}$$

$$\mu_0=B_0-\phi_0 \tag{6-19}$$

其中，a_{e} 为地球赤道平均半径；b_{e} 为地球极点到地心的平均半径；B_0 为导弹在发射点的地理纬度；H_0 为导弹在发射点的高程。

2）由大气层外运动方程推算弹头分离后的飞行轨迹

在发射惯性坐标系 $O_{\mathrm{A}}\text{-}x_{\mathrm{A}}y_{\mathrm{A}}z_{\mathrm{A}}$ 中，设弹头分离点 M 对应的速度、位置状态量为 $\boldsymbol{V}_{\mathrm{M}}$、$\boldsymbol{R}_{\mathrm{M}}$，为计算弹头落点 O_{L} 坐标，需要解算地心惯性坐标系中弹头的运动方程。若地球引力位只考虑到 J_4 项，忽略其他摄动力的影响，则弹头的运动方程可以表示为

$$\begin{cases}\dfrac{dx}{dt}=v_x\\ \dfrac{dy}{dt}=v_y\\ \dfrac{dz}{dt}=v_z\\ \dfrac{dv_x}{dt}=-\dfrac{\mu_e x}{r^3}\left[1+A_{J_2}\left(1-5\dfrac{z^2}{r^2}\right)+A_{J_3}\left(3\dfrac{z}{r}-7\dfrac{z^3}{r^3}\right)-A_{J_4}\left(3-42\dfrac{z^2}{r^2}+63\dfrac{z^4}{r^4}\right)\right]\\ \dfrac{dv_y}{dt}=-\dfrac{\mu_e y}{r^3}\left[1+A_{J_2}\left(1-5\dfrac{z^2}{r^2}\right)+A_{J_3}\left(3\dfrac{z}{r}-7\dfrac{z^3}{r^3}\right)-A_{J_4}\left(3-42\dfrac{z^2}{r^2}+63\dfrac{z^4}{r^4}\right)\right]\\ \dfrac{dv_z}{dt}=-\dfrac{\mu_e z}{r^3}\left[1+A_{J_2}\left(3-5\dfrac{z^2}{r^2}\right)+A_{J_3}\left(6\dfrac{z}{r}-7\dfrac{z^3}{r^3}-\dfrac{3}{5}\dfrac{r}{z}\right)-A_{J_4}\left(15-70\dfrac{z^2}{r^2}+63\dfrac{z^4}{r^4}\right)\right]\end{cases} \tag{6-20}$$

式中，$\mu_e=GM_e$ 为地球引力常数，M_e 为地球质量，G 为万有引力常数；r 为地球质心到导弹质心的距离，

$$A_{J_2}=\frac{3}{2}J_2\left(\frac{a_e}{r}\right)^2,\quad A_{J_3}=\frac{5}{2}J_3\left(\frac{a_e}{r}\right)^3,\quad A_{J_4}=\frac{5}{8}J_4\left(\frac{a_e}{r}\right)^4$$

其中，J_2、J_3、J_4 为地球引力场带谐项系数；a_e 为地球赤道平均半径。

可以用数值积分方法求解式（6-20），当导弹质心到地心的距离为地球平均半径 r_e 时，积分终止，求得式（6-20）的数值解。将弹头的位置由地心惯性坐标系转换到发射惯性坐标系，即可得到弹头落点在发射惯性坐标系 O_A-$x_A y_A z_A$ 中的位置 $\boldsymbol{R}_L$ 和对应的时刻 t_L。

3）计算落点惯性坐标系与发射惯性坐标系的方向余弦阵

在导弹弹头的落点处，以 O_L 为原点，建立落点处的惯性直角坐标系 O_L-$X_L Y_L Z_L$，则落点惯性坐标系与发射惯性坐标系的关系：

$$\boldsymbol{C}_A^L=\boldsymbol{M}_z(-\theta) \tag{6-21}$$

式中，θ 为发射点 O_A 和落点 O_L 地心矢径的夹角，计算公式为

$$\theta=\arccos\left(\frac{r_e^2+R_0^2-r_{AL}^2}{2r_e\cdot R_0}\right) \tag{6-22}$$

$$r_{AL}=\sqrt{R_{Lx}^2+R_{Ly}^2+R_{Lz}^2} \tag{6-23}$$

4）计算弹头单位落点偏差

首先，对弹头分离时刻点的速度、位置量增加单位误差量 $\Delta\boldsymbol{V}_M$、$\Delta\boldsymbol{R}_M$。根据式（6-20）进行数值积分，计算出在发射惯性坐标系 O_A-$x_A y_A z_A$ 中有误差的落点位置量 $\boldsymbol{R}_L'$ 方程如下

$$\begin{cases} \boldsymbol{V}'_{\mathrm{M}} = \boldsymbol{V}_{\mathrm{M}} + \Delta\boldsymbol{V}_{\mathrm{M}} \\ \boldsymbol{R}'_{\mathrm{M}} = \boldsymbol{R}_{\mathrm{M}} + \Delta\boldsymbol{R}_{\mathrm{M}} \end{cases} \tag{6-24}$$

式中，$\boldsymbol{V}'_{\mathrm{M}}$、$\boldsymbol{R}'_{\mathrm{M}}$为分离时刻点有误差的状态量。

然后，根据式（6-21）计算发射惯性坐标系相对于落点惯性坐标系的方向余弦阵$\boldsymbol{C}_{\mathrm{A}}^{\mathrm{L}}$，计算出落点偏差，即弹头实际落点相对于瞄准点的单位偏差量$\Delta\boldsymbol{R}_{\mathrm{LH}}$：

$$\Delta\boldsymbol{R}_{\mathrm{LH}} = \boldsymbol{C}_{\mathrm{A}}^{\prime\mathrm{L}}\boldsymbol{R}'_{\mathrm{L}} - \boldsymbol{C}_{\mathrm{A}}^{\mathrm{L}}\boldsymbol{R}_{\mathrm{L}} \tag{6-25}$$

最后，剔除向量$\Delta\boldsymbol{R}_{\mathrm{LH}}$中$Y$轴方向的单位偏差量，即得到落点处的纵向、横向单位落点偏差，并记为$\boldsymbol{C}_{\mathrm{LH}}$。

5）计算弹头落点偏差环境函数矩阵

设弹头分离时刻t_{d}对应的视速度、视位置遥外差为$\boldsymbol{\delta X}$，则弹头落点偏差满足如下方程：

$$\begin{bmatrix} \Delta L \\ \Delta H \end{bmatrix} = \boldsymbol{C}_{\mathrm{LH}} \cdot \boldsymbol{\delta X} = \boldsymbol{C}_{\mathrm{LH}} \cdot \boldsymbol{S}(t_{\mathrm{d}}) \cdot \boldsymbol{K} + \boldsymbol{\varepsilon}_{\mathrm{LH}} \tag{6-26}$$

进一步可表示为

$$\begin{bmatrix} \Delta L \\ \Delta H \end{bmatrix} = \boldsymbol{S}_{\mathrm{LH}} \cdot \boldsymbol{K} + \boldsymbol{\varepsilon}_{\mathrm{LH}} \tag{6-27}$$

式中，$\boldsymbol{S}_{\mathrm{LH}}$为落点偏差环境函数矩阵；$[\Delta L \quad \Delta H]^{\mathrm{T}}$为弹头的落点偏差；$\boldsymbol{\varepsilon}_{\mathrm{LH}}$为测量误差。

6.1.2　惯性制导精度分析

惯性平台制导系统具有较高的制导精度，能够保证弹头以一定的精度命中目标点。在纯惯性制导条件下，由式（6-27）可知，导弹落点偏差可以表示为

$$\begin{bmatrix} \Delta L' \\ \Delta H' \end{bmatrix} = \boldsymbol{S}_{\mathrm{LH}} \cdot \underset{57\times1}{\boldsymbol{K}'} = \begin{bmatrix} \underset{1\times57}{\boldsymbol{C}_{\mathrm{LK}}} \\ \underset{1\times57}{\boldsymbol{C}_{\mathrm{HK}}} \end{bmatrix} \cdot \underset{57\times1}{\boldsymbol{K}'} \tag{6-28}$$

式中，$\Delta L'$、$\Delta H'$为纯惯性制导下纵向、横向落点偏差的真值；$\boldsymbol{C}_{\mathrm{LK}}$、$\boldsymbol{C}_{\mathrm{HK}}$为纵向、横向落点偏差的环境函数矩阵；$\underset{57\times1}{\boldsymbol{K}'}$为误差系数真值，符合如下分布关系：

$$\underset{57\times1}{\boldsymbol{K}'} \sim N\left(\underset{57\times1}{\boldsymbol{0}},\ \underset{57\times57}{\boldsymbol{R}_{\mathrm{K}}}\right) \tag{6-29}$$

其中，$\underset{57\times57}{\boldsymbol{R}_{\mathrm{K}}}$为地面标定值的方差阵。在纯惯性制导条件下，落点偏差方差阵为

$$\boldsymbol{R}_{2\times2} = \begin{bmatrix} \underset{1\times57}{\boldsymbol{C}_{\mathrm{LK}}} \\ \underset{1\times57}{\boldsymbol{C}_{\mathrm{HK}}} \end{bmatrix} \cdot \underset{57\times57}{\boldsymbol{R}_{\mathrm{K}}} \cdot \begin{bmatrix} \underset{1\times57}{\boldsymbol{C}_{\mathrm{LK}}} \\ \underset{1\times57}{\boldsymbol{C}_{\mathrm{HK}}} \end{bmatrix}^{\mathrm{T}} \tag{6-30}$$

则在纯惯性制导条件下，导弹纵向落点偏差方差 D_{LL} 、横向落点偏差方差 D_{HH} 及协方差 D_{LH} 为

$$\begin{cases} D_{\mathrm{LL}} = \boldsymbol{C}_{\mathrm{LK}} \cdot \boldsymbol{R}_{\mathrm{K}} \cdot \boldsymbol{C}_{\mathrm{LK}}^{\mathrm{T}} \\ D_{\mathrm{HH}} = \boldsymbol{C}_{\mathrm{HK}} \cdot \boldsymbol{R}_{\mathrm{K}} \cdot \boldsymbol{C}_{\mathrm{HK}}^{\mathrm{T}} \\ D_{\mathrm{LH}} = \boldsymbol{C}_{\mathrm{LK}} \cdot \boldsymbol{R}_{\mathrm{K}} \cdot \boldsymbol{C}_{\mathrm{HK}}^{\mathrm{T}} \end{cases} \tag{6-31}$$

记纵向、横向落点偏差的协方差矩阵为

$$\boldsymbol{R}_{2\times2} = \begin{bmatrix} D_{\mathrm{LL}} & D_{\mathrm{LH}} \\ D_{\mathrm{LH}} & D_{\mathrm{HH}} \end{bmatrix} \tag{6-32}$$

记矩阵 $\boldsymbol{R}_{2\times2}$ 的特征值为 λ_1、λ_2，且 $\lambda_1 \geqslant \lambda_2$ 。又记

$$\begin{cases} \sigma_x' = \sqrt{\lambda_1} \\ \sigma_y' = \sqrt{\lambda_2} \end{cases} \tag{6-33}$$

定义目标函数

$$J(\sigma_x',\ \sigma_y') = D_{\mathrm{LL}} + D_{\mathrm{HH}} + 2\sqrt{D_{\mathrm{LL}} \cdot D_{\mathrm{HH}} - D_{\mathrm{LH}}^2} \tag{6-34}$$

式中，$J(\sigma_x',\ \sigma_y')$ 类似于圆概率偏差的平方。

在导弹落点处水平面内某两个垂直的方向上，落点偏差相互独立，用 σ_x' 、σ_y' 分别表示这两个方向上落点偏差的标准差，且 $\sigma_x' \geqslant \sigma_y'$ 。导弹落点偏差的圆概率偏差可以表示为

$$\mathrm{CEP} = 0.562\sigma_x' + 0.615\sigma_y' \tag{6-35}$$

不难推导得出，式（6-34）中的目标函数可以表示为特征值 λ_1、λ_2 的函数，即

$$J = \left(\sqrt{\lambda_1} + \sqrt{\lambda_2}\right)^2 = (\sigma_x' + \sigma_y')^2 \tag{6-36}$$

定义类似的圆概率偏差为

$$\mathrm{CEP}' = \sqrt{J} = \sigma_x' + \sigma_y' \tag{6-37}$$

用 CEP′可以在一定程度上刻画导弹的惯性制导精度。

6.1.3　星敏感器观测方程

如图 6-1 所示，在发射惯性坐标系 O_{A}-$x_{\mathrm{A}}y_{\mathrm{A}}z_{\mathrm{A}}$ 中，设所选导航星的方位角和高低角分别为 σ_{s} 和 e_{s} ，其中高低角向上为正，方位角逆时针为正。导航星的单位矢量在发射惯性坐标系中可以表示为

$$\boldsymbol{\Psi}_{\mathrm{A}} = [\cos e_{\mathrm{s}} \cos\sigma_{\mathrm{s}} \quad \sin e_{\mathrm{s}} \quad \cos e_{\mathrm{s}} \sin\sigma_{\mathrm{s}}]^{\mathrm{T}} \tag{6-38}$$

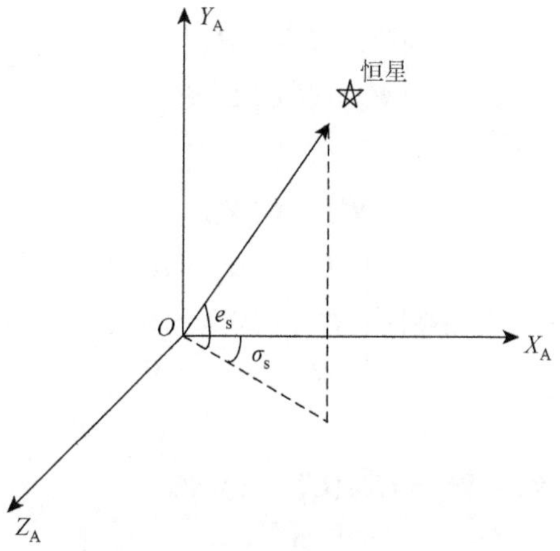

图 6-1　星光在发射惯性坐标系中的表示

在星敏感器体坐标系 O_s-$x_s y_s z_s$ 中，设 $O_s x_s$ 为星敏感器主光轴，其他两轴为输出轴。在惯性平台完成斜调平、对准以后，理想情况下 $\boldsymbol{\varPsi}_A$ 在星敏感器体坐标系中对应的矢量为

$$\boldsymbol{\varPsi}'_S = [1 \quad 0 \quad 0]^T \tag{6-39}$$

当星敏感器的输出为 ξ 和 η 时，如图 6-2 所示，$\boldsymbol{\varPsi}_A$ 在星敏感器体坐标系中对应的矢量为

$$\boldsymbol{\varPsi}_S = [1 \quad -\xi \quad -\eta]^T \tag{6-40}$$

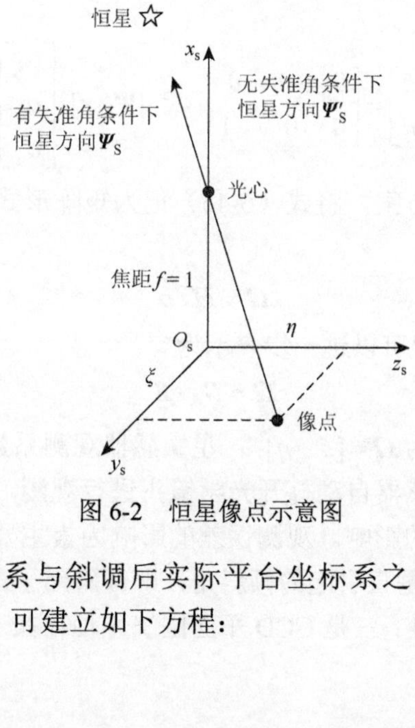

图 6-2　恒星像点示意图

根据理想平台坐标系与斜调后实际平台坐标系之间的转换关系，则根据式（6-38）～式（6-40）可建立如下方程：

$$\begin{cases}\boldsymbol{\Psi}'_{\mathrm{S}}=\boldsymbol{C}_{\mathrm{P}}^{\mathrm{S}}\boldsymbol{C}_{\mathrm{A}}^{\mathrm{P}'}\boldsymbol{\Psi}_{\mathrm{A}}\\ \boldsymbol{\Psi}_{\mathrm{S}}=\boldsymbol{C}_{\mathrm{P}}^{\mathrm{S}}\boldsymbol{C}_{\mathrm{P}'}^{\mathrm{P}}\boldsymbol{C}_{\mathrm{A}}^{\mathrm{P}'}\boldsymbol{\Psi}_{\mathrm{A}}\end{cases}\tag{6-41}$$

记

$$\boldsymbol{\Psi}_{\mathrm{S}}^{\mathrm{P}'}=\boldsymbol{C}_{\mathrm{A}}^{\mathrm{P}'}\boldsymbol{\Psi}_{\mathrm{A}}\tag{6-42}$$

$$[\boldsymbol{\alpha}\times]=\begin{bmatrix}0 & -\alpha_z & \alpha_y\\ \alpha_z & 0 & -\alpha_x\\ -\alpha_y & \alpha_x & 0\end{bmatrix}\tag{6-43}$$

于是有

$$\begin{aligned}\boldsymbol{\Psi}_{\mathrm{S}}-\boldsymbol{\Psi}_{\mathrm{S}'}&=\boldsymbol{C}_{\mathrm{P}}^{\mathrm{S}}\cdot(\boldsymbol{C}_{\mathrm{P}'}^{\mathrm{P}}-E)\cdot\boldsymbol{\Psi}_{\mathrm{S}}^{\mathrm{P}'}\\ &=\boldsymbol{C}_{\mathrm{P}}^{\mathrm{S}}\cdot\begin{bmatrix}0 & \alpha_z & -\alpha_y\\ -\alpha_z & 0 & \alpha_x\\ \alpha_y & -\alpha_x & 0\end{bmatrix}\cdot\boldsymbol{\Psi}_{\mathrm{S}}^{\mathrm{P}'}\\ &=\boldsymbol{C}_{\mathrm{P}}^{\mathrm{S}}\cdot[-\boldsymbol{\alpha}\times]\cdot\boldsymbol{\Psi}_{\mathrm{S}}^{\mathrm{P}'}\\ &=\boldsymbol{C}_{\mathrm{P}}^{\mathrm{S}}\cdot[\boldsymbol{\Psi}_{\mathrm{S}}^{\mathrm{P}'}\times]\cdot\boldsymbol{\alpha}\end{aligned}\tag{6-44}$$

记星敏感器的观测数据为$[\xi \quad \eta]^{\mathrm{T}}$，即平台有无失准角条件下像点在像平面上的坐标之差，量纲为弧度，如图 6-2 所示，则有

$$\left(\begin{bmatrix}1\\0\\0\end{bmatrix}-\begin{bmatrix}0\\ \xi\\ \eta\end{bmatrix}\right)-\begin{bmatrix}1\\0\\0\end{bmatrix}=\boldsymbol{C}_{\mathrm{P}}^{\mathrm{S}}\cdot[\boldsymbol{\Psi}_{\mathrm{S}}^{\mathrm{P}'}\times]\cdot\begin{bmatrix}\alpha_x\\ \alpha_y\\ \alpha_z\end{bmatrix}\tag{6-45}$$

化简可得

$$\begin{bmatrix}\xi\\ \eta\end{bmatrix}=\begin{bmatrix}0 & -1 & 0\\ 0 & 0 & -1\end{bmatrix}\cdot\boldsymbol{C}_{\mathrm{P}}^{\mathrm{S}}\cdot[\boldsymbol{\Psi}_{\mathrm{S}}^{\mathrm{P}'}\times]\cdot\begin{bmatrix}\alpha_x\\ \alpha_y\\ \alpha_z\end{bmatrix}\tag{6-46}$$

对于单星复合制导方案，将式（6-46）记为矩阵形式，得到星敏感器观测方程为

$$\boldsymbol{\Omega}=\boldsymbol{H}\cdot\boldsymbol{\alpha}\tag{6-47}$$

根据式（6-1），观测方程可以进一步表示为

$$\boldsymbol{\Omega}=\boldsymbol{S}_{\psi}\cdot\boldsymbol{K}\tag{6-48}$$

式中，星敏感器观测值为$\boldsymbol{\Omega}=[\xi \quad \eta]^{\mathrm{T}}$；星敏感器观测系数矩阵为$\boldsymbol{S}_{\psi}=\boldsymbol{H}\cdot\boldsymbol{N}_{\alpha}$。

在观星时刻，星敏感器自动打开光学镜头进行观测，输出的数据受到星敏感器安装误差和测量误差的影响。观测误差的影响因素主要包括：一是安装过程中 CCD 平面与光轴不严格垂直引起的倾斜角，即倾斜因子；二是光学镜头的畸变，主要是指镜头的径向畸变；三是 CCD 平面围绕光轴存在一定的转动角度，即转动

因子；四是角距 f 存在测量误差等工具误差，它们影响着星敏感器测量数据的精度。本章将这些误差简化为测量误差和安装误差。

记星敏感器在星敏感器体坐标系 O_s-$x_s y_s z_s$ 三个方向上的安装误差为

$$\boldsymbol{\varepsilon}_{si}=[\varepsilon_{six}\quad \varepsilon_{siy}\quad \varepsilon_{siz}]^{T} \tag{6-49}$$

仅考虑星敏感器安装误差时，理想星敏感器体坐标系（S′系）和实际星敏感器体坐标系（S系）之间的方向余弦阵为

$$\begin{aligned}\boldsymbol{C}_{S'}^{S}&=\boldsymbol{M}_x[\varepsilon_{six}]\boldsymbol{M}_y[\varepsilon_{siy}]\boldsymbol{M}_z[\varepsilon_{siz}]\\&\approx\begin{bmatrix}1&\varepsilon_{siz}&-\varepsilon_{siy}\\-\varepsilon_{siz}&1&\varepsilon_{x}\\\varepsilon_{siy}&-\varepsilon_{six}&1\end{bmatrix}\end{aligned} \tag{6-50}$$

因此可知由星敏感器安装误差造成的星敏感器测量误差为

$$\boldsymbol{\varepsilon}_{sa}'=\boldsymbol{C}_{S'}^{S}\cdot\boldsymbol{\Psi}_{S}' \tag{6-51}$$

式（6-51）可表示为

$$\boldsymbol{\varepsilon}_{sa}=\begin{bmatrix}0&0&-1\\0&1&0\end{bmatrix}\begin{bmatrix}\varepsilon_{six}\\\varepsilon_{siy}\\\varepsilon_{siz}\end{bmatrix}=\boldsymbol{I}_{\varepsilon}\cdot\boldsymbol{\varepsilon}_{si} \tag{6-52}$$

由于多种外界因素影响，星敏感器在工作时存在直接的测量误差，记为

$$\boldsymbol{\varepsilon}_{sc}=[\varepsilon_{scx}\quad \varepsilon_{scy}\quad \varepsilon_{scz}]^{T} \tag{6-53}$$

综合式（6-52）和式（6-53），星敏感器测量存在的总误差可表示为

$$\boldsymbol{\varepsilon}_{s}=\boldsymbol{\varepsilon}_{sa}+\boldsymbol{\varepsilon}_{sc} \tag{6-54}$$

星敏感器测量误差不同于惯性导航工具误差，不直接影响平台的失准角，但是会影响星敏感器测量信息对平台失准角的反映，即降低了星光-惯性复合制导的精度，从而影响导弹的落点偏差。

根据式（6-48）和式（6-54），星敏感器的测量结果可以表示为

$$\begin{bmatrix}\xi\\\eta\end{bmatrix}=\boldsymbol{S}_{\Psi}\cdot\boldsymbol{K}+\boldsymbol{\varepsilon}_{s} \tag{6-55}$$

式中，$\boldsymbol{\varepsilon}_s$ 为星敏感器测量误差，分布服从

$$\boldsymbol{\varepsilon}_{s}\sim N(0_{2\times1},\quad \boldsymbol{R}_{S}) \tag{6-56}$$

6.2　基于多源信息的平台惯性导航工具误差辨识方法

本质而言，惯性导航工具误差系数辨识是根据导弹飞行试验数据进行的参数估计。目前，误差系数分离的数学方法有很多，一类是基于线形矩阵理论的方法，通过建立环境函数矩阵，将误差模型构造为线性回归模型，然后采用最小二乘、

主成分等方法进行辨识；另一类是基于验前信息的概率处理方法，如 Bayes 方法、约束主成分方法等。随着计算机技术的快速发展，一些针对数据本身的方法也取得了较好效果。相比传统方法，这类方法对误差模型的要求不高，而更加关注数据变量之间的内在关系，特别是解决高维数据矩阵、多估计参数、矩阵非线性等实际问题有很好的效果，如支持向量机算法、粒子群算法、遗传进化算法等。

本章主要介绍等权归一化最小二乘方法和遗传进化算法两种误差辨识方法的基本原理与计算流程。

6.2.1 试验弹道视速度、视位置遥外差计算方法

一般地，在飞行试验中导弹会搭载测量弹道数据的遥测系统，该系统通过弹载传感器、数据处理设备等仪器测量导弹的运动状态，并通过数据传输系统传回地面，称为遥测数据。同时，靶场会布置精度较高的光学或者雷达等测量设备，测量导弹的运动信息，相应的数据称为外测数据。外测弹道数据精度较高，因此可以把外测弹道近似看作理想弹道，而遥测弹道则为包含了惯性导航工具误差等多种误差因素影响的偏差弹道。

利用外测弹道数据计算引力加速度时，可以得到较高精度的结果，进而可以计算视速度、视位置的遥外差，基于遥外差辨识惯性导航工具误差。

1. 引力加速度计算

考虑到工程实际应用，为了使弹道计算方便，忽略正常引力位与实际地球引力位的差异，精度取至 J_2 项，对匀质圆球的引力加速度加以修正。在发射坐标系中，地球引力加速度为

$$\boldsymbol{g}=\frac{g_r}{r}\cdot\boldsymbol{r}+\frac{g_{\omega_e}}{\omega_e}\cdot\boldsymbol{\omega}_e \tag{6-57}$$

式中，$\boldsymbol{r}$ 为地心至导弹质心的位置矢量；$\boldsymbol{\omega}_e$ 为地球自转角速度矢量，$\boldsymbol{\omega}_e=[\omega_{ex}\quad\omega_{ey}\quad\omega_{ez}]^{\mathrm{T}}$；$g_r$、$g_{\omega_e}$ 的计算可参考文献[1]。

根据发射惯性坐标系与发射坐标系间的方向余弦阵，可得发射惯性坐标系中的引力加速度为

$$\begin{bmatrix} g_{Ax} \\ g_{Ay} \\ g_{Az} \end{bmatrix}=\boldsymbol{C}_{G}^{A}\cdot\begin{bmatrix} g_x \\ g_y \\ g_z \end{bmatrix} \tag{6-58}$$

方向余弦阵 $\boldsymbol{C}_G^A=[\boldsymbol{C}_A^G]^{\mathrm{T}}$ 的计算见式（2-30）。

2. 视速度、视位置计算

若忽略引力加速度计算误差，可得发射惯性坐标系中的视速度、视位置为

$$\begin{cases} \boldsymbol{V}_{\mathrm{A}}(t_{\mathrm{i}})=\boldsymbol{C}_{\mathrm{G}}^{\mathrm{A}}\cdot\boldsymbol{V}(t_{\mathrm{i}})+\boldsymbol{\Phi}_{\mathrm{e}}^{\mathrm{A}}\cdot\boldsymbol{C}_{\mathrm{G}}^{\mathrm{A}}\cdot[\boldsymbol{X}(t_{\mathrm{i}})+\boldsymbol{r}_0]-\int_0^{t_{\mathrm{i}}}\boldsymbol{g}_{\mathrm{A}}(\tau)\mathrm{d}\tau-\boldsymbol{V}_{\mathrm{A0}} \\ \boldsymbol{X}_{\mathrm{A}}(t_{\mathrm{i}})=\boldsymbol{C}_{\mathrm{G}}^{\mathrm{A}}\cdot[\boldsymbol{X}(t_{\mathrm{i}})+\boldsymbol{r}_0]-\int_0^{t_{\mathrm{i}}}\int_0^{u}\boldsymbol{g}_{\mathrm{A}}(\tau)\mathrm{d}\tau\mathrm{d}u-\boldsymbol{V}_{\mathrm{A0}}\cdot t_{\mathrm{i}}-[\boldsymbol{X}(t_{\mathrm{i}})+\boldsymbol{r}_0] \end{cases} \tag{6-59}$$

$$\boldsymbol{V}_{\mathrm{A0}}=\boldsymbol{\Phi}_{\mathrm{e}}^{\mathrm{A}}\cdot[\boldsymbol{X}(t_0)+\boldsymbol{r}_0]+\boldsymbol{V}(t_0) \tag{6-60}$$

$$\boldsymbol{\Phi}_{\mathrm{e}}^{\mathrm{A}}=\begin{bmatrix} 0 & -\omega_{ez} & \omega_{ey} \\ \omega_{ez} & 0 & -\omega_{ex} \\ -\omega_{ey} & \omega_{ex} & 0 \end{bmatrix} \tag{6-61}$$

式中，$\boldsymbol{V}(t_{\mathrm{i}})$、$\boldsymbol{X}(t_{\mathrm{i}})$为发射系中的速度、位置；$t_{\mathrm{i}}$为数据测量采样时刻点。

3. 计算视速度、视位置遥外差

视速度、视位置遥外差就是遥测弹道视速度、视位置和外测弹道视速度、视位置之差，即

$$\delta\boldsymbol{X}=\boldsymbol{X}_{\mathrm{Y}}-\boldsymbol{X}_{\mathrm{W}} \tag{6-62}$$

式中，$\boldsymbol{X}_{\mathrm{Y}}$为遥测弹道视速度、视位置；$\boldsymbol{X}_{\mathrm{W}}$为外测弹道视速度、视位置。

6.2.2　多源观测信息建模

为提高惯性导航工具误差辨识精度，如何有效地把多源观测数据信息应用到误差辨识中是需要解决的关键问题，这些观测信息主要包括视速度视位置遥外差数据、星敏感器观测数据、惯性导航器件地面标定数据、落点偏差数据等。

根据式（6-10）、式（6-27）、式（6-29）和式（6-55），分析多源观测数据信息与待辨识误差系数之间的关系，则可建立观测方程组[2]为

$$\begin{cases} \delta\boldsymbol{X}=\boldsymbol{S}\cdot\boldsymbol{K}_{\mathrm{e}}+\boldsymbol{\varepsilon}_x \\ \begin{bmatrix}\Delta L\\ \Delta H\end{bmatrix}=\boldsymbol{S}_{\mathrm{LH}}\cdot\boldsymbol{K}_{\mathrm{e}}+\boldsymbol{\varepsilon}_{\mathrm{LH}} \\ \begin{bmatrix}\xi\\ \eta\end{bmatrix}=\boldsymbol{S}_{\Psi}\cdot\boldsymbol{K}_{\mathrm{e}}+\boldsymbol{\varepsilon}_{\mathrm{s}} \\ \boldsymbol{K}'=\boldsymbol{E}\cdot\boldsymbol{K}_{\mathrm{e}}+\boldsymbol{\varepsilon}_{\mathrm{k}} \end{cases} \tag{6-63}$$

式中，$\boldsymbol{K}_{\mathrm{e}}$为待辨识的 57 项误差系数；$\boldsymbol{\varepsilon}_{\mathrm{k}}$为惯性导航工具误差地面标定值的标准差。

将式（6-63）写成观测方程的标准形式：

$$\boldsymbol{Y}=\boldsymbol{H}\cdot\boldsymbol{K}_{\mathrm{e}}+\boldsymbol{v} \tag{6-64}$$

式中，

$$\boldsymbol{Y}=\begin{bmatrix}\delta X\\ \Delta L\\ \Delta H\\ \xi\\ \eta\\ K'\end{bmatrix},\quad \boldsymbol{H}=\begin{bmatrix}\boldsymbol{S}\\ \boldsymbol{S}_{\mathrm{LH}}\\ \boldsymbol{S}_{\Psi}\\ \boldsymbol{E}\end{bmatrix},\quad \boldsymbol{v}=\begin{bmatrix}\varepsilon_x\\ \varepsilon_{\mathrm{LH}}\\ \varepsilon_{\mathrm{s}}\\ \varepsilon_{\mathrm{k}}\end{bmatrix} \tag{6-65}$$

6.2.3　等权归一化最小二乘辨识方法

最小二乘方法首次是由数学家高斯在研究谷神星轨道预报时提出的，它主要解决线性回归模型的参数估计问题，目的是使残差平方和最小，相应的参数估计值具有线性无偏性特性。该方法在工程实践中得到广泛应用。

假设某一线性系统模型为

$$\boldsymbol{A}=\boldsymbol{H}\cdot\boldsymbol{\theta}+\boldsymbol{e} \tag{6-66}$$

式中，$\boldsymbol{A}$ 为观测矢量；$\boldsymbol{H}$ 为观测系数矩阵；$\boldsymbol{\theta}$ 为待估参数矢量；$\boldsymbol{e}$ 为测量噪声矢量，相应期望和方差为 $E[\boldsymbol{e}]=\boldsymbol{0}$，$\mathrm{Var}[\boldsymbol{e}]=\mathrm{E}[\boldsymbol{e}\boldsymbol{e}^{\mathrm{T}}]=\boldsymbol{R}_e=\sigma_e^2\boldsymbol{I}$。

上述模型可用最小二乘方法求解，参数的估计值为

$$\hat{\boldsymbol{\theta}}=(\boldsymbol{H}^{\mathrm{T}}\boldsymbol{H})^{-1}\boldsymbol{H}^{\mathrm{T}}\boldsymbol{A} \tag{6-67}$$

式中，$(\boldsymbol{H}^{\mathrm{T}}\boldsymbol{H})$ 称为信息矩阵。

在线性模型参数估计中，为了保证估计精度，一般要求估计参数的平均平方误差值最小。用最小二乘估计时，既要考虑测量误差的均值大小又要考虑测量误差的概率分布问题，这样能使得估计值更加准确。在制导工具误差辨识中，一般情况下待辨识误差系数很多，环境函数矩阵由于复共线性很严重，因此在进行误差系数辨识时存在秩亏、病态问题。为了避免这一问题，又能很好地发挥最小二乘方法残差平方和最小的优势，需要对环境函数矩阵进行等权归一化处理，这样可以显著地降低矩阵的病态问题，使得参数估计值更加接近真实值，具体步骤如下所述。

1. 等权化

等权化即等精度化，式（6-67）的估计方法仅考虑了测量误差均值大小的影响，对其概率分布没有考虑。由于多源观测数据的环境函数矩阵为高维矩阵，观测数据的精度存在很大差异，在辨识时对估计参数的贡献不一样，为此需要对环境函数矩阵进行等权化处理。将式（6-66）变化为

$$\boldsymbol{A}'=\boldsymbol{H}'\cdot\boldsymbol{\theta}+\boldsymbol{e}' \tag{6-68}$$

式中，

$$\boldsymbol{A}' = \boldsymbol{\Sigma} \cdot \boldsymbol{A}, \quad \boldsymbol{H}' = \boldsymbol{\Sigma} \cdot \boldsymbol{H}, \quad \boldsymbol{e}' = \boldsymbol{\Sigma} \cdot \boldsymbol{e} \tag{6-69}$$

$$\boldsymbol{\Sigma} = \begin{bmatrix} 1/\sigma_{e1} & 0 & \cdots & 0 \\ 0 & 1/\sigma_{e2} & \cdots & 0 \\ \vdots & \vdots & & \vdots \\ 0 & 0 & \cdots & 1/\sigma_{en} \end{bmatrix} \tag{6-70}$$

其中，σ_{en} 为各参数的均方差。

2. *归一化*

归一化是将环境函数矩阵归一化。在式（6-68）中，选取观测方程组中的 m 个方程，为

$$\boldsymbol{A}'_m = \boldsymbol{H}'_m \cdot \boldsymbol{\theta} + \boldsymbol{e}'_m \tag{6-71}$$

式中，$\boldsymbol{H}'_m = [\boldsymbol{H}'_{m1} \quad \boldsymbol{H}'_{m2} \quad \cdots \quad \boldsymbol{H}'_{mn}]$，为 $m \times n$ 矩阵。

分别选取 $\boldsymbol{H}'_m$ 中每一列最大值，并将所选最大值组成方阵 $\boldsymbol{\Lambda}$，具体如下：

$$\begin{aligned} h_1 &= \max(\boldsymbol{H}'_{m1}) \\ h_2 &= \max(\boldsymbol{H}'_{m2}) \\ &\vdots \\ h_n &= \max(\boldsymbol{H}'_{mn}) \end{aligned} \tag{6-72}$$

$$\boldsymbol{\Lambda} = \mathrm{diag}(h_1, h_2, \cdots, h_n)$$

方阵中，若 $h_i = 0$ 则将其值取为 1。

将式（6-68）归一化处理为

$$\boldsymbol{A}' = \boldsymbol{H}'' \cdot \boldsymbol{\theta}'' + \boldsymbol{e}' \tag{6-73}$$

式中，

$$\boldsymbol{H}'' = \boldsymbol{H}' \cdot \boldsymbol{\Lambda}^{-1}, \quad \boldsymbol{\theta}'' = \boldsymbol{\Lambda} \cdot \boldsymbol{\theta} \tag{6-74}$$

则

$$\boldsymbol{H}'' \cdot \boldsymbol{\theta}'' = \boldsymbol{H}' \cdot \boldsymbol{\Lambda}^{-1} \cdot \boldsymbol{\Lambda} \cdot \boldsymbol{\theta} = \boldsymbol{H}' \cdot \boldsymbol{\theta} \tag{6-75}$$

3. *参数辨识*

根据前述结果，等权归一化最小二乘辨识方法参数辨识值为

$$\hat{\boldsymbol{\theta}}' = (\boldsymbol{H}''^{\mathrm{T}} \boldsymbol{H}'')^{-1} \boldsymbol{H}''^{\mathrm{T}} \boldsymbol{A}' \tag{6-76}$$

6.2.4 遗传进化辨识方法

遗传进化算法起源于 20 世纪 70 年代，是由美国密歇根大学的教授 Holland 和他的同事及学生共同提出的。该算法是基于达尔文进化理论，模拟生物界在自

然选择、进化过程中存在遗传、变异等现象的一种算法。该算法以种群方式组织全局搜索寻优，可同时搜索解空间内的多个区域，各个区域以及种群个体之间可以相互交流信息，使得信息覆盖面增大，更加利于全局择优，具有更高搜索效率。

近些年开始将遗传进化算法应用于参数辨识领域，借助于计算机的快速运算能力，可正向寻找最优误差系数，规避了基于线性化模型的逆向求解过程。遗传进化算法同时搜索解空间内的多个区域，并相互交流信息，利于全局择优，具有更高搜索效率。在解决具体问题时，能否设定合理的遗传进化算法参数，决定了进化寻优结果的优劣。

1. 算法原理与计算流程

遗传进化算法中称遗传的生物体为个体，个体对环境的适应度用适应度函数（fitness）表示，适应度函数主要是用来决定新一代个体是否能够遗传进化。(μ,λ)表示遗传进化方法中含有μ个个体的父代群体，并通过重组和突变产生λ个新个体，再择优选择μ个个体成为下一代群体，直至最优。这种遗传进化方法通过选择、变异等操作，使得群体中的个体逐渐靠近最优解，一般包括以下几个步骤。

1）表达形式

遗传进化方法的二元表达方程中，种群中的每个个体用目标变量$\boldsymbol{X}$和标准差$\boldsymbol{\sigma}$两部分表示，其中变量$\boldsymbol{X}$和标准差$\boldsymbol{\sigma}$又可以表示为若干分量，具体如下：

$$\begin{pmatrix}\boldsymbol{X}\\ \boldsymbol{\sigma}\end{pmatrix}=\begin{bmatrix}(x_1,x_2,\cdots,x_i,\cdots,x_n)\\ (\sigma_1,\sigma_2,\cdots,\sigma_i,\cdots,\sigma_n)\end{bmatrix} \tag{6-77}$$

2）初始化种群

根据待分离的误差系数搜索范围$[\boldsymbol{X}_{\text{low}},\boldsymbol{X}_{\text{up}}]$，其中$\boldsymbol{X}$为$1\times m$的向量，根据式（6-78）进行初始化。

$$\begin{cases}\boldsymbol{\sigma}_k'=(\boldsymbol{X}_{\text{low}}-\boldsymbol{X}_{\text{up}})/\sqrt{m}\\ \boldsymbol{X}_k'=\boldsymbol{X}_{\text{low}}+(\boldsymbol{X}_{\text{low}}-\boldsymbol{X}_{\text{up}})\boldsymbol{U}_k(0,1)\end{cases} \tag{6-78}$$

式中，m为待分离的误差系数项数；$k=1,\cdots,\mu$，μ为种群数量；$\boldsymbol{U}(0,1)$为 0～1 的均匀分布。

3）适应度计算

适应度用于度量某个物种对于生存环境的适应程度，反映个体适应环境的能力，若某一物种的适应度值较低，则获得较少的进化繁殖机会；反之，则较高。因此，针对实际问题时，一般将适应度与待求解问题联系起来，进行相应问题的全局寻优。在遗传进化计算中是用指标函数来表示适应度，即每个个体都有一个确定的指标函数值与其相对应。一般情况下，指标函数值越接近零，适应度越高，越能适应所给环境。

4）选择

选择是根据每个个体适应度情况，在每一代种群中随机选择出若干个体进行遗传进化。一般涉及两类选择：一类是直接选择个体进行遗传进化，如交叉、变异等；另一类选择是确定哪些个体进入下一代。根据当前种群中每个个体适应度值的大小，选择新一代个体，产生最优子代种群，即

$$(\boldsymbol{X}_i,\boldsymbol{\sigma}_i)\leftarrow(\boldsymbol{X}_i',\boldsymbol{\sigma}_i'),\quad i=1,\cdots,\mu \tag{6-79}$$

5）交叉和变异

交叉是模仿自然界中结合父代交配种群中的信息产生新个体的过程，即基因重组，其作用是为了产生新的优良个体，一部分个体将遗传父代种群中部分个体优良基因信息。而变异操作基于交叉之后的子代变异，与选择交叉操作结合起来保证遗传进化算法的有效性，具有一定的局部搜索能力。具体做法是在上一代个体基础上添加一个随机量，从而形成新个体。交叉和变异是下一代个体具有一定的多样性，其过程为

$$\begin{cases}\sigma_i'=\sigma_i\times \mathrm{e}^{\tau'\cdot N(0,1)+\tau\cdot N_i(0,1)}\\ x_i'=x_i+\sigma_i'\times N_i(0,1)\\ \tau=1/\sqrt{2\sqrt{m}}\\ \tau'=1/\sqrt{2m}\end{cases} \tag{6-80}$$

式中，τ' 和 τ 均为变异参数，$i=1,\cdots,\mu$。

6）循环

反复进行3）～5）操作，直至到达所预设的终止条件，该算法选择出最佳个体作为此次问题的最优结果。

由上述内容，遗传进化算法基本计算流程如图6-3所示。

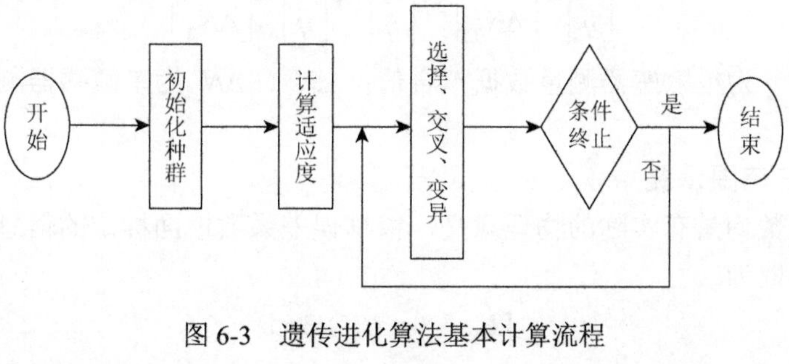

图6-3　遗传进化算法基本计算流程

2. 参数设置方法

采用遗传进化算法求解具体的优化问题，调节参数会对算法的寻优效果有直

接的影响，所涉及的参数主要包括指标函数、约束条件、搜索范围、种群数量、进化代数等。根据本书研究内容，参数设置如下。

1）指标函数设置

指标函数是反映个体在具体问题解空间中的适应度。在实际使用遗传进化算法的过程中，设计恰当的指标函数是极其关键的。综合考虑各种测量信息，其中飞行弹道遥外差数据最能反映制导工具误差情况，可以保证误差有效分离，将由式(6-62)定义的遥外差拟合值$\boldsymbol{\Delta\hat{W}}$与遥外差真实值$\boldsymbol{\Delta W}$的残差平方和定义为指标函数。

设选取n个采样时刻点，则视速度、视位置遥外差拟合残差平方和为

$$\Delta X=\sum_{i=1}^{n}(\boldsymbol{\Delta\hat{W}}_i-\boldsymbol{\Delta W}_i)^{\mathrm{T}}\boldsymbol{R}_{wi}^{-1}(\boldsymbol{\Delta\hat{W}}_i-\boldsymbol{\Delta W}_i) \tag{6-81}$$

式中，i代表第i时刻；$\boldsymbol{R}_{wi}^{-1}$为对应项的权值。指标函数定义为

$$\mathrm{Fit}=\Delta X \tag{6-82}$$

2）约束条件设置

导弹的落点偏差数据是制导工具误差系数辨识的重要信息，关机点时刻导弹的速度、位置误差将引起弹头纵向、横向的落点偏差；根据式（6-46）可知，星敏感器测量数据反映了平台失准角的情况，与惯性导航工具误差有关，因此把这两种观测信息作为约束条件，会使得误差辨识结果更加可信。

将导弹落点偏差的约束条件设为

$$\begin{bmatrix}\Delta L\\ \Delta H\end{bmatrix}-\begin{bmatrix}\Delta M_1\\ \Delta M_2\end{bmatrix}\leqslant\begin{bmatrix}\Delta\hat{L}\\ \Delta\hat{H}\end{bmatrix}\leqslant\begin{bmatrix}\Delta L\\ \Delta H\end{bmatrix}+\begin{bmatrix}\Delta M_1\\ \Delta M_2\end{bmatrix} \tag{6-83}$$

式中，$\Delta\hat{L}$为纵向偏差拟合值；$\Delta\hat{H}$为横向偏差拟合值；ΔM_1、ΔM_2为落点偏差允许误差量。

将星敏感器测量数据的约束条件设为

$$\begin{bmatrix}\xi\\ \eta\end{bmatrix}-\begin{bmatrix}\Delta N_1\\ \Delta N_2\end{bmatrix}\leqslant\begin{bmatrix}\hat{\xi}\\ \hat{\eta}\end{bmatrix}\leqslant\begin{bmatrix}\xi\\ \eta\end{bmatrix}+\begin{bmatrix}\Delta N_1\\ \Delta N_2\end{bmatrix} \tag{6-84}$$

式中，$\hat{\xi}$和$\hat{\eta}$为星敏感器测量数据拟合值；ΔN_1、ΔN_2为星敏感器测量值允许误差量。

3）搜索范围设置

误差系数均具有实际的物理意义，根据误差系数地面标定的信息，将误差系数搜索范围取为

$$[\boldsymbol{E}_{\mathrm{K}}-3\sigma,\boldsymbol{E}_{\mathrm{K}}+3\sigma] \tag{6-85}$$

式中，$\boldsymbol{E}_{\mathrm{K}}$为待辨识误差系数的地面标定值；$\sigma$为待辨识误差系数的标准差。

4）种群数量设置

种群数量根据待辨识系数的数量和计算速度要求设定。

5）进化代数设置

进化代数是不断产生新的种群进行适应度计算的总次数，依据问题规模设定。

6.3　仿真试验及结果分析

本节采用数值模拟的方法，验证前述章节算法的效果。

6.3.1　试验方案设计

采用某最大射程 12000km 的假想导弹开展数值仿真试验。设定星敏感器的安装角、测星时刻、测星精度，弹头落点偏差测量精度，惯性导航工具误差系数地面标定值及标准差等数据；基于其总体参数模拟产生飞行试验弹道、弹头落点偏差、星敏感器测量信息等，模拟产生外测弹道速度、位置，进行数字仿真，主要步骤简述如下。

（1）利用导弹的外测弹道数据模拟产生近程特殊试验弹道，进行数据差分处理，得到导弹在发射惯性坐标系中的视加速度，再积分获得视速度和视位置，作为标准弹道数据信息。考虑惯性平台斜调角度，计算出视速度、视位置误差环境函数矩阵 $\boldsymbol{S}(t)$；结合弹体分离时刻，计算出落点偏差环境函数矩阵 $\boldsymbol{S}_{\mathrm{LH}}$。

（2）给定星敏感器在平台上的安装角，根据已知的星敏感器观星时刻 t_{s} 计算出此时刻的平台失准角环境系数矩阵 $\boldsymbol{N}_{\beta}$；由式（6-48）进一步得到星敏感器观测系数矩阵 $\boldsymbol{S}_{\psi}$。

（3）已知外测试验弹道速度和位置误差、星敏感器测量误差、弹头落点偏差测量误差、惯性导航工具误差系数地面标定值及其标准差，采用蒙特卡罗随机抽样方法，抽样出误差系数真实值 $\boldsymbol{K}'$，仿真计算出特殊试验弹道的遥外差信息 $\delta\boldsymbol{X}$、星敏感器观测量数据 $\boldsymbol{\Omega}$ 和落点偏差数据 ΔL、ΔH。

（4）利用上述特殊试验弹道多源测量数据信息，采用等权归一化最小二乘辨识方法和遗传进化算法分别进行 57 项误差系数辨识，并分析辨识结果。

根据上述设计方案，仿真试验流程如图 6-4 所示。

6.3.2　标准弹道仿真

根据 6.3.1 节中提出的试验设计方案，通过数值仿真生成外测弹道速度、位置数据，得到试验标准弹道的速度、位置数据等信息，其数据格式为时间、速度、位置，总测量时间为 0～750s，外测数据速度精度假定为[0.005　0.005　0.005] m/s，位置精度假定为[0.1　0.1　0.1] m，分别记为 $\boldsymbol{V}_{\mathrm{s}}$ 和 $\boldsymbol{R}_{\mathrm{s}}$，坐标系为发射惯性坐标系。根据导弹发射点位置信息，考虑到地球非球形引力场的 J_4 项，计算试验弹道在发射惯

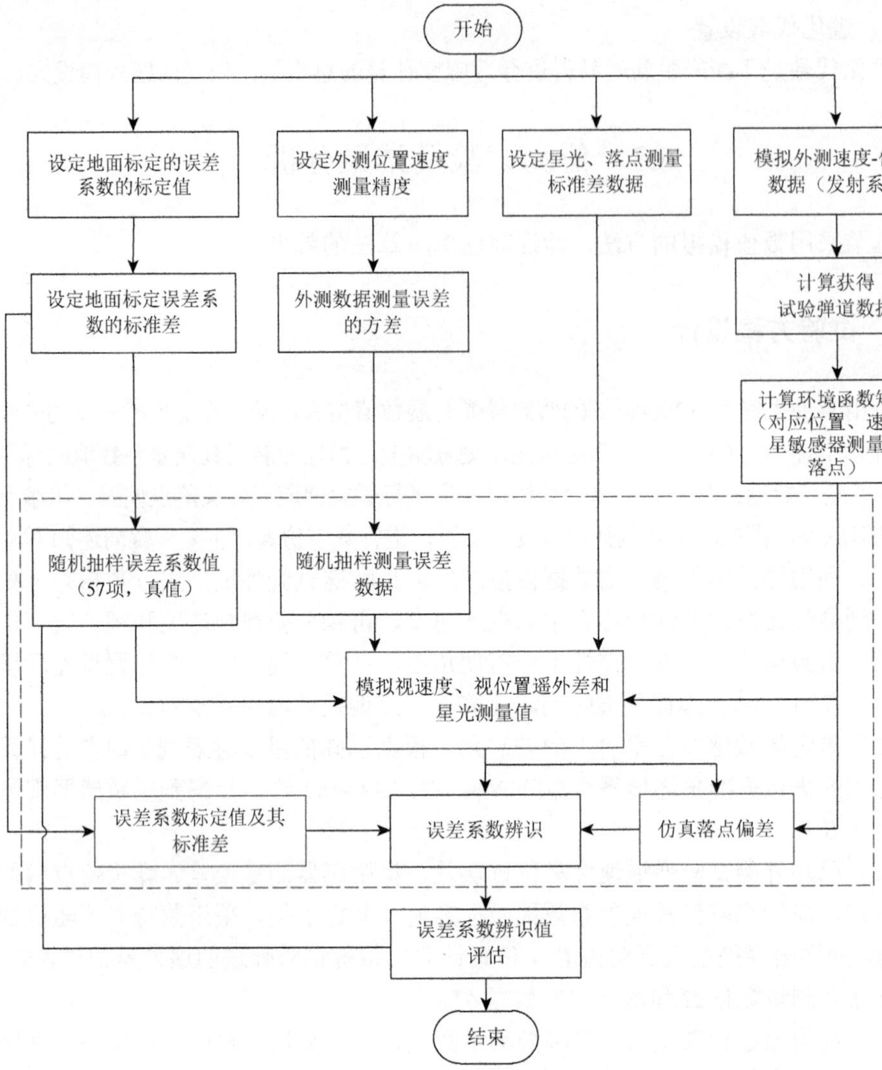

图 6-4　仿真试验流程

性坐标系中的视速度数据，将视速度差分处理得到视加速度，再将视加速度进行积分，得到视速度、视位置数据，并以此为标准弹道数据。

仿真试验方案中，导弹发射点和弹头分离时刻参数，如表 6-1 所示。

表 6-1　导弹发射点和弹头分离时刻参数

类别	参数
发射点地理经度	0°
发射点地理纬度	0°

续表

类别	参数
发射点高程	400m
弹体分离时刻	300s
星敏感器安装俯仰角	20°
星敏感器安装偏航角	0°
星光测量时刻	200s
星敏感器测量精度（1σ）	3″

6.3.3 视速度、视位置误差环境函数矩阵计算与验证

试验方案中，给定 57 项误差系数的地面标定值及标准差，如表 6-2 所示。

表 6-2　误差系数的地面标定值及标准差

误差类别	误差项	量纲	物理意义	地面标定值	标准差
初始对准误差	ε_{1x}	″	X 轴项	0	33
	ε_{1y}	″	Y 轴项	0	100
	ε_{1z}	″	Z 轴项	0	33
陀螺漂移误差	K_{g0x}	(°)/h	X 轴 0 次项	0	0.03
	K_{g11x}	(°)/(h·g_0)	X 轴 1 次项	0	0.03
	K_{g12x}	(°)/(h·g_0)		0	0.03
	K_{g13x}	(°)/(h·g_0)		0	0.03
	K_{g2x}	(°)/(h·g_0^2)	X 轴 2 次项	0	0.01
	K_{g0y}	(°)/h	Y 轴 0 次项	0	0.03
	K_{g11y}	(°)/(h·g_0)	Y 轴 1 次项	0	0.03
	K_{g12y}	(°)/(h·g_0)		0	0.03
	K_{g13y}	(°)/(h·g_0)		0	0.03
	K_{g2y}	(°)/(h·g_0^2)	Y 轴 2 次项	0	0.01
	K_{g0z}	(°)/h	Z 轴 0 次项	0	0.03

续表

误差类别	误差项	量纲	物理意义	地面标定值	标准差
陀螺漂移误差	K_{g11z}	(°)/(h·g_0)	Z 轴 1 次项	0	0.03
	K_{g12z}	(°)/(h·g_0)		0	0.03
	K_{g13z}	(°)/(h·g_0)		0	0.03
	K_{g2z}	(°)/(h·g_0^2)	Z 轴 2 次项	0	0.01
平台系统静态误差	K'_{p1x}	(′)/g_0	X 轴 1 次项	0	3.3×10^{-4}
	K''_{p1x}	(′)/g_0		0	3.3×10^{-4}
	K_{pxy}	(′)/(g_0·s)	X 轴交叉项	0	3.3×10^{-4}
	K_{pxz}	(′)/(g_0·s)		0	3.3×10^{-4}
	K_{p2x}	(′)/g_0^2	X 轴 2 次项	0	3.3×10^{-4}
	K_{pxx}	(′)/(g_0^2·s)		0	3.3×10^{-4}
	K'_{p1y}	(′)/g_0	Y 轴 1 次项	0	3.3×10^{-4}
	K''_{p1y}	(′)/g_0		0	3.3×10^{-4}
	K_{pyx}	(′)/(g_0·s)	Y 轴交叉项	0	3.3×10^{-4}
	K_{pyz}	(′)/(g_0·s)		0	3.3×10^{-4}
	K_{p2y}	(′)/g_0^2	Y 轴 2 次项	0	3.3×10^{-4}
	K_{pyy}	(′)/(g_0^2·s)		0	3.3×10^{-4}
	K'_{p1z}	(′)/g_0	Z 轴 1 次项	0	3.3×10^{-4}
	K''_{p1z}	(′)/g_0		0	3.3×10^{-4}
	K_{pzx}	(′)/(g_0·s)	Z 轴交叉项	0	3.3×10^{-4}
	K_{pzy}	(′)/(g_0·s)		0	3.3×10^{-4}
	K_{p2z}	(′)/g_0^2	Z 轴 2 次项	0	3.3×10^{-4}
	K_{pzz}	(′)/(g_0^2·s)		0	3.3×10^{-4}
加速度计误差	K_{a0x}	g_0	X 轴 0 次项	0	0.05
	K_{a1x}	1	X 轴 1 次项	0	0.05
	ϑ_{xz}	″	X 轴交叉项	0	0.05

续表

误差类别	误差项	量纲	物理意义	地面标定值	标准差
加速度计误差	ϑ_{xy}	″	X 轴交叉项	0	0.1
	K_{a2x}	$1/g_0$	X 轴 2 次项	0	0.1
	K_{a0y}	g_0	Y 轴 0 次项	0	0.05
	K_{a1y}	1	Y 轴 1 次项	0	0.05
	ϑ_{yz}	″	Y 轴交叉项	0	0.05
	ϑ_{yx}	″		0	0.1
	K_{a2y}	$1/g_0$	Y 轴 2 次项	0	0.1
	K_{a0z}	g_0	Z 轴 0 次项	0	0.05
	K_{a1z}	1	Z 轴 1 次项	0	0.05
	ϑ_{zy}	″	Z 轴交叉项	0	0.05
	ϑ_{zx}	″		0	0.1
	K_{a2z}	$1/g_0$	Z 轴 2 次项	0	0.1
平台系统动态误差	$\omega_x^{(1)}$	$(°)/(\mathrm{h}\cdot g_0^2)$	X 轴项	0	0.001
	$\omega_{xp}^{(2)}$	$(°)/(\mathrm{h}\cdot g_0^2)$		0	3.3×10^{-4}
	$\omega_y^{(1)}$	$(°)/(\mathrm{h}\cdot g_0^2)$	Y 轴项	0	0.001
	$\omega_{yp}^{(2)}$	$(°)/(\mathrm{h}\cdot g_0^2)$		0	3.3×10^{-4}
	$\omega_z^{(1)}$	$(°)/(\mathrm{h}\cdot g_0^2)$	Z 轴项	0	0.001
	$\omega_{zp}^{(2)}$	$(°)/(\mathrm{h}\cdot g_0^2)$		0	3.3×10^{-4}

考虑到地球引力位的 J_4 项，按照试验设计方案进行仿真计算，可得到导弹的标准试验弹道数据信息，包括视加速度、速度、位置等信息。由标准弹道的视加速度，按照 6.1.1 节中所述方法计算得到视速度、视位置误差环境函数矩阵 $\boldsymbol{S}(t)$。环境函数矩阵计算结果正确与否直接关系到误差系数辨识结果的正确性，因此首先要对环境函数矩阵计算结果进行正确性验证，具体方法如下。

(1) 选取一项误差系数 K_j，取值为相应地面标定值的一倍标准差，其余误差系数取值为 0。依据惯性导航工具误差模型，计算由误差系数 K_j 导致的 t_r 时刻视加速度测量误差值，可以得到存在误差的视加速度 $\dot{\boldsymbol{W}}_b'$，再进行弹道积分，计算 t_r 时刻含有误差的视速度 $\boldsymbol{V}_b'(t_r)$、视位置 $\boldsymbol{R}_b'(t_r)$。

（2）计算 t_r 时刻视速度视位置的偏差量 $\Delta X_b(t_r)$，这一偏差量同时又可以表示成环境函数矩阵和误差系数 K_j 相乘的形式，为

$$\underset{6\times1}{\Delta \boldsymbol{X}_b(t_r)} = \begin{bmatrix} \boldsymbol{V}_b'(t_r) - \boldsymbol{V}_b(t_r) \\ \boldsymbol{R}_b'(t_r) - \boldsymbol{R}_b(t_r) \end{bmatrix} = \underset{6\times1}{\boldsymbol{S}_j(t_r)} \cdot \underset{1\times1}{K_j} \tag{6-86}$$

式中，$\boldsymbol{S}_j(t_r)$ 为 t_r 时刻第 j 列对应的环境函数矩阵。

（3）若偏差量 $\Delta \boldsymbol{X}_b(t_r)$ 与 $\boldsymbol{S}_j(t_r)$ 近似相等，则环境函数矩阵正确，否则错误。

采用上述验证方法，选取时刻 $t_r = 100\text{s}$，任意选取各类误差系数若干项，验证结果如表 6-3 所示。

表 6-3　环境函数矩阵验证结果

$t_r = 100\text{s}$	误差项	$\Delta \boldsymbol{X}_b(t_r)$	$\boldsymbol{S}_j(t_r)$
初始对准误差	ε_{1x}	[0.0086　0.0088　−0.0052　−0.4082　0.2784　−0.2523]^T	[0.0086　0.0088　−0.0052　−0.4087　0.2784　−0.2526]^T
	ε_{1z}	[0.0054　−0.0055　−0.0086　0.2571　−0.1754　−0.4082]^T	[0.0054　−0.0055　−0.0086　0.2574　−0.1754　−0.4088]^T
陀螺漂移误差	K_{g12x}	[−0.3499　0.5277　−0.2113　−8.1319　9.8720　−4.9521]^T	[−0.3499　0.5277　−0.2113　−8.1319　9.8720　−4.9521]^T
	K_{g12z}	[0.2203　−0.3336　−0.3499　5.1215　−6.2250　−8.1328]^T	[0.2208　−0.3345　−0.3506　5.1215　−6.2250　−8.1328]^T
平台系统静态误差	K_{pxx}	[−0.0756　0.1037　−0.0458　−2.2287　1.6957　−1.3745]^T	[−0.0755　0.1036　−0.0457　−2.2217　1.6957　−1.3701]^T
	K'_{p1z}	[0.4194　−0.5744　−0.6660　12.8925　−13.0910　−20.4728]^T	[0.4201　−0.5758　−0.6670　12.8934　−13.0910　−20.4742]^T
加速度计误差	K_{a0x}	[0.0522　0.0014　−0.0829　2.6124　0.0709　−4.1484]^T	[0.0522　0.0014　−0.0830　2.6150　0.0710　−4.1526]^T
	K_{a0z}	[0.0829　0　0.0522　4.1489　0　2.6127]^T	[0.0830　0　0.0523　4.1530　0　2.6153]^T
平台系统动态误差	$\omega_x^{(1)}$	[−132.3　202.8　−79.9　−2901.7　3598.9　−1765.7]^T	[−132.6　202.4　−80.0　−2901.5　3599.0　−1765.7]^T
	$\omega_{zp}^{(2)}$	[40.9　−65.5　65.0　765.7　−1011.4　−1216.0]^T	[41.1　−65.7　65.2　765.7　−1011.4　−1216.0]^T

6.3.4　误差系数辨识结果与分析

根据 6.3.1 节提出的试验设计方案，由数值模拟产生标准试验弹道。在验证环

境函数矩阵正确性的前提下，基于视速度视位置遥外差、星敏感器测量信息、弹头落点偏差信息、地面标定值信息等数据，分别采用等权归一化最小二乘方法和遗传进化算法辨识 57 项误差系数，并对比分析辨识结果。

1. 多源观测信息仿真

由标准试验弹道通过数值模拟，可得到视速度、视位置遥外差数据信息。选定遥外差总时间为 0～600s，坐标系为发射惯性坐标系。视速度视位置遥外差测量误差 $\boldsymbol{\varepsilon}_x$ 、落点偏差测量误差 $\boldsymbol{\varepsilon}_{\mathrm{LH}}$ 和星敏感器测量误差 $\boldsymbol{\varepsilon}_{\mathrm{s}}$ 均为高斯白噪声，表示为

$$\boldsymbol{\varepsilon}_x \sim N(\boldsymbol{0},\boldsymbol{\Sigma}_{\mathrm{RV}}),\quad \boldsymbol{\varepsilon}_{\mathrm{LH}} \sim N(\boldsymbol{0},\boldsymbol{\Sigma}_{\mathrm{LH}}),\quad \boldsymbol{\varepsilon}_{\mathrm{s}} \sim N(\boldsymbol{0},\boldsymbol{\Sigma}_{\mathrm{s}}) \tag{6-87}$$

式中，$\boldsymbol{\Sigma}_{\mathrm{RV}}$ 为视速度视位置遥外差测量误差的方差：

$$\boldsymbol{\Sigma}_{\mathrm{RV}} = \mathrm{diag}(\boldsymbol{V}_{\varepsilon}\boldsymbol{V}_{\varepsilon}^{\mathrm{T}} \quad \boldsymbol{R}_{\varepsilon}\boldsymbol{R}_{\varepsilon}^{\mathrm{T}}) \tag{6-88}$$

$\boldsymbol{\Sigma}_{\mathrm{LH}}$ 为落点偏差测量误差的方差，量纲为 m^2，具体为

$$\boldsymbol{\Sigma}_{\mathrm{LH}} = \begin{bmatrix} 1 & 0 \\ 0 & 1 \end{bmatrix} \tag{6-89}$$

$\boldsymbol{\Sigma}_{\mathrm{s}}$ 为星敏感器测量误差的方差，量纲为 rad^2，具体为

$$\boldsymbol{\Sigma}_{\mathrm{s}} = \begin{bmatrix} 2.115\times10^{-10} & 0 \\ 0 & 2.115\times10^{-10} \end{bmatrix} \tag{6-90}$$

某次蒙特卡罗仿真试验，根据随机抽样的误差系数真实值 $\boldsymbol{K}'$，由式（6-10）计算可以得到视速度、视位置遥外差真值 $\boldsymbol{\delta X}'$，坐标系为发射惯性坐标系。根据随机抽样的误差系数真值 $\boldsymbol{K}'$ 和主动段弹道参数，通过数值模拟得到星敏感器的测量真实值和弹头的落点偏差真实值，如表 6-4 所示。

表 6-4　星敏感器输出量和弹头落点偏差真实值

弹头落点偏差/m		星敏感器输出量/(″)	
ΔL	ΔH	ξ	η
1533.50	621.49	63.10	−114.64

2. 最小二乘方法辨识结果

综合利用视速度视位置遥外差信息、星敏感器测量信息、弹头落点偏差信息和误差系数地面标定值信息，进行误差系数辨识。将式（6-65）中的试验弹道观测系数矩阵做等精度化和归一化处理，以降低矩阵病态、秩亏程度，分析数据发现，等权归一化后信息矩阵条件数由 1.0854×10^{33} 降低到 1.0511×10^{20}，矩阵病态

特性得到有效改善。采用等权归一化最小二乘辨识方法计算得到的 57 项误差系数辨识结果如表 6-5 所示，表中的相对误差是指辨识值误差的绝对值与该量标准差之比，能够从某些方面反映辨识的准确性。

表 6-5　基于等权归一化最小二乘辨识方法的误差系数辨识结果

误差类别	序号	误差项	抽样真值	辨识值	辨识值误差	相对误差
初始对准误差	1	ε_{lx}	−14.3146	−13.24	1.07	0.032
	2	ε_{ly}	−83.2759	−18.45	64.83	0.648
	3	ε_{1z}	3.2890	4.92	1.63	0.0494
陀螺漂移误差	4	K_{g0x}	0.03461	0.0932	0.059	1.967
	5	K_{g11x}	0.06340	−0.1300	0.19	6.333
	6	K_{g12x}	0.07207	−0.1869	0.26	8.667
	7	K_{g13x}	−0.01613	−0.0159	2.30×10^{-4}	0.008
	8	K_{g2x}	−0.01378	−0.0421	0.028	2.8
	9	K_{g0y}	−0.02032	−0.1169	0.097	3.233
	10	K_{g11y}	0.03884	−0.0989	0.14	4.667
	11	K_{g12y}	0.01262	−0.0412	0.054	1.8
	12	K_{g13y}	−0.01319	−0.1582	0.15	5.0
	13	K_{g2y}	−0.01565	−0.0376	0.022	2.2
	14	K_{g0z}	0.01698	−0.0117	0.029	0.967
	15	K_{g11z}	−0.00783	0.0138	0.022	0.733
	16	K_{g12z}	−0.03376	0.0293	0.063	0.63
	17	K_{g13z}	0.01137	0.0323	0.021	2.1
	18	K_{g2z}	−0.00437	−0.0386	0.034	0.7
平台系统静态误差	19	K'_{p1x}	2.287×10^{-4}	-3.025×10^{-3}	3.25×10^{-3}	3.4
	20	K''_{p1x}	-4.252×10^{-4}	2.026×10^{-3}	2.45×10^{-3}	9.848
	21	K_{pxy}	5.576×10^{-4}	-3.689×10^{-5}	5.94×10^{-4}	7.424
	22	K_{pxz}	-4.085×10^{-4}	8.602×10^{-5}	4.95×10^{-4}	1.8
	23	K_{p2x}	5.791×10^{-5}	-2.793×10^{-3}	2.85×10^{-3}	1.5
	24	K_{pxx}	-2.823×10^{-4}	-1.106×10^{-3}	8.24×10^{-4}	8.636

续表

误差类别	序号	误差项	抽样真值	辨识值	辨识值误差	相对误差
平台系统静态误差	25	K'_{p1y}	4.200×10^{-4}	-5.087×10^{-4}	9.29×10^{-4}	2.815
	26	K''_{p1y}	-2.187×10^{-4}	-7.099×10^{-4}	4.91×10^{-4}	1.487
	27	K_{pyx}	6.676×10^{-4}	4.903×10^{-5}	6.19×10^{-4}	1.876
	28	K_{pyz}	-5.248×10^{-4}	-6.245×10^{-5}	4.62×10^{-4}	1.4
	29	K_{p2y}	6.778×10^{-4}	-7.646×10^{-4}	1.44×10^{-3}	4.364
	30	K_{pyy}	1.329×10^{-4}	5.451×10^{-4}	4.12×10^{-4}	1.248
	31	K'_{p1z}	1.840×10^{-4}	7.741×10^{-4}	5.90×10^{-4}	1.788
	32	K''_{p1z}	-5.270×10^{-4}	-1.918×10^{-3}	1.39×10^{-3}	4.212
	33	K_{pzx}	1.574×10^{-4}	2.828×10^{-4}	1.25×10^{-4}	0.379
	34	K_{pzy}	8.923×10^{-4}	-1.051×10^{-4}	9.97×10^{-4}	3.021
	35	K_{p2z}	4.706×10^{-4}	-2.620×10^{-3}	3.09×10^{-3}	9.363
	36	K_{pzz}	-1.979×10^{-4}	-1.209×10^{-6}	1.97×10^{-4}	0.597
加速度计误差	37	K_{a0x}	0.03592	0.0348	1.12×10^{-3}	0.0224
	38	K_{a1x}	−0.03244	0.3772	0.41	8.2
	39	ϑ_{xz}	−0.00356	0.0853	0.089	1.78
	40	ϑ_{xy}	0.16551	2.277×10^{-5}	0.17	1.7
	41	K_{a2x}	0.00671	-8.302×10^{-6}	6.72×10^{-3}	0.0672
	42	K_{a0y}	0.13011	0.1352	5.09×10^{-3}	0.1018
	43	K_{a1y}	−0.05944	−0.0603	8.60×10^{-4}	0.0172
	44	ϑ_{yz}	−0.01078	−0.0198	9.02×10^{-3}	0.180
	45	ϑ_{yx}	0.26364	3.592×10^{-4}	2.63×10^{-1}	2.63
	46	K_{a2y}	−0.07787	5.187×10^{-5}	0.078	0.78
	47	K_{a0z}	−0.00072	-1.017×10^{-3}	2.97×10^{-4}	0.00594
	48	K_{a1z}	0.07145	−0.0553	0.13	2.6
	49	ϑ_{zy}	−0.00628	−0.3046	0.30	6.0
	50	ϑ_{zx}	−0.13802	-1.156×10^{-6}	0.14	1.4
	51	K_{a2z}	−0.18141	-4.454×10^{-3}	0.18	1.8

续表

误差类别	序号	误差项	抽样真值	辨识值	辨识值误差	相对误差
平台系统动态误差	52	$\omega_x^{(1)}$	−0.00107	-2.784×10^{-4}	7.92×10^{-4}	0.792
	53	$\omega_{xp}^{(2)}$	-1.283×10^{-4}	-4.208×10^{-4}	2.93×10^{-4}	0.888
	54	$\omega_y^{(1)}$	-3.308×10^{-4}	-2.558×10^{-4}	7.50×10^{-5}	0.075
	55	$\omega_{yp}^{(2)}$	-3.098×10^{-4}	-1.661×10^{-4}	1.44×10^{-4}	0.436
	56	$\omega_z^{(1)}$	9.217×10^{-5}	-2.190×10^{-4}	3.11×10^{-4}	0.311
	57	$\omega_{zp}^{(2)}$	1.392×10^{-4}	-8.919×10^{-5}	2.28×10^{-4}	0.691

由 57 项误差系数辨识值拟合得到的弹头落点偏差、星敏感器测量信息，以及它们与真实值的偏差，如表 6-6 所示。利用辨识值对视速度、视位置的遥外差进行拟合，结果如表 6-6 所示。

由结果可见，所有可用于辨识的信息都得到了较好的利用，即表 6-5 中的辨识结果是满足式（6-63）的。但由表 6-5 中的结果，特别是相对误差的结果可见，有些参数的辨识是完全失效的，如平台系统静态误差系数的辨识几乎完全失效，x、y 方向陀螺漂移误差系数的辨识效果也不好。说明等权归一化最小二乘法虽然比一般最小二乘法效果要好，但复共线性问题仍然没有得到根本解决，如前面所述，等权归一化后信息矩阵的条件数仍有 1.0511×10^{20}，对参数辨识来讲还是太大。

表 6-6　落点偏差和星敏感器测量值拟合情况

拟合参数		真值	拟合值	误差（绝对值）
落点偏差/m	ΔL	1533.50	1537.15	3.65
	ΔH	621.49	620.35	1.14
星敏感器观测值/(″)	ξ	63.10	62.51	0.59
	η	−114.64	−113.47	1.17

3. 遗传进化算法辨识结果

根据 6.2.4 节中参数设置方法，结合本章研究的具体问题，遗传进化算法的参数设置如下。

（1）指标函数：考虑信息完整性，选取 0～600s 遥外差数据，采样频率为 1Hz。

（2）约束条件：落点偏差允许误差量 $\Delta M_1=\Delta M_2=100\,\text{m}$；星敏感器测量值允许误差量 $\Delta N_1=\Delta N_2=50''$。

（3）考虑了 57 项误差系数，则种群数量设为 600，进化代数设为 500。

在指标函数取为 $\mathrm{Fit}=\Delta \boldsymbol{X}$ 的情况下，根据上述试验设计方案以及遗传进化算法的参数设置，进行误差系数辨识，得到的辨识结果如表 6-7 所示。

表 6-7　遗传进化算法误差系数辨识值情况

误差类别	序号	误差项	抽样真值	辨识值	辨识值误差	相对误差
初始对准误差	1	ε_{1x}	−14.3146	−3.63	10.68	0.324
	2	ε_{1y}	−83.2759	−8.87	74.41	0.744
	3	ε_{1z}	3.2890	20.61	17.32	0.524
陀螺漂移误差	4	K_{g0x}	0.03461	−0.0399	0.075	2.5
	5	K_{g11x}	0.06340	−0.0870	0.15	5.0
	6	K_{g12x}	0.07207	0.1085	0.036	1.2
	7	K_{g13x}	−0.01613	−0.0140	2.13×10^{-3}	0.071
	8	K_{g2x}	−0.01378	0.0180	0.032	3.2
	9	K_{g0y}	−0.02032	−0.0582	0.038	1.267
	10	K_{g11y}	0.03884	−0.0425	0.08	2.667
	11	K_{g12y}	0.01262	0.0229	0.010	0.333
	12	K_{g13y}	−0.01319	0.0121	0.03	1.0
	13	K_{g2y}	−0.01565	0.0171	0.033	3.3
	14	K_{g0z}	0.01698	0.0034	0.014	0.4667
	15	K_{g11z}	−0.00783	−0.0178	0.010	0.333
	16	K_{g12z}	−0.03376	−0.0143	0.019	0.633
	17	K_{g13z}	0.01137	−0.0066	0.018	0.6
	18	K_{g2z}	−0.00437	−0.0175	0.013	1.3
平台系统静态误差	19	K'_{p1x}	2.287×10^{-4}	1.568×10^{-4}	7.19×10^{-5}	0.218
	20	K''_{p1x}	-4.252×10^{-4}	-7.935×10^{-4}	3.68×10^{-4}	1.115
	21	K_{pxy}	5.576×10^{-4}	4.748×10^{-4}	8.28×10^{-5}	0.251
	22	K_{pxz}	-4.085×10^{-4}	-9.549×10^{-4}	5.46×10^{-4}	1.654
	23	K_{p2x}	5.791×10^{-5}	1.284×10^{-3}	1.23×10^{-3}	3.727
	24	K_{pxx}	-2.823×10^{-4}	1.748×10^{-4}	4.57×10^{-4}	1.385

续表

误差类别	序号	误差项	抽样真值	辨识值	辨识值误差	相对误差
平台系统静态误差	25	$K'_{\mathrm{p}1y}$	4.200×10^{-4}	-8.536×10^{-4}	1.27×10^{-3}	3.848
	26	$K''_{\mathrm{p}1y}$	-2.187×10^{-4}	-3.961×10^{-4}	1.77×10^{-4}	0.536
	27	$K_{\mathrm{p}yx}$	6.676×10^{-4}	-6.000×10^{-4}	1.27×10^{-3}	3.848
	28	$K_{\mathrm{p}yz}$	-5.248×10^{-4}	4.274×10^{-5}	5.68×10^{-4}	1.722
	29	$K_{\mathrm{p}2y}$	6.778×10^{-4}	1.344×10^{-3}	6.66×10^{-4}	2.018
	30	$K_{\mathrm{p}yy}$	1.329×10^{-4}	-5.650×10^{-4}	6.98×10^{-4}	2.115
	31	$K'_{\mathrm{p}1z}$	1.840×10^{-4}	-1.060×10^{-3}	1.24×10^{-3}	3.758
	32	$K''_{\mathrm{p}1z}$	-5.270×10^{-4}	3.384×10^{-4}	8.65×10^{-4}	2.621
	33	$K_{\mathrm{p}zx}$	1.574×10^{-4}	-3.235×10^{-5}	1.90×10^{-4}	0.575
	34	$K_{\mathrm{p}zy}$	8.923×10^{-4}	-7.483×10^{-4}	1.64×10^{-3}	4.970
	35	$K_{\mathrm{p}2z}$	4.706×10^{-4}	1.186×10^{-3}	7.15×10^{-4}	2.167
	36	$K_{\mathrm{p}zz}$	-1.979×10^{-4}	-1.090×10^{-3}	8.92×10^{-4}	2.703
加速度计误差	37	$K_{\mathrm{a}0x}$	0.03592	0.0447	8.78×10^{-3}	0.176
	38	$K_{\mathrm{a}1x}$	−0.03244	0.1102	0.14	2.8
	39	ϑ_{xz}	−0.00356	0.5866	0.59	11.8
	40	ϑ_{xy}	0.16551	−0.4010	0.57	5.7
	41	$K_{\mathrm{a}2x}$	0.00671	−0.4002	0.41	4.1
	42	$K_{\mathrm{a}0y}$	0.13011	0.3638	0.23	4.6
	43	$K_{\mathrm{a}1y}$	−0.05944	0.1008	0.16	3.2
	44	ϑ_{yz}	−0.01078	−0.5950	0.58	11.6
	45	ϑ_{yx}	0.26364	−0.4224	0.69	6.9
	46	$K_{\mathrm{a}2y}$	−0.07787	0.4392	0.52	5.2
	47	$K_{\mathrm{a}0z}$	−0.00072	0.0397	0.040	0.8
	48	$K_{\mathrm{a}1z}$	0.07145	0.0212	0.05	1
	49	ϑ_{zy}	−0.00628	−0.3756	0.37	7.4
	50	ϑ_{zx}	−0.13802	0.3927	0.53	5.3
	51	$K_{\mathrm{a}2z}$	−0.18141	−0.5968	0.42	4.2

续表

误差类别	序号	误差项	抽样真值	辨识值	辨识值误差	相对误差
平台系统动态误差	52	$\omega_x^{(1)}$	−0.00107	-7.146×10^{-4}	3.55×10^{-4}	0.355
	53	$\omega_{xp}^{(2)}$	-1.283×10^{-4}	-8.083×10^{-4}	6.80×10^{-4}	2.060
	54	$\omega_y^{(1)}$	-3.308×10^{-4}	-2.836×10^{-4}	4.72×10^{-5}	0.0472
	55	$\omega_y^{(2)}$	-3.098×10^{-4}	-9.292×10^{-4}	6.19×10^{-4}	1.875
	56	$\omega_z^{(1)}$	9.217×10^{-5}	-1.105×10^{-3}	1.20×10^{-3}	1.2
	57	$\omega_z^{(2)}$	1.392×10^{-4}	1.326×10^{-3}	1.19×10^{-3}	3.606

由 57 项误差系数辨识值拟合得到的弹头落点偏差、星敏感器测量信息，以及它们与真实值的偏差，如表 6-8 所示。

表 6-8　落点偏差和星敏感器测量值拟合情况

拟合参数		真值	拟合值	误差（绝对值）
落点偏差/m	ΔL	1533.50	1507.79	25.71
	ΔH	621.49	613.91	7.58
星敏感器观测值/(″)	ξ	63.10	82.72	19.62
	η	−114.64	−73.44	41.20

比较遗传进化算法和最小二乘算法的结果可以发现：

（1）遗传进化算法结果对遥外差、星敏感器测量值、弹头落点偏差等信息的拟合程度不如等权归一化最小二乘算法，即辨识结果对式（6-63）的满足性不如最小二乘法；尝试提高遗传进化算法的收敛域 ΔM 、 ΔN ，效果不佳。

（2）两种算法对平台系统静态误差，x、y 方向陀螺漂移误差的辨识效果都不佳，判断与弹道数据有关，应该是飞行过程中未能充分激励这两类误差；最小二乘算法对加速度计误差、平台动态误差的辨识效果优于遗传进化算法，判断与对观测信息的拟合程度高有关。

（3）通过更多的数值模拟实验发现：将星敏感器观测信息、落点偏差信息作为观测量加入式（6-63）后，辨识效果有改善，说明误差辨识中应尽可能多地使用观测数据；在导弹飞行的自由段，可以单独对加速度计的零次项进行辨识，能够提高辨识效果，因此观测信息有限的条件下分段辨识是一种可用的有效手段，当然这需要飞行试验中遥外测数据的支持；尝试了主成分法、岭估计法、支持向量机等估计方法，平台系统静态误差、陀螺漂移误差等参数的估计效果并未改善，说明在观测信息不佳的情况下，估计算法对辨识效果的改善有限，增加试验次数、提高测量设备的精度、改进试验方案对提高惯性导航工具误差辨识水平仍是必不可少的。

参 考 文 献

[1] 陈克俊，刘鲁华，孟云鹤. 远程火箭飞行动力学与制导[M]. 北京：国防工业出版社，2014.

[2] 王子鉴. 多弹头惯性星光复合制导精度评估与弹道折合方法研究[D]. 长沙：国防科技大学，2018.

彩　　图

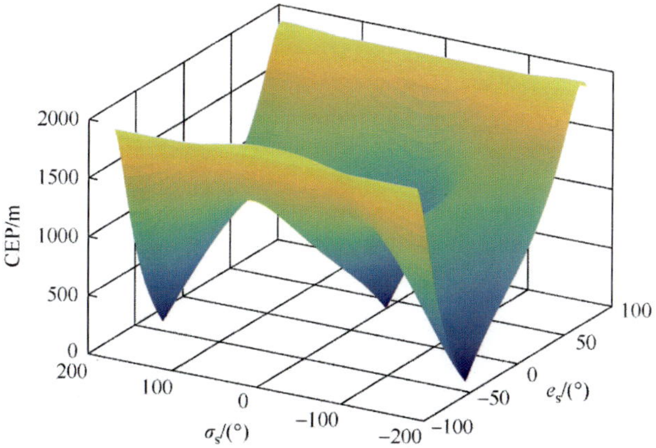

图 3-6　6000km 的复合制导 CEP 变化图

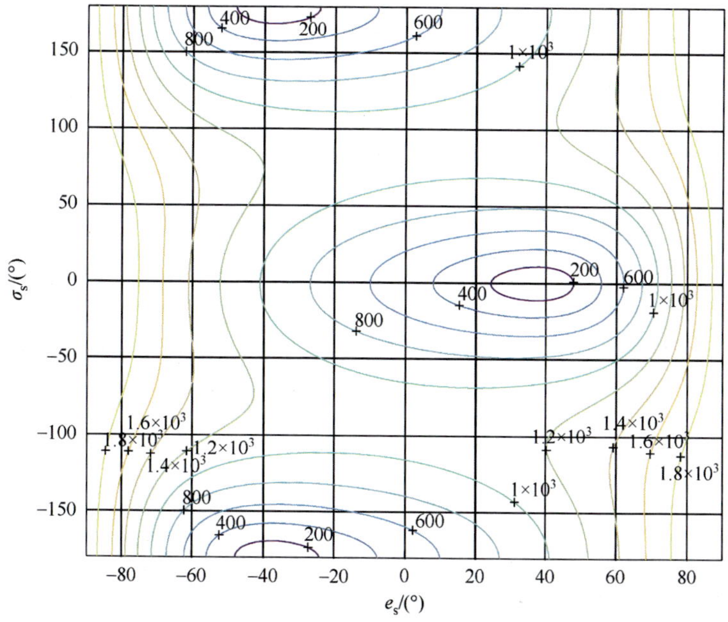

图 3-7　6000km 的复合制导 CEP 等值线图

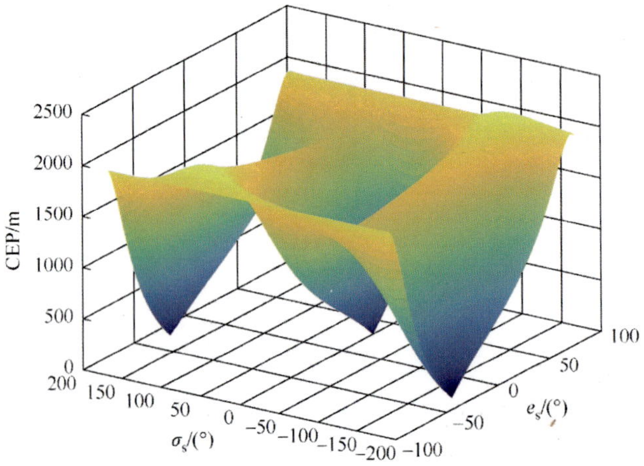

图 3-8　12000km 的复合制导 CEP 变化图

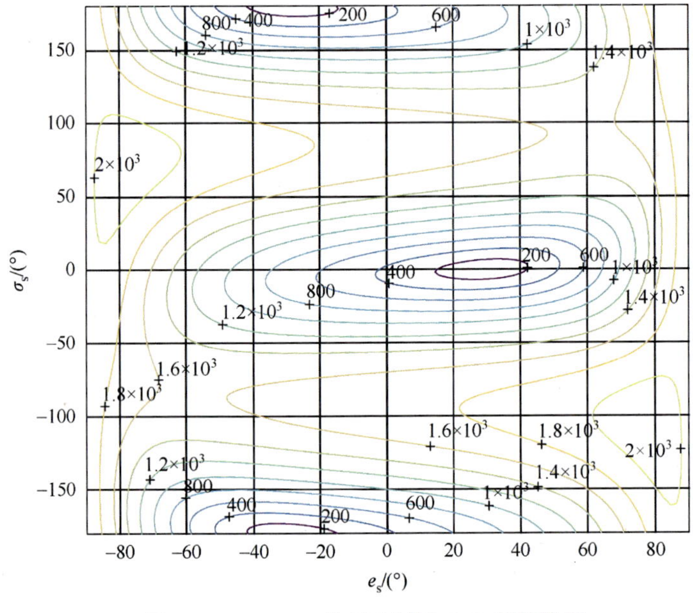

图 3-9　12000km 的复合制导 CEP 等值线图